MySQL高效编程

王志刚　江友华　编著

人民邮电出版社
北　京

图书在版编目（CIP）数据

MySQL高效编程 / 王志刚，江友华编著. -- 北京 ：
人民邮电出版社，2012.1
ISBN 978-7-115-26974-4

Ⅰ. ①M… Ⅱ. ①王… ②江… Ⅲ. ①关系数据库－数
据库管理系统，MySQL Ⅳ. ①TP311.138

中国版本图书馆CIP数据核字(2011)第242235号

内 容 提 要

本书详细系统地介绍了MySQL数据库的开发技术，从MySQL数据库以及MySQL中使用的SQL语言基础入手，再结合具体的网店数据库实例，重点介绍了事务处理、索引、视图、存储过程、存储函数、触发器等高级应用技巧，最后介绍了如何使用MySQL数据库开发如Facebook或mixi一样的社交网站，并配备了详细的源代码解说。

本书适用于数据库开发人员、系统设计人员、系统维护人员、数据库管理人员、数据库初学者及其他数据库从业人员，也可以作为各大中专院校相关专业的参考用书和相关培训机构的培训教材。

MySQL高效编程

◆ 编　　著　王志刚　江友华
　责任编辑　杜　洁
◆ 人民邮电出版社出版发行　　北京市丰台区成寿寺路11号
　邮编　100164　　电子邮件　315@ptpress.com.cn
　网址　http://www.ptpress.com.cn
　固安县铭成印刷有限公司印刷
◆ 开本：800×1000　1/16
　印张：18.5　　　　2012年1月第1版
　字数：451千字　　　2024年7月河北第7次印刷

ISBN 978-7-115-26974-4

定价：39.00元

读者服务热线：(010)81055410　印装质量热线：(010)81055316
反盗版热线：(010)81055315
广告经营许可证：京东市监广登字20170147号

作者简介

王志刚

1998 年大学毕业后进入青岛海尔集团，经历过 IT 泡沫那个激动人心的时代。由于工作原因东渡日本，历经程序员、系统工程师、项目经理、开发部长等职，在 13 年的开发生涯中，参加过日立、富士通等公司主导的大型项目的开发，取得了如获得日本国专利等成绩。作者擅长各种 Web 开发技术，在十多年的工作中，积累了不少大型项目的开发经验，并愿意和尝试着与他人分享。

江友华

博士后，上海电力学院计算机与信息工程学院副院长，副教授。从事电力企业信息化、数据分析与软件设计方面的教学和研究工作。主持和承担过多项上海市重点及创新项目，近年来在国内外期刊发表 30 多篇论文，其中 EI 检索 10 篇。此外，还申请了多项专利及软件著作权。

前　言

在商用应用程序开发中，几乎不可避免地会使用到数据库技术，当前使用得比较广泛的是Oracle、DB2 等大型商业数据库。当然，Oracle、DB2 等能根据不同级别的用户提供不同级别的产品，而且像 Oracle、IBM 这样的大公司，也有能力提供较好的技术支持，本身作为一种成熟的数据库软件产品，对与那些重视自己系统稳定性的大企业用户来说，选择它们无可厚非。但是使用这类数据库产品的高昂成本并不是一般中小型公司所能承受的。

近年出现了如 MySQL、PostgreSQL 等日渐成熟的免费数据库软件产品，这对那些不愿意付出昂贵费用的中小型公司来说是个巨大的福音。当然并不是说这些免费的数据库软件不适用于大型的应用系统，其实 Yahoo！等网站使用的就是 MySQL 数据库。而且，这些免费的数据库软件几乎都是公开源代码的，有能力的用户可以很方便地定制适合自己的数据库软件产品。经过广大拥护开源的技术人员的努力，这些免费的（MySQL 等也提供收费的产品），开源的数据库软件产品已经越来越强大了。例如，早期的 MySQL 给用户留下了尽管运行速度快，但是功能单一的印象，5.0 版以后已经完全克服了这些缺点，不仅运行速度快、轻巧，而且功能被极大地丰富了。

本书就是从系统开发的角度（非 DBA），不仅介绍 MySQL 数据库的基础知识，还介绍了 MySQL 数据库的各种高级应用和综合实例，以便读者能够全面掌握并灵活运用 MySQL 的各种性能。全书由浅入深地分为 3 个部分讲述，最后还提供了两章附录内容。

第 1 部分 MySQL 基础篇，包括第 1～5 章，首先介绍了一些 MySQL 数据库的基础概念，包括 MySQL 数据库的安装与配置，然后介绍了应用于 MySQL 数据库的 SQL 基础知识。大家知道所有数据库产品中使用的 SQL 语言都是从标准的 SQL 语言（或者称为 SQL 标准，如 SQL2003 等）发展而来的，但是不同的数据库产品都拥有自己特色的部分，可称之为“方言”，请注意本篇所介绍的 MySQL 数据库“方言”。

第 2 部分 MySQL 高级应用篇，包括第 6～11 章，结合网店数据库实例介绍了在 MySQL 数据库中使用的事务处理、索引、视图、存储过程、存储函数、触发器，以及与文件相关的各种操作（如系统备份、复制等）。如果想更有效率地使用 MySQL 数据库，成为一个使用 MySQL 数据库的技术专家（Professional），那么就必须掌握这部分的内容，并在实践中不断总结提高。

第 3 部分实例篇，包括第 12～14 章，我们首先介绍了 MySQL+PHP 的运行环境，PHP 被认为是最适合与 MySQL 数据库结合开发应用程序的程序语言，然后介绍了两个使用 PHP 语言编写的综合实例，让您实际体会一下如何利用 MySQL 数据库开发应用程序。其中第 15 章使用大量的篇幅介绍了如何使用 MySQL 数据库开发如 Facebook、mixi 一样的 SNS 网站（社交网站）。详细讨论了如何进行 SNS 网站的系统设计、数据库设计，并分析和说明了主要功能的源代码（源代码中贯穿了详细文字解说）。

本书可以作为 MySQL 数据库系统开发的工具书，书中所有的源代码都可以从本书的支持网站（http://www.softechallenger.com/download/?ISBN=978-7-115-26974-4）上下载。

本书由上海盈宏企业管理咨询有限公司高级咨询师王志刚和上海电力学院计算机与信息工程学院的江友华副教授共同编写，其中江友华负责编写了本书中的第 1～7 章内容。另外，朱蕾、罗伟、黄建峰、朱至濂参加了本书部分章节的审校及协助编写工作。在此特别感谢我父母在本书编写过程中的大力支持。

作　者

2011 年 12 月

目 录

第1部分 MySQL基础篇

第 2 部分 MySQL 高级应用篇

第 3 部分 实例篇

第 1 部分 MySQL 基础篇

在介绍实际的数据库操作前，首先要了解 MySQL 数据库的基本概念，以及 MySQL 数据库的安装和配置。已经具有相关基础的读者，可以跳过第 1 章和第 2 章。

第 3～5 章主要介绍了所有关于 MySQL 数据库的 SQL 基本操作，如数据库创建、表创建/修改、创建索引、数据追加、数据检索等知识。掌握了这几章的内容后，基本上就能够使用 MySQL 数据库进行简单的应用程序开发了。

第1章　数据库与MySQL

为了使零基础的读者快速入门，本章首先介绍一些有关数据库的基本概念，然后再重点介绍MySQL数据库。

1.1 数据库简介

数据库起源于第二次世界大战中，美军为了更有效率地管理大量的资料，而将数据信息集中到一个基地来进行管理，这个集合数据信息的基地就被称为数据库（Database）。现在，数据库意味着以某种规则收集数据，且一般情况下具有对收集的数据进行“插入”、“检索”、“抽出”操作等功能。

将数据收集在一起并不能称为数据库，只有具有能利用数据信息的功能时才能被称为数据库。因此，通常提到“数据库”这个专用名词时，必须要理解下面的两个概念。

- 数据库管理系统；
- 数据库应用程序。

1.1.1 数据库管理系统

数据库仅仅只是放置数据的抽屉。对数据进行读取/插入操作的是由数据库管理系统（DataBase Management System，DBMS）完成的。DBMS主要是进行数据的创建（Create）、读取（Read）、更新（Update）、删除（Delete）等数据操作，当然还要完成其他一些功能。

1.1.2 数据库应用程序

DBMS仅仅是提供操作/管理数据库等通用手段的软件。DBMS能进行所有与数据库相关的操作，但是用户必须具有与数据库相关的专业知识，这对终端用户来说有困难。因此，对终端用户来讲，需要使用定制的应用程序这种更简洁的形式来利用数据库。

以我们身边的例子Google搜索引擎来说，Google在Internet上收集的巨大的网页信息数据库，用户只用输入检索关键字，点击“检索”后就能利用这些在数据库中存储的信息。

终端用户尽管不能对 Google 数据库进行数据的创建、更新、删除等操作，但是不需要掌握专业的数据库知识就可以使用数据检索功能。这是因为有了这个定制的数据库检索功能，被称为“应用程序”的东西，作为终端用户与 DBMS 间的窗口。

通过上述的介绍，大家是否对数据库有了一些直观的了解了呢？觉得数据库距离我们遥不可及的朋友，可能是混淆了数据库与数据库管理系统这两个概念，即默认为[数据库=数据库管理系统]。其实在我们的日常生活中，我们经常而且不可避免的要通过数据库应用程序来与数据库打交道。

除了 Google 或 Baidu 搜索引擎外，网友经常使用的阿里巴巴、淘宝网等电子商务网站，其后台也有一个巨大商品数据库，网友通过阿里巴巴、淘宝网（如图 1-1 所示）等提供的数据库应用程序进行商品检索，并将检索结果显示在网页上。而网友的订购信息、付款信息、送货信息也是通过数据库应用程序存储到数据库中，后台的商品拥有者通过网友存储的这些信息最终完整交易。

图 1-1　淘宝网

另外，相信大家有过订火车票或飞机票的经验。在订票窗口告诉售票员你要订购的车次或航班后，售票员会操作他面前的电脑，查询到满足你要求的车次或航班后，然后完成订票工作。售票员操作电脑的过程，其实就是通过电脑里的数据库应用程序操作后台数据库的过程。

1.2 数据库的种类

通过上述的介绍，我想读者应该对数据库有了一个大致的认识了。数据库从数据的保存方式以及构造上可以分以下几种类型。

1.2.1 阶层型/网络型数据库

首先介绍在大型机系统（使用于银行、证券等行业的大型系统）中经常使用的阶层型数据库及网络型数据库。

阶层型数据库顾名思义，就是将数据以树型结构保存的数据库。对特定的数据来说拥有多个子数据，而子数据库不可能拥有多个父数据。因为这种数据库保证对任意数据唯一的连接路径，能够以简洁的代码实现数据的读取，是这种数据库的最大优点。

但是相反，如果父子数据的关系不总是[1:n]时，就会出现无用数据大量增多的现象。再看一下图 1-2 中左侧的企业内组织图，就会很容易明白上述问题所在。在组织图中，不能保证一个员工只属于一个部门（也就是会出现一个员工兼任几个职位的情况）。这样同一个员工会在组织图的多个节点出现，这就是所谓的无用数据，在专业上称为**数据冗余**。

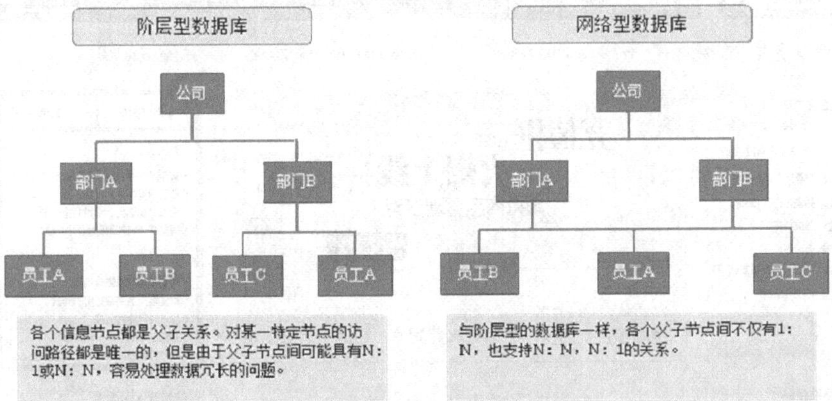

图 1-2　阶层型/网络型数据库

为解决这个问题，出现了网络型数据库。在网络型数据库中，不仅父数据有多个子数据，子数据也会有多个父数据，这样阶层型数据库中的冗余问题就不存在了。

但是，这样的网络型数据库也有几个缺点。用户在连接数据库并使用数据库中的数据之前，必须要了解数据库中数据的结构。也就是说，在创建应用程序时，必须严格按照数据的结构来进行代码的编写。当然，数据结构发生变化时，对应的应用程序也必须修改。

1.2.2 卡片型数据库

卡片型数据库就是将一条数据作为一枚卡片来处理的数据库。但是，卡片型数据库与其他的如网络型数据库或关系数据库不同之处在于，它不是一个反映数据的概念分类（也就是说数据并不是真的以“卡片”形式存在的），而仅仅是拥有“数据看起来像卡片”的界面，或者说以卡片的形式来呈现数据，是从数据显示形式来命名的，如图 1-3 所示。

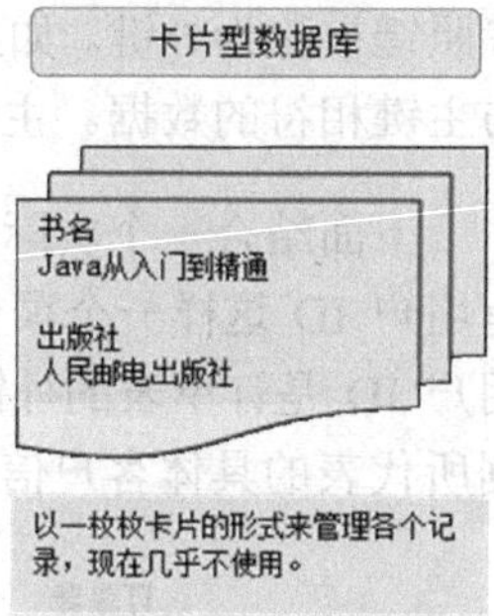

图 1-3　卡片型数据库

例如，像 Excel 或 Access 这样的产品，数据可以以表单（Form，表单是一个包含一个或多个数据元素的区域）的形式呈现，如图 1-4 所示，从这个意义上讲也可以称为卡片型数据库，但是，现在以表单的形式呈现数据的功能在很多应用软件中都实现了，所以，以外观特征来分类数据库就显得不太准确了，卡片型数据库这种分类现在已很少使用了。

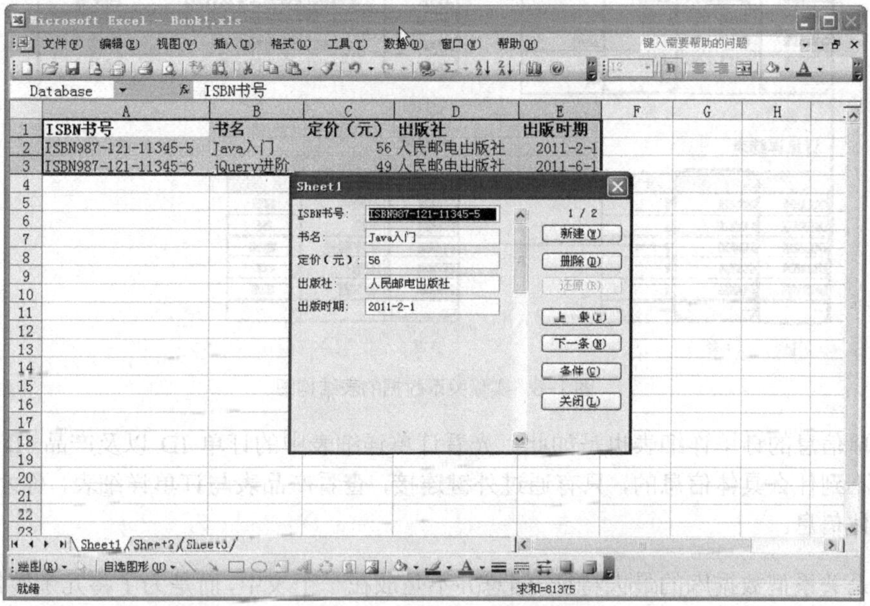

图 1-4　Excel 中的表单

1.2.3　关系型数据库

现在，只要是提到数据库，一般都会指的是关系型数据库（Relational Database，RDB）。对于 RDB 来说，关联的一系列数据以表的形式保存，就如由 Excel 那样的软件创建的二元表格的形式，表内的各个数据项目被称为域（field）或列（column），一组数据被称为记录（record），如图 1-5 所示。在 RDB 中，数据库就是表以及操作数据库用的对象集合体，而表是记录/域的集合体。

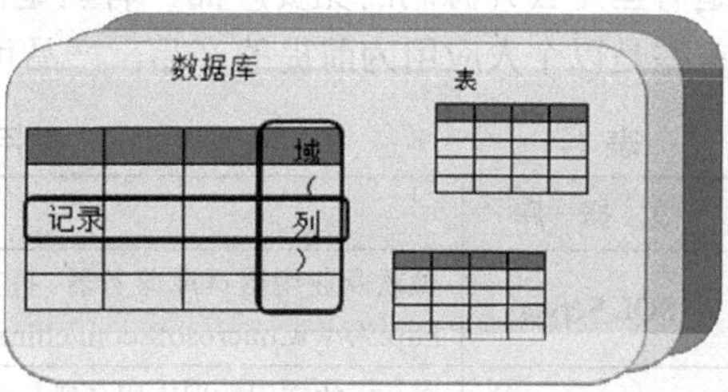

图 1-5　关系数据库

另外，在 RDB 中，标识表内记录唯一性的域或域群被称为主键，与主键关联用的外部表中的参照键被称为外键。如上述定义所示，主键在所在的表中必须保持唯一性，而外键的域中必须保存与主键相符的数据。主键和外键的关系就是此类数据库被称为关系型数据库的原因所在。

下面结合一个实际的例子来进一步理解关系型数据库。如图 1-6 所示，首先请注意在订单表中有用户 ID 这样一个项目，光看那些以字母数字形式出现的用户 ID 是不能知道任何信息的，这里用户 ID 是订单表的外键，再查看以用户 ID 作为主键的客户信息表，你就可以查看出这些字母数据所代表的具体客户信息了。

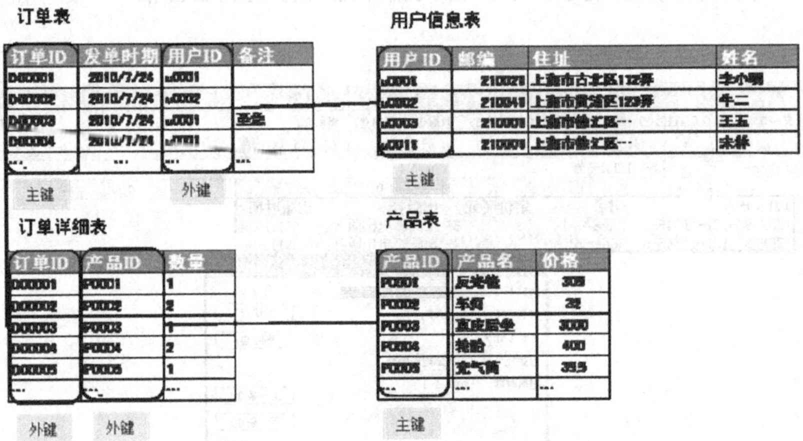

图 1–6　实际关系数据的表结构图

同属订单信息的订单详细表也是如此，光看订单详细表中的订单 ID 以及产品 ID 那些生硬的字母是了解不到什么具体信息的，只有通过外键连接，查看产品表与订单详细表，你才可以了解到进一步的具体信息。

上述就是关系型数据库的最大特征，信息并不是放在一个表中，而是为了将冗余数据尽量减少，将数据放在不同的表，这些表通过"关系"（主键和外键）联系在一起。表之间通过不同的组合，可以在用户的面前呈现不同的形式。

表 1-1 列出了目前比较专业的几种关系型数据库产品。对于关系型数据库产品来讲，大家肯定知道有些是公开源码的免费产品，有些是商用的大型数据库产品，有些是以企业应用为主的产品，也有些是以个人应用为前提的产品。产品可选择的范围比较广，也可以说是关系型数据库的一个特征。

表 1-1　常用关系型数据库产品一览

数　据　库	说　明
SQL Server	微软商业用数据库服务器。拥有面向小规模到大规模的系统的灵活性，在 Windows 平台有很强的人气。 http://www.microsoft.com/china/sql
Oracle	Oracle 的商用数据库服务器。能适应中等规模到大规模的系统，实际在国内采用的最多的 RDBMS 之一。 http://www.oracle.com/lang/ch/database

续表

数　据　库	说　　明
DB2	IBM 的商用数据库服务器。能适用于 Windows 或 UNIX 等平台。 http://www-01.ibm.com/software/cn/data/events/db2_9/
MySQL	性能评价高，世界上最普及的 RDBMS。因其重视处理速度的传统，旧版本中有对应的功能比较少的缺点，现在这些都在解决中。Windows/UNIX 等主要平台都能使用。 http://www.mysql.com
PostgreSQL	开源提供的高性能的 RDBMS。以 UNIX 平台为基础开发的产品，最新的版本 8.X，也运行于 Windows 平台。 http://www.postgresql.org
SQLite	PHP 5 中绑定的轻量级数据库引擎。与 Access 相似的文件类型数据库。其中没有数据和用户概念等特殊的特征，只有安装了 PHP 后才能使用等。常用于学习以及程序验证等。近年许多手持设备中也使用它。 http：//www.sqlite.org
Access	个人使用为主的数据库产品。有丰富的 GUI 工具，使用标准的 ODBC 驱动后，能作为其他数据库的客户端来使用。 http://office.microsoft.com/zh-cn/access/default.aspx

1.2.4　面向对象型数据库

虽然关系型数据库普及率这么高，但它们也存在着一些问题。目前在构建应用程序时普遍采用 Java、C++、C#等面向对象语言，这里我们首先应该意识到表形式的数据是与对象不同的。面向对象语言与 RDB 结合时，首先要面对就是这个数据构造问题。应用程序开发人员首先要从 RDB 中取出表形式的数据，然后将其转换为对象形式的数据，通常称为**匹配**（mapping）。这个匹配的过程看似单纯，但是造成开发过程繁琐、生产效率低下的原因之一。这个 RDB 与对象间的鸿沟（gap）被称为**阻抗**（impedance mismatch），图 1-7 所示说明了什么是阻抗。

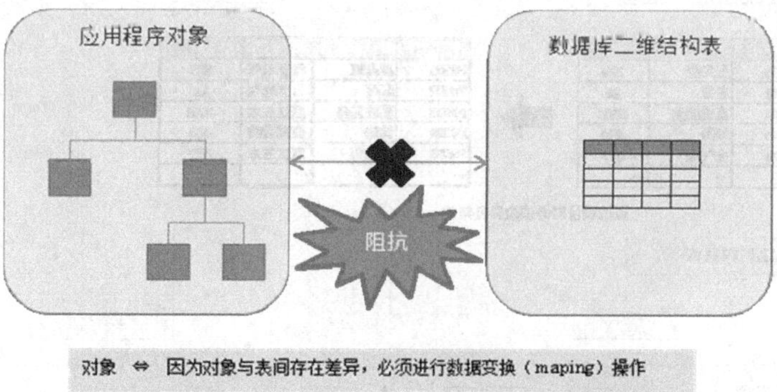

图 1-7　阻抗（impedance mismatch）

作为解决阻抗的方法，尽管有如 O/R（Object/Relational Mapping，就是使对象与表之间的变换自动化的技术）匹配这样的技术，随着类似“如果本来就没有匹配这个过程，就没有变换”这样的想法出现，面向对象型数据库（OODB，Object Oriented DataBase）技术应运而生。

面向对象型数据库，顾名思义在数据库中直接以对象的形式保存数据。对面向对象型数据库来说，因为从数据库中取得的数据就是能直接在应用程序中使用的对象，所以编写代码将变得简单。另外，彻底省略了数据变换这个步骤，所以也改善了处理速度。

OODB 中代表性的产品有 Cache（http://www.intersystems.com/cache）与 ObjectStore（http://web.progress.com/en/objectstore/）。

1.2.5　XML 型数据库

现在，在 Internet 上进行数据交换时，经常使用 XML（eXtensible Markup Language）。在发布最新博客等信息时使用的 RSS（RDF Site Summary），就是一种以 XML 为基础的技术。另外，在微软公司的 Office 2007 中已经支持以 XML 形式保存文件了。可以说现在使用 XML 格式的文档已经很常见了。

以 XML 的形式保存数据的数据库，就被称为 XML 型数据库（下面称之为 NXDB，Native XML DataBase，直译为自然的 XML 数据库）。NXDB 有个基本优点就是不用区分数据交换形式与数据保存形式了，当然它并不只有这些优点。

在关系型数据库中，保存具体数据前，首先必须对保存数据用的表进行严格的设计（后面的章节将会详细介绍具体的设计方法）。总之，数据项目以及数据类型必须事先决定下来，而且当数据结构改变时，首先要修改表的设计。

但是，对于 NXDB 来说，不用进行这样的表设计。什么样的数据都能保存进去，这就是使用 NXDB 好处。没有严密的用于放置数据的类似抽屉样的东西。当结构发生改变时，修改起来很方便，只是在既有的数据中添加“新枝”，即添上新项目就行了，如图 1-8 所示。

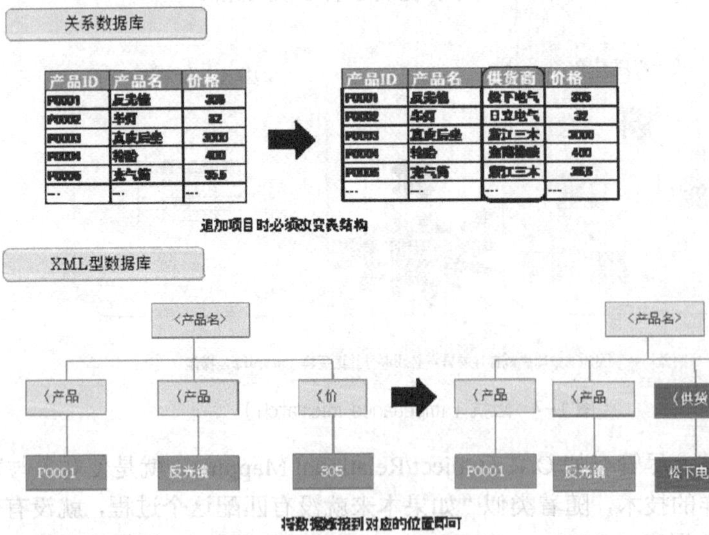

图 1-8　XML 型数据库数据结构改变时的灵活性

NXDB 中代表性的产品有 NeoCoreXMS（http://www.cybertech-cebu.com/product/neocore/）、CyberLuxeon（http://www.cybertech-cebu.com/product/luxeon/）、EsTerra XML Storage Server（http://www.mediafusion.co.jp/）。

另外，目前在 SQL Server、Oracle、DB2 等主要的关系型数据库产品中也纷纷追加了对 XML 的支持。数据大部分以表的形式保存，如果其中一部分数据想以 XML 的形式保存时，采用这些支持 XML 的数据库产品，就能更方便地将数据导入 XML 文件了。

1.3 认识 MySQL 数据库

在进行实际的数据库操作前，先了解一下 MySQL 数据库还是有必要的，包括我们要选择 MySQL 数据库的理由。

1.3.1 选择 MySQL 数据库的两大理由

MySQL 首先是关系数据库（RDBMS），是世界上最流行的开放源码的数据库软件。那么，什么是开放源码呢？

在第 1 章中，我们已经列出现在比较常用的数据库产品。像 Oracle 和 SQL Server 是商用数据库，需要授权才可以使用的，也就是说使用前必须要购买授权（License）。而 MySQL 与 PostgreSQL 属于开放源码产品。对于开放源码的应用程序，就是谁都可以在一定的条件下无偿使用，且允许对应用程序进行改造（具体参见官方网站的版权声明）。通过网络下载了应用程序后，就可以自由地使用它。

但是，并非“开放源码-什么都允许”。使用时还是必须遵循必要的规则或限制，特别是在进行商业软件开发前，必须了解其相关的使用规则。

下面我们列出选择 MySQL 数据库的两个理由。

- 理由之一：使用普及率高。

同样作为开放源码的数据库产品，PostgreSQL 的普及程度也非常得高，但是以全球市场占有率来说，MySQL 比 PostgreSQL 要高出不少。到今天为止，世界上有 1000 万以上的服务器里安装了 MySQL 数据库，因此完全配称为“世界上使用最广泛的开放源码的 RDBMS”。尤其在网络世界中比较大众化的，如 Yahoo！、Google、YouTube 等大型网站采用的就是 MySQL 数据库。

- 理由之二：性能出色。

MySQL 一直有数据处理速度高的口碑。原来人们提起 MySQL 来，脑海里总会浮现“MySQL 只是以速度快作为卖点，功能方面很弱”的印象。的确，初期的 MySQL 是在重视性能的方针下开发出来的，在其他数据库中理所当然的功能，MySQL 却不支持。但是，经过几次大的升级后，现在的安定版本 5.1 版中，已经提供了丝毫不逊色于其他数据库产品的功能。

1.3.2 两种 MySQL 数据库类型

MySQL（http://www.mysql.com/）是由 Michael Widenius 先生在 1995 年创建的一款关系数据库。MySQL 现在由瑞典的 MySQL AB 公司负责维护与开发。

MySQL 相对于其他 RDBMS 产品来说，它是由特定的公司管理的开放源码的 RDBMS。MySQL 产品有下面两种产品类型。

- MySQL Community Server：免费，能重复使用。
- MySQL Enterprise Server：收费，不可重复使用，提供定期的升级和服务包。

本书中介绍的是免费使用的 MySQL Community Server。MySQL Community Server 是重视加入新功能的开发版本，稳定性比 MySQL Enterprise Server 稍差，优点是可以免费自由地重复使用。

与此相反，MySQL Enterprise Server 是为解决有“免费使用的开源产品虽好，但是没有技术支持”这种担心的用户而出现的。因为是收费的，所以比较重视稳定性，用户能进行有计划地运行与管理。对于企业用户来说，推荐选择“MySQL Enterprise Server”，MySQL Enterprise Server 提供了综合性的软件与服务，拥有较高的可信赖性以及较高的运行效率。

1.3.3 MySQL 数据库的优势

在上文中已经介绍一些 MySQL 的特性，这里总结一下，MySQL 拥有的五大优势：

- 处理迅速；
- 开放源码；
- 支持在多种 OS 中运行；
- 支持多种开发语言；
- 提供免费与收费的两种类型产品。

上面已经提到过处理速度快是 MySQL 数据库的“卖点”。初期的产品为了维持速度快的特点，曾经将如事务处理、子查询、存储过程等功能割爱了。所以给人以“MySQL 尽管速度快但功能低下”的印象。但是，现在的升级版本中已经完全没有此问题了。表 1-2 简单列出了 MySQL 的功能扩展史。

表 1-2　　MySQL 的功能扩展史

功　能	追加时的版本
事务处理（transaction）	4.0（3.23.28 后即可使用）
UNION	4.0
子查询（sub query）	4.1

续表

功　能	追加时的版本
视图（view）	5.0
存储过程（store procedure）	5.0
存储方法（store function）	5.0
触发器（trigger）	5.0

1.4 SQL 语言

在操作数据库时，终端用户向数据库发出命令，指定处理内容。这个以字符串的形式存在的命令被称为查询（Query）。例如，创建表时使用的“CREATE TABLE”，插入数据时使用的“INSERT INTO”等。

编写查询时的规则就是称为 SQL（Structured Query Language）的语言。直译为“构造化的，查询用的语言”。总之，SQL 是对数据库进行查询用的语言，所有的数据库中都会用它，当然 MySQL 数据库也不例外。

举一个向政府机关查询的例子，假如你向某机关窗口递上了如下申请“我需要***证明书”后，就能得到你想要的资料。将此机关看作数据库，这个申请手续就是 SQL 了。可以看出 SQL 是用户与数据库间交流的中介。

SQL 原先是 IBM 公司开发出来的语言，现在几乎所有的数据库中都能使用。但是，让人烦恼的是，随着数据库产品的不同，使用的 SQL 也会有细微的不同。作者本人在 Oracle 中使用的 SQL 时，经常感觉到其与 MySQL 中使用的 SQL 的不同。因此，在使用 MySQL 以外的 RDBMS 时，请务必注意这些 SQL 的“方言”。

SQL 中有许多的命令。这当中数据检索用的命令 SELECT 是 SQL 中使用最频繁的命令。不管如何使用 SELECT 命令都没有破坏数据的危险，因此，建议你首先通过掌握 SELECT 命令来熟悉 SQL 语言的使用。

第2章　MySQL的安装与配置

在学习MySQL数据库的操作技巧前，我们需要配置MySQL的运行环境。本章将详细介绍如何设置MySQL数据库的运行环境，包括Windows环境和Linux环境下的配置步骤。

2.1 Windows环境下所需的软件包

本章介绍如何配置软件的基本运行环境，本书重点是介绍与MySQL相关的各种应用，不必区分操作系统平台。因此，默认在Windows环境下验证书中的应用实例，需要在Windows环境下运行的如下软件包。

- MySQL（关系数据库管理系统）；
- Apache（Web服务器）；
- PHP（编程语言）。

Apache与PHP在本书的最后的应用程序实例部分才会需要，本章暂不做介绍，附录部分会有详细的介绍，配置环境请参见附录。本章只介绍MySQL部分的环境配置。

2.2 下载Windows版安装软件包

MySQL最新的安装软件包可以从MySQL的官方网站（http://www.mysql.com/downloads/）下载。本书发稿时已发布MySQL 5.1系列稳定版。本书中也使用5.1.x（2010年5月时5.1.45最新）系列的软件包。点击下载页面的[MySQL 5.1 – Generally Available(GA) release for production use]链接，将显示使用平台选择画面。看到除了Windows及各种Linux发布版本，还有Solaris、FreeBSD、Mac OS X、HP-UX、IBM AIX等，几乎现存的所有通用平台皆可供选择。本书选择Windows版本的软件包来进行环境设置的说明。Windows版本的软件包又分为3种类型。

- Windows Essentials(x86);
- Windows MSI Installer(x86);
- Without installer (unzip in C:/)。

Windows Essentials版本是包含最小功能的.msi（Microsoft Installer）形式的软件包，剩下两种是包含所有功能的完整版本的软件包。本书建议使用安装形式直观的Windows MSI Installer版本，首先下载 Windows MSI Installer 版本的最新软件包，点击下载界面 Windows Downloads 类别中，“Windows MSI Installer”右边的“Download”链接，就可以进行下载，下面将介绍详细的安装步骤。

2.3 在 Windows 下执行安装程序

双击下载的安装程序，打开如图 2-1 所示的欢迎界面，点击[Next]按钮，进入如图 2-2 所示的[Setup Type]界面，可以选择安装类型。

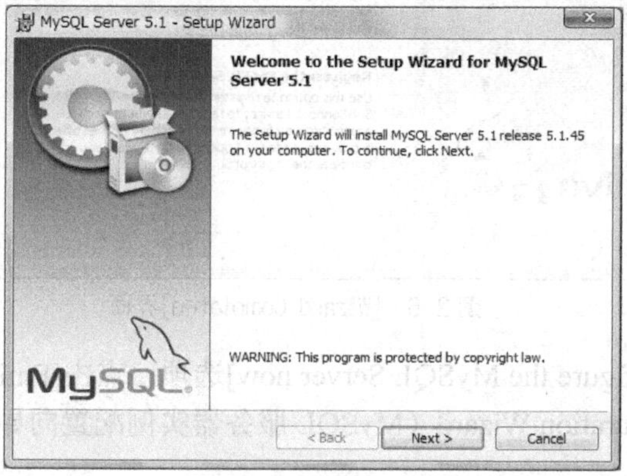

图 2-1　欢迎界面

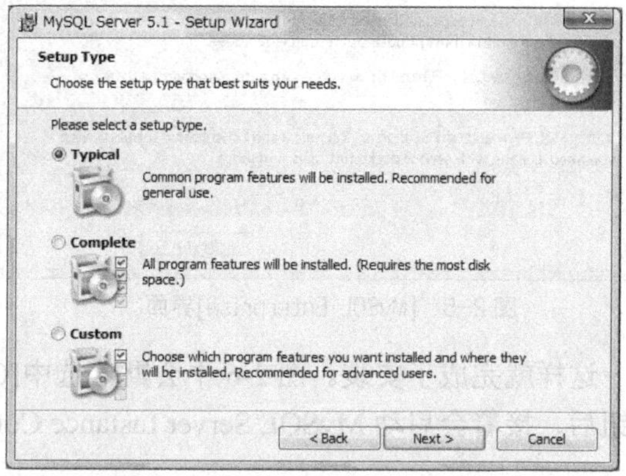

图 2-2　[Setup Type]界面

图 2-2 中显示了 3 种可选项，依次为[Typical]、[Complete]、[Custom]。选择[Typical]时，默认安装 MySQL 的常用模块，适合一般用户，此处[Typical]选项可满足书中所有程序的测试要求；选择[Typical]时，将安装 MySQL 的全部模块，会占用比较大的硬盘存储空间；选择[Custom]时，可以手动选择需要安装的模块，适合对 MySQL 产品有较深了解的用户。

可以改变安装目录，默认的安装目录为[C:\Program Files\MySQL\ MySQL Server 5.1]（如果要改变安装目录，需在图 2-2 所示的对话框中选择[Custom]），如图 2-3 所示。点击［Install］按钮，显示如图 2-4 所示的安装进度界面。

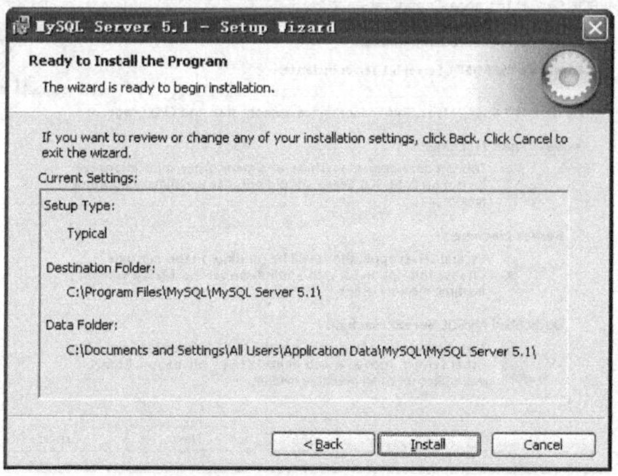

图 2-3　[Ready to Install the Program]界面

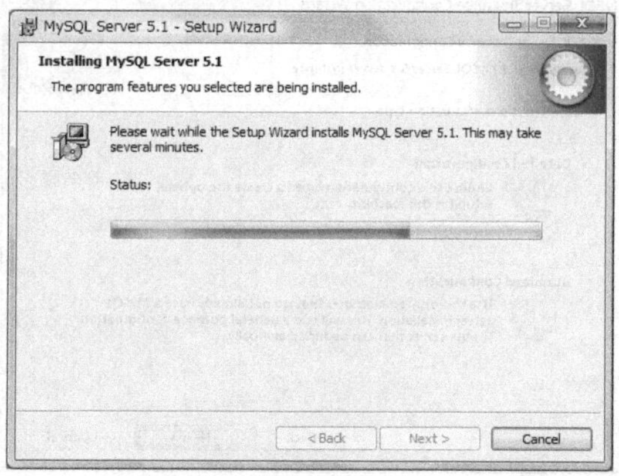

图 2-4　[Installing MySQL Server 5.1]界面

点击[Next]按钮，打开如图 2-5 所示的[MySQL Enterprise]界面。继续点击[Next]按钮，显示如图 2-6 所示的安装向导完成界面。

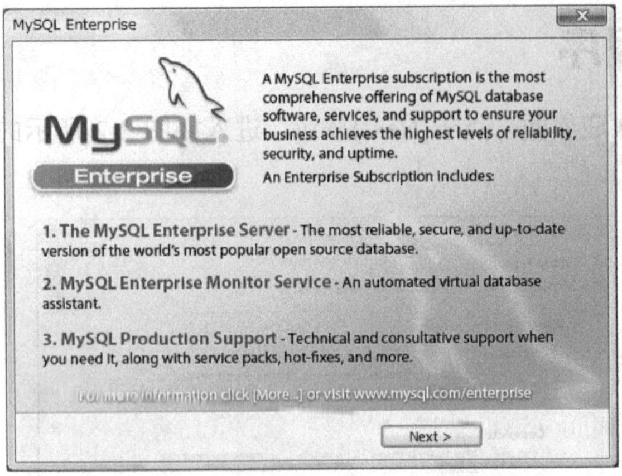

图 2-5 [MySQL Enterprise]界面

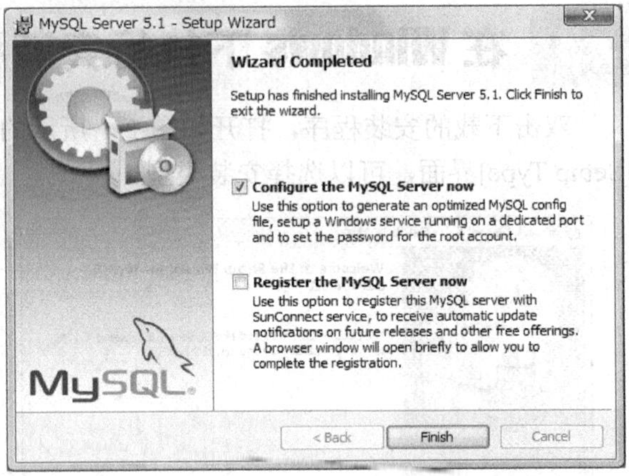

图 2-6 [Wizard Completed]界面

这样就完成了安装。图 2-6 中会默认选中[Configure the MySQL Server now]选项，点击[Finish]按钮后，接着会启动 MySQL Server Instance Configuration Wizard（MySQL 服务器实例配置向导）。

在如图 2-7 所示的对话框中，选择[Detailed Configuration]选项，可以自行优化对 MySQL 数据库的设置；选择[Standard Configuration]选项时，将按照默认设置配置数据库，要求当前电脑中还没有安装过 MySQL 数据库。选择默认值，点击[Next]按钮。

在如图 2-8 所示的对话框中有 3 个选项，选择[Developer Machine]选项时，表示安装的 MySQL 服务器作为[开发机器]的一部分，占用最少的内存（与其他二者比较）；选择[Server Machine]选项时，表示安装的 MySQL 服务器作为[服务器机器]的一部分，占用中等程度（比选[Developer Machine]项时多，但比选[Dedicated MySQL Server Machine]项时少）的内存；选择[Dedicated MySQL Server Machine]选项时，表示安装专用 MySQL 数据库服务器，将占用机器全部有效的内存。选择默认值，点击[Next]按钮。

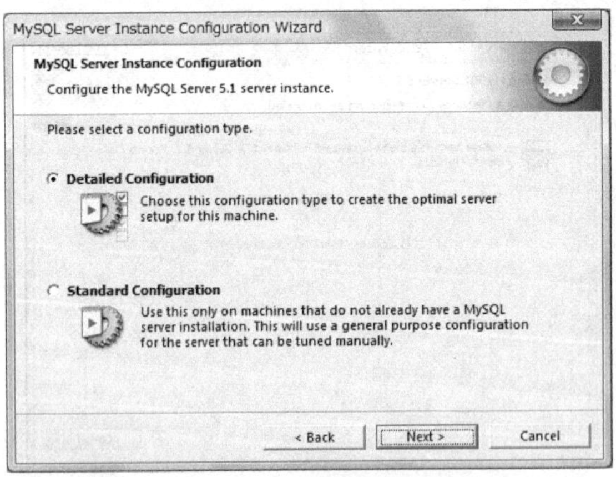

图 2-7 选择配置类型

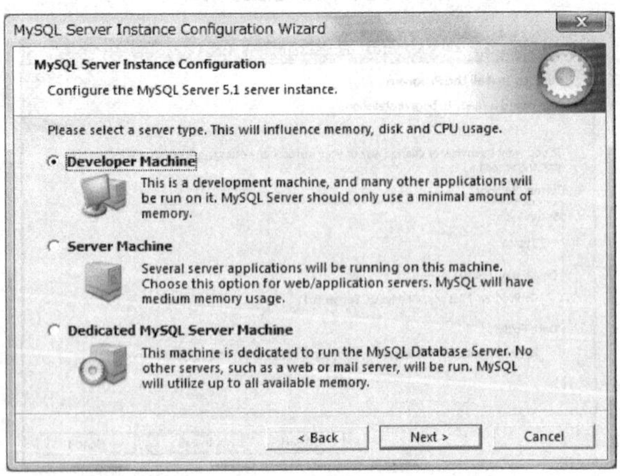

图 2-8 选择服务器类型

在如图 2-9 所示的 3 个选项中，如果选择[Multifunctional Database]选项，则安装所谓“通用 MySQL 数据库”，优化数据库服务器，支持快速事务[InnoDB]存储引擎以及高速[MyISAM]存储引擎（Storage Engine，关于存储引擎可以参考第 7 章的介绍）；选择[Transaction Database Only]选项时，将对数据库进行优化以适应一般的应用服务以及事务型 Web 服务，这时[InnoDB]作为主要存储引擎，但[MyISAM]存储引擎仍然可使用；选择[Non-Transaction Database Only]选项时，适合于简单的 Web 应用、监视或者履历应用等，只支持[MyISAM]存储引擎。选择默认值，点击[Next]按钮。

在如图 2-10 所示的对话框中，可以选择[Installation Path]后的[...]按钮，改变 MySQL 数据库文件的保存目录（注意此处是 MySQL 数据库文件，而非 MySQL 数据库软件的安装目录）。设置后，点击[Next]按钮。

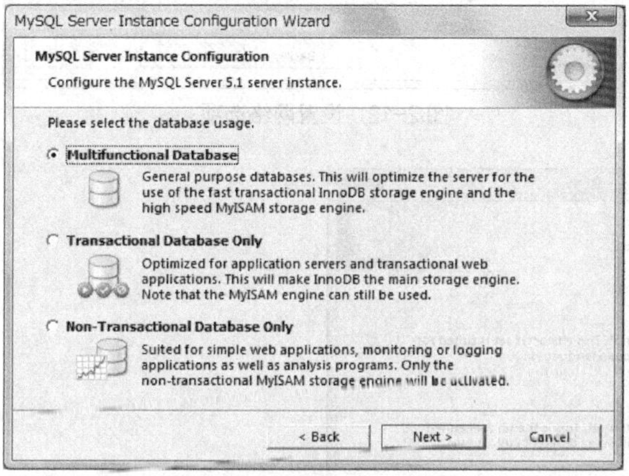

图 2-9　选择数据库用途

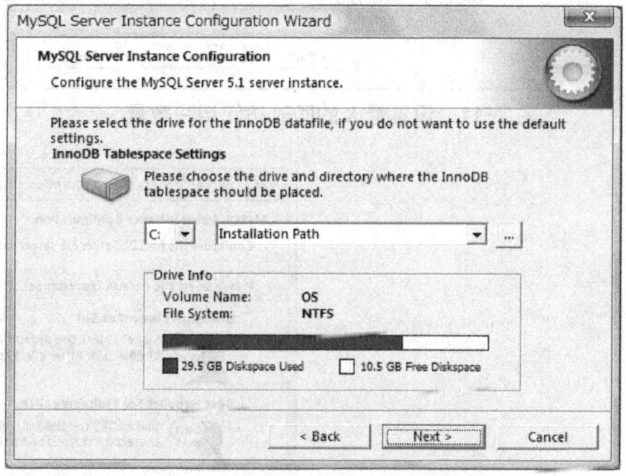

图 2-10　设置数据库文件的保存目录

在如图 2-11 所示的对话框中，可以设置 MySQL 数据库能接受同时访问的最大用户数。在显示的 3 个选项中，选择[Decision Support(DSS)/OLAP]（决策支持系统/联机分析处理）选项时，支持最大 20 个用户同时访问；选择[Online Transaction Processing(OLTP)]（联机事务处理）选项时，支持最大 500 个用户同时访问；选择最后的[Manual Setting]选项时，可以自行设置数据库可接受的最大同时访问用户数量。选择后，点击[Next]按钮。

在如图 2-12 所示的对话框中，默认选中了[Enable TCP/IP Networking]及[Enable Strict Mode]选项，分别表示“激活 TCP/IP 网络”及“激活严格模式”。所有基于 Web 的应用系统，都必须激活上述第一项，否则只能通过监视器（Monitor，见本书第 4 章的介绍），或其他客户端软件访问数据库，默认端口为 3306。如果 MySQL 数据库作为事务数据库（关于事务处理的概念请见本书第 7 章的介绍）而运行，则必须选择[Enable Strict Mode]选项，然后点击[Next]按钮。

在如图 2-13 所示的对话框中，设置数据库的默认字符集。选择第一个选项[Standard Character Set]（标准字符集）时，设置[Latin1]为默认字符集；选择[Best Support For Multilingualism]（多语言最佳支持）选项时，设置 utf8 为默认字符集；最后一选项[Manual Selected Default Character Set/Collation]，表示可手动设置指定的字符集。在图 2-13 中采取手动设置字符集为[utf8]（本书中的实例都采用的是 utf8 字符集，还有如[gb2312]、[gbk]等适合中文的字符集），其目的是保证万无一失。选择后，点击[Next]按钮。

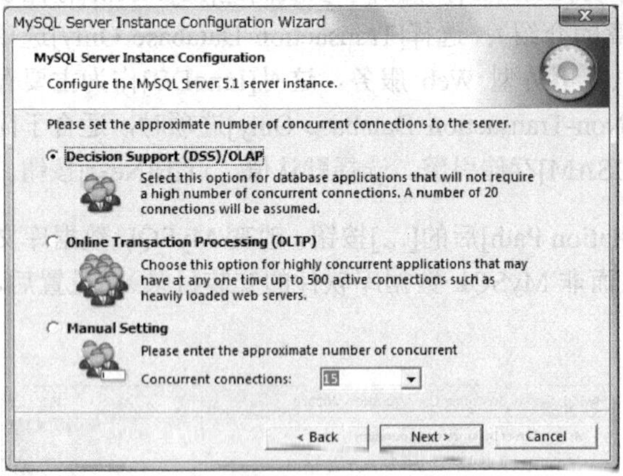

图 2-11　设置最大的同时访问用户数量

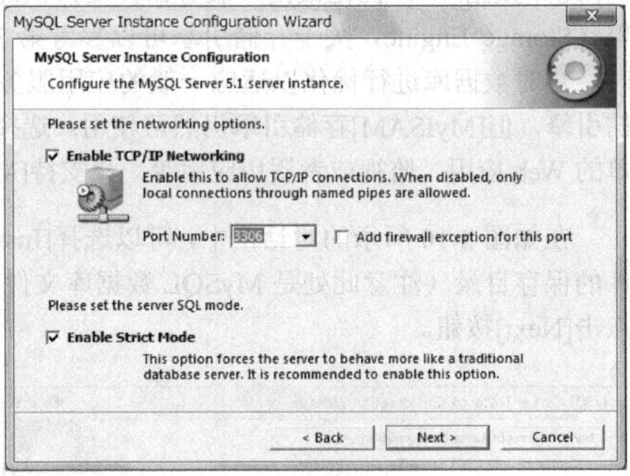

图 2-12　设置网络选项

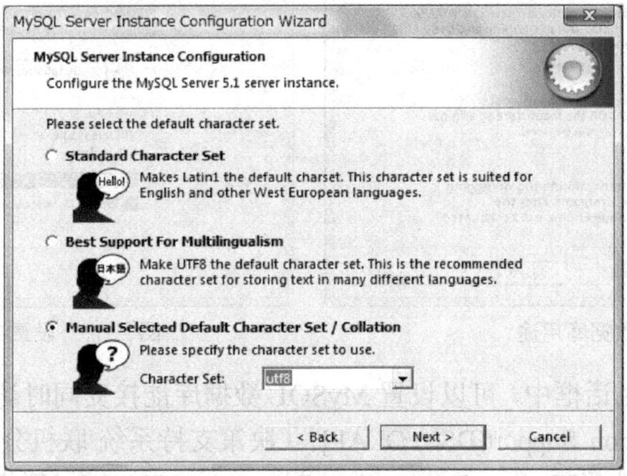

图 2-13　选择默认字符集

知识专栏

采用[utf8]为默认字符集的理由

当选择[Standard Configuration]选项进行数据库配置时，数据库将采用当前操作系统默认的字符集，中文操作系统的情况下，默认字符集为[gbk]，因此数据库的默认字符集为[gbk]。[gbk]能很好地支持中文字符，但是许多特殊字符（如[■]、[~]等，以及日文、韩文等其他种类的双字节文字）就不包含在[gbk]字符集中。这样，当出现这包含这些特殊字符的数据时，数据库将不能正确保存，出现如[?]等样的乱码。

然而，[utf8]字符集的范围比[gbk]字符集的要大得多，不仅包含中文，这些特殊字符几乎都包含于[utf8]字符集中，可以避免出现保存乱码的问题。这正是我们建议采用[utf8]作为数据库默认字符集的理由。

在如图 2-14 所示的对话框中，选中[Install As Windows Service]复选框后，MySQL 数据库会作为 Windows 服务被安装，并将出现在 Windows 操作系统的服务管理中，此处默认将服务名为[MySQL]。选中[Launch the MySQL Server automatically]复选框后，MySQL 数据库服务器将在 Windows 启动时被自动启动。

选中[Include Bin Dirctory in Windows PATH]复选框的意思是，将 MySQL 的 bin 目录（主要命令的保存目录）的路径追加到 Windows 的环境参数 PATH 中。选中了此项后，以后在 DOS 窗口中执行 MySQL 相关的命令时就可以省略掉绝对路径。

选择后，点击[Next]按钮。

在如图 2-15 所示的对话框中，设置管理者（root 用户）的密码，选中[Modify Security Settings]，并在[New root Password]和[Confirm]文本框中输入第三者不易猜测出来的密码。

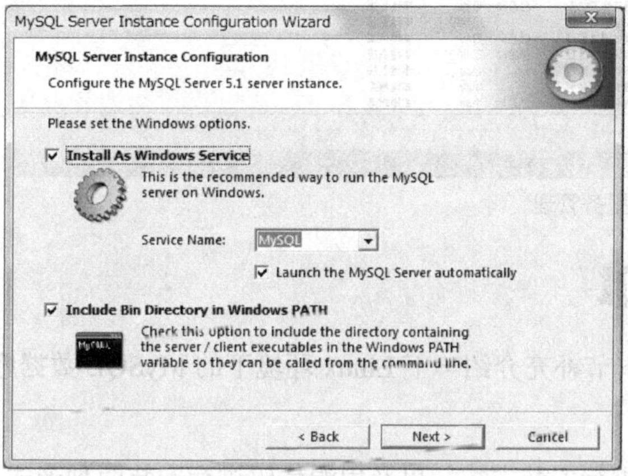

图 2-14　设置 Windows 选项

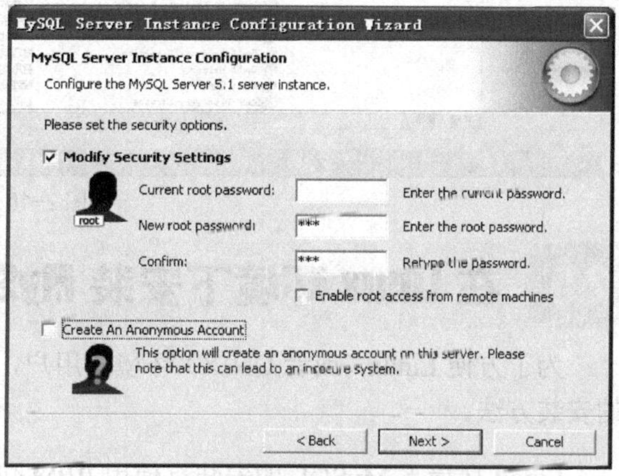

图 2-15　设置安全选项

选中[Create An Anonymous Account]复选框后，将创建一个任何用户都可访问 MySQL 数据库的账号，这样会带来安全隐患，通常该项保持默认的未选中状态，点击[Next]按钮。

2.4 启动 MySQL 数据库服务器

使用安装程序安装完 MySQL 后，MySQL 会自动被启动。但是，以后需要停止或启动 MySQL 数据库服务器的时候，使用下面介绍 MySQL 的启动/停止的方法。

MySQL 的启动/停止过程如下，首先启动“控制面板”→“管理工具”→“服务”程序，在服务一览中选择“MySQL”，点击鼠标右键，在显示的快捷菜单中选择“开始”/“停止”命令，如图 2-16 所示。

图 2-16 服务管理

2.5 在 Linux 环境下安装 MySQL

为了方便 Linux（或者 UNIX）环境的用户，本节补充介绍一下 Linux 环境下的 MySQL 数据库的安装方法。

Linux 环境下 MySQL 的安装有使用 RPM 包进行安装方式，以及用源代码进行安装两种形式，本书介绍用源代码进行安装的步骤。

（1）创建新的用户/组。

使用 root 用户也能启动 MySQL，考虑到现在的网络安全环境，使用专门的用户应该更安全。使用 root 权限进行用户注册，这里将用户名与组名都注册为 mysql。

```
shell> groupadd mysql
shell> useradd -g mysql mysql
shell> passwd mysql
```

（2）下载 MySQL 的源代码 mysql-5.1.45.tar.gz。

可以从 http://www.mysql.com/downloads/下载最新的源代码。MySQL 经常进行版本的升级，进行环境配置前建议下载其最新的版本。

下载最新的 MySQL 源代码。

```
shell> cd /downloads
shell>wget
http://www.mysql.com/get/Downloads/MySQL-5.1/mysql-5.1.45.tar.gz/from/http://ftp.iij.ad.jp/pub/db/mysql/
```

（3）编译和安装。

使用 tar 命令进行包 mysql-5.1.45.tar.gz 的解压缩。

```
shell> tar zxvf mysql-5.1.45.tar.gz
```

解压后，会根据版本号创建相应的目录，移动到代码目录，设定编译条件。

```
shell> cd mysql-5.1.45
shell> ./configure --prefix=/usr/local/mysql --with-charset=utf8 --with-extra-charsets=all --with-mysqld-user=mysql
```

表 2-1 列出了安装 MySQL 时使用不同 configure 选项的意义。

表 2-1　　MySQL 安装时的 configure 选项

选　项	说　明
--prefix=[DIR]	确定安装目录（默认为/usr/local）
--with-charset	文字代码设定，此处设为 utf8（UTF-8）
--with-extra-charsets	设置默认文字代码外支持的代码
--with-mysqld-user	启动 MySQL 的用户

configure 命令成功后，利用管理者权限进行安装作业。

```
shell> make
shell> su
shell> make install
```

根据环境的不同，安装过程可能要花费几分钟到十几分钟。如果到处理结束都没有出现错误的话，说明 MySQL 被成功地安装了。

（4）复制 mysql 配置文件到/etc/my.cnf 文件。

```
shell> cp support-files/my-medium.cnf /etc/my.cnf
```

（5）生成新数据库，启动 MySQL。

在初次安装好 MySQL 后，需要生成初期数据库。

```
shell> cd /usr/local/mysql
shell> bin/mysql_install_db --user=mysql
```

生成初期数据库后，进行所有权变更的操作。将所有二进制文件置为 root 用户所有，数据目录的所有者分配给数据库的所有者（本书为 mysql）。

```
shell> chown -R root  .  #将文件的所有属性改为 root 用户
shell> chown -R mysql var #将数据目录的所有属性改为 mysql 用户
```

```
shell> chgrp -R mysql . #将组属性改为mysql组
```

其中-R 选项是指目录下的所有项目保持同一个设置。进行了上述设置后，启动 MySQL 服务器。

```
shell> bin/mysqld_safe --user=mysql &
```

（6）确认 MySQL 是否能够正确地运行。

使用 mysqladmin 命令来确认 MySQL 是否能够正确地运行。如果返回了下述的信息则说明 MySQL 能够正确地运行了。

```
shell> bin/mysqladmin ping
mysqld is alive
```

（7）在 MySQL 中设置密码。

在安装了 MySQL 后，并没有设置管理用户 root 的密码，所以此处先设置 root 用户的密码。当然要设置第三方不容易猜测出来的密码。

```
shell> bin/mysqladmin -u root -p password p518  //p518为新密码
```

另外，启动 MySQL 客户端，先删除所有没有设置密码的默认用户。MySQL 客户端是连接 MySQL 服务器的基于命令行的客户端工具。

mysql 客户端启动时，会要求输入密码，请输入上面设置的密码。

```
shell> bin/mysql -u root -p
Enter password:****
mysql> USE mysql;                              //移动到mysql数据库
mysql> DELETE FROM user WHERE password='';  //从user表中删除所有未设置密码的用户
mysql> exit;
```

第3章 启动 MySQL 监视器（Monitor）创建数据库

3.1 确认数据库运行环境

在进行实际的数据库操作前，请首先确认数据库使用环境是否准备好，有如下事项需要确认：

- MySQL 的安装；
- 环境变量中加入 MySQL 的安装目录；
- MySQL 的中文支持；
- MySQL 的启动。

如果用户还没有安装好 MySQL，可以参照第 2 章的步骤进行安装。

3.2 使用 MySQL 监视器（Monitor）

安装了 MySQL 后，就能使用称为 MySQL 监视器的应用程序了。MySQL 监视器是控制 MySQL 的基于 CUI（Character User Interface，字符用户界面）的客户端程序。不是使用鼠标进行操作，而是在 DOS 界面下通过键盘直接输入命令进行操作，结果全部以文本的形式显示。

使用惯了有精美界面的数据库客户端（如 Oracle、SQL Server 等）的用户，可能一开始时对在 DOS 界面下的操作会不太习惯，但只要进行反复练习后，就会很快上手。

3.2.1 MySQL 监视器的启动

1. 启动 DOS 界面

MySQL 监视器程序是在 DOS 界面下运行的，因此首先要启动 DOS 界面。启动 DOS 界面的方法很简单，选择【开始】菜单→【所有程序】→【附件】→【命令提示符】，就能启动如图 3-1 所示的 DOS 界面。

下面开始介绍在 DOS 界面下启动 MySQL 监视器的命令。需要稍微提醒一句，尽管本书是以

Windows 环境为例来讲解对 MySQL 数据库的操作，但其实在 Linux 或 UNIX 环境下的操作都大同小异，甚至操作 MySQL 相关的命令都是相同的。

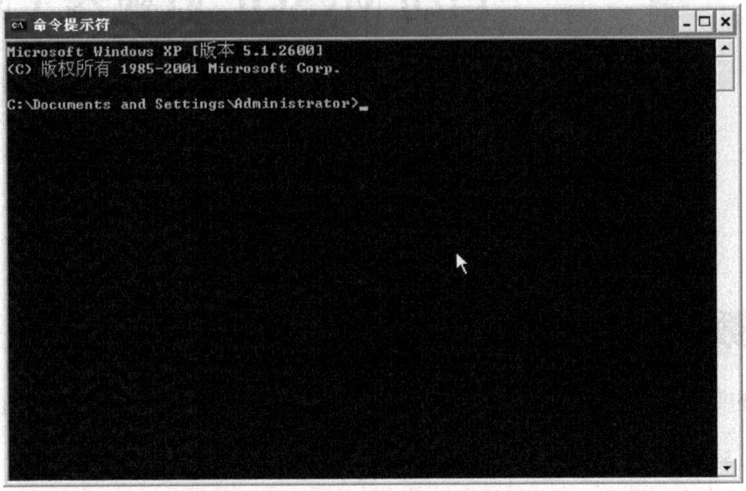

图 3-1　DOS 界面（命令行窗口）

2. 启动 MySQL 监视器

执行如下形式的命令来启动 MySQL 监视器。

启动 MySQL 监视器	mysql –u　用户名 –p 密码

mysql 就是 MySQL 监视器程序，如果按照第 2 章介绍的步骤安装 MySQL 的话，在目录[C:/MySQL/bin/]下可以找到 mysql 程序，因为目录[C:/MySQL/bin/]已经追加到系统环境参数 Path 中，因此可以在 DOS 窗口中直接执行上述的命令，否则必须在 mysql 程序前加上详细的路径。

[–u　用户名]与[–p　密码]被称为选项。注意其中[-u]与[用户名]间只少有一个半角空格，而[-p]与[密码]间是不能留有空格的。上述命令中，在执行 mysql 程序时一并将用户与密码都指定好了。如果数据库没有设定密码的情况下，可以省略后面的[–p 密码]选项。

知识专栏

设定 MySQL 管理者密码

在安装了 MySQL 后，请务必设定 MySQL 管理者（root）的密码，下面是设置 MySQL 管理者密码的具体命令。

```
mysqladmin -u  root PASSWORD 518
```

这里假定 MySQL 管理者（root）的密码为 518，在实际应用请选用一个安全的、不易被猜测出的密码。另外，如果是按照第 2 章介绍的步骤安装 MySQL 的话，则已经成功设置了 root 的密码，但是可以用上述的命令来修改密码。

实际要启动本书所采用的 MySQL 数据库的监视器，可以使用以下命令。

```
mysql -u  root -p518
```

MySQL 监视器启动后，如果显示了"Welcome to the MySQL monitor.   Commands end with ; or \g."这样的信息，则表示已经成功连接上了 MySQL 数据库，如图 3-2 所示。

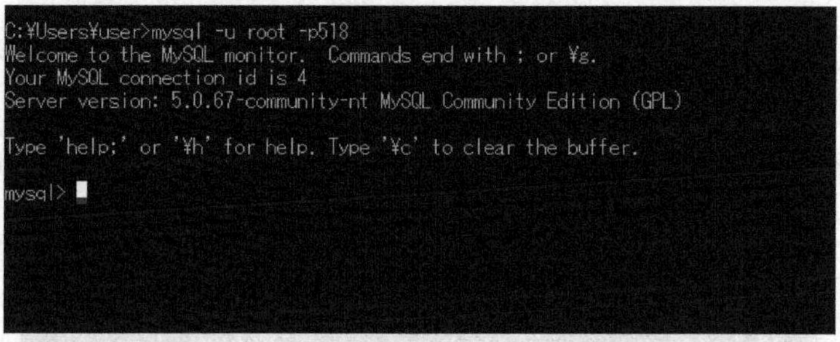

图 3-2　执行 mysql 命令启动 MySQL 监视器

其中，显示的信息[Commands end with ; or \g]，表示在 MySQL 监视器中执行命令时，请务必在命令的末尾加上[；]或[\g]。本书统一在命令的末尾加上[；]。

大家可以看到 DOS 窗口的最后一上显示了[mysql>]，并且其最后有光标在闪烁，就可以开始输入 SQL 命令了。

3.2.2　MySQL 监视器不能正常启动的原因

如果不能显示类似[Welcome...]这样的信息，则发生了启动错误，可能有如下原因。

- 密码错误：请输入正确的密码，再连接一次。
- 根本就没有设定密码，而加上了[-p]选项：使用类似[mysql　-u　root]这样的命令，省略[-p]选项。
- mysql 程序路径没有正确设定：如果没有在系统环境变量 Path 中正确地设定 mysql 程序所在的路径，就必须在可执行文件 mysql 前加上完整的路径才能正确执行。另外，也可以重新在系统环境变量 Path 中添加正确的 mysql 程序所在的路径。
- [-p]与[密码]之间有空格：这两者间是不能留有空格。
- [-p][root][-u]为大写字符：重新确认一次，所有的字符必须为小写。

3.2.3　MySQL 监视器的退出

要退出 MySQL 监视器时，可以在[mysql>]后输入 exit 或 quit 命令，即可退出 MySQL 监视器，具体语法如下。

退出 MySQL 监视器	exit（或 quit）

退出 MySQL 监视器后，重新回到 DOS 界面的[>]状态。如果想关闭 DOS 界面，可以同样执行 exit 的 DOS 命令，在此因为有后续的动作，暂不执行此命令。

退出 DOS 终端	exit（也可以直接关闭窗口）

3.2.4 使用历史命令

在打开的 DOS 窗口中，当你按下键盘上的[↑]按键时，将显示上次输入的命令内容[mysql –u root –p518]，如图 3-3 所示。

图 3-3　显示历史命令

实际上，在 DOS 界面中执行过的命令，都会留下历史记录的。可以使用[↑]或[↓]按键上下翻滚这些历史命令，还可以使用[F7]按键查看历史命令列表。如果想重新执行一次命令时，就可以直接按下[↑]按键，省去了再次输入的麻烦。当然也可以在按下［↑］按键后对上次输入的命令进行局部修改，这样也节约不少输入时间。

3.2.5 安全的密码输入方式

虽然使用[↑]按键可以立即显示原先执行过的命令，重新执行可以立即连接上 MySQL 数据库，但实际上这样后面直接带上密码的命令是非常不安全的。因为一旦你退出了 MySQL 监视器而没有关闭 DOS 终端时，其他人就可以利用历史命令重新进入 MySQL 数据库，而且你的密码别人也可以一览无余。

这里介绍一种安全输入密码的方法，可以防止上述的问题出现。即开始时不输入密码，只输入[mysql –u　root –p]命令（不要输入密码），按下回车键后屏幕上就会出现要求你输入密码的提示，如图 3-4 所示。

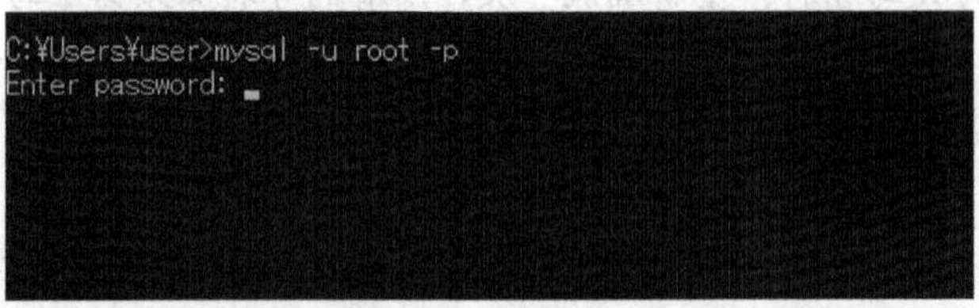

图 3-4　密码输入

这样以隐藏的方式输入正确的密码后，就可以成功连接数据库。使用此方法就可以防止别人通过执行历史命令来盗取密码了。通常在启动 MySQL 监视器时，强烈推荐使用这种方式。

另外，不仅在 DOS 命令行下可以通过[↑]或[↓]按键上下翻滚调用历史命令，在 MySQL 监视器的命令行中也可以使用[↑]或[↓]按键上下翻滚调用历史命令。

3.3 创建数据库与表

通过 MySQL 监视器成功连接上数据库后，我们就可以开始创建数据库了。介绍创建数据库动作的同时，还会演示如何在数据库中创建一个表以及向表中插入一条数据，让大家初步掌握如何使用 MySQL 数据库。

3.3.1 创建数据库

1. 显示数据库一览

一般在数据库服务器中都会存在多个数据库。如同在 Excel 中（.xls 文件）的工作表（Sheet）一样的感觉，同一个 Excel 文件中有多个工作表。Excel 文件相当于数据库服务器，工作表如同一个个数据库。

可以使用 SHOW DATABASES 命令查看服务器内的数据库，具体语法如下。

显示数据库一览	SHOW DATABASES;

在确认数据库内的信息时，经常用到 SHOW 命令，后面会介绍 SHOW TABLE 命令。另外，SQL 命令本身是不区分大小写的，这不只局限于 MySQL 数据库，而且在大多数数据库中都是如此。

执行结果如下。

```
mysql> show databases;
+--------------------+
| Database           |
+--------------------+
| information_schema |
| mysql              |
| test               |
+--------------------+
3 rows in set (0.00 sec)
```

其中 mysql 数据库是含有与 MySQL 运行相关的基本信息等管理数据的数据库。例如，用户信息就是在 mysql 数据库的 user 表中管理着的。information_schema 数据库又称为信息架构，管理从表开始的数据库的组成信息，以及用户管理信息的检索专用的数据库。确认这些数据库的内容可以掌握现在数据库的状态。不可以在 mysql 与 information_schema 数据库中保存用户经常使用的数据。

最后的 test 数据库是测试用的数据库。安装 MySQL 后，会自动创建 test 数据库，数据库本身是空的。如果不需要的话，可以删除它。

2. 删除数据库

使用 DROP DATABASE 命令来进行删除数据库的操作，具体语法如下。

删除数据库	DROP DATABASE 数据库名;

这里删除 test 数据库后，用 SHOW DATABASES 确认删除结果，执行结果如下。

```
mysql> drop database test;
mysql> show databases;
+--------------------+
| Database           |
+--------------------+
| information_schema |
| mysql              |
+--------------------+
2 rows in set (0.00 sec)
```

数据库一览中没有了 test 数据库，表示删除成功。

3. 创建数据库

下面开始创建本书中使用的 home 数据库，创建数据库时使用 CREATE DATABASE 命令，具体语法如下。

创建数据库	CREATE DATABASE 数据库名

创建 home 数据库的命令及执行结果如下。

```
mysql> create database home;
Query OK, 1 row affected (0.86 sec)
```

顺利创建完成时，会返回[Query OK, 1 row affected (0.86 sec)]信息。这表示[查询 OK，1 行受影响，耗时 0.86 秒]，显示了[Query OK]，表示 SQL 执行成功。这里表示已成功创建 home 数据库。

另外，在 Windows 与 Linux 中对数据库名与表名的处理是不同的。在 Windows 环境中，是不区分大小写的，但是在 Linux 中是区分的。例如，表名[tl1]与[TL1]在 Windows 环境中是作为同一个东西来使用的，而在 Linux 中是作为两个完全不同的表。本书中为了不至于在不同的环境中引起歧义，所有的数据库名，表名，列名都采用小写字符。

另外，在数据库名、表名、列名中使用汉字也会引起问题，请务必注意。

4. 执行时发生错误的处理

如果发生了错误，建议你首先检查一下是否在命令的最后遗漏了终止符[;]。在 MySQL 监视器中，命令的最后如果遗漏了[;]，而按下[Enter]键时，会在下一行显示[mysql>]等待你再输入，即表示命令还没有结束。此时输入[;]再按下[Enter]键即可。没有习惯前经常会忘记[;]的，在显示的

[mysql>]后面再输入[;]没有任何问题。

另外，如果出现了[You have an error in your SQL syntax]（出现 SQL 语法问题）信息，表示你输入的 SQL 命令中出现了拼写错误，请再次仔细确认输入的 SQL 命令。如果显示了如[Can't create database 'home'; database exists]（'home'数据库已经存在，不能创建）样的信息，表示数据库中已经存在了同名的数据库了，请换一个不存在的名字再次执行命令。在服务器中所有的数据库名称都是唯一的。

5. 创建操作数据库的专用用户

创建好数据库后，可以通过管理者（root）登录数据库进行各种操作。但是从安全的角度来说，使用管理者（root）权限对所有的数据库进行操作并不太合适。要创建操作数据库的专用用户，可以使用以下语法。

创建新用户并赋予其对数据库的操作权限	GRANT ALL PRIVILEGES ON 数据库名.* TO 用户名@localhost IDENTIFIED BY 密码

这里创建专门操作 home 数据库的用户 user。创建新用户时使用 GRANT 命令，并将密码设置为[12345]，实际应用系统中请指定别人不易猜测的密码。

执行结果如下。

```
mysql> GRANT ALL PRIVILEGES ON home.* TO user@localhost IDENTIFIED BY '12345';
Query OK, 0 rows affected (0.93 sec)
```

这样赋予了从本地连接数据库的用户 user 能对 home 数据库中的所有对象进行操作的全部权限（ALL PRIVILEGES）。权限是衡量用户能对数据库进行什么样的操作，具体的有 CREATE（创建）、SELECT（检索）、UPDATE（更新）、DELETE（删除）等权限。本来是要根据用途给用户赋予必须的最小范围的权限，这里为了方便，一次性赋予其所有的权限（ALL PRIVILEGES）。

另外，[home.*]部分，可以如[home.customer]一样，只对数据库 home 中的表 customer 指定操作权限。在大规模的数据库中，如同上述的权限范围一样，权限对象也应该限制在必须的最小范围内。

到此，可以使用 exit 命令退出 MySQL 监视器了。

3.3.2　创建表

创建好数据库后，下面开始创建表的操作。上面专门为 home 数据库创建了 user 用户，下面使用 user 用户来登录数据库。

```
>mysql -u user -p
Enter password: *****
```

1. 指定使用的数据库

进入 MySQL 监视器后，并不能立即进行创建表的动作，首先要选择操作对象数据库，使用

USE 命令，具体语法如下。

指定使用的数据库	USE 数据库名;

执行结果如下。

```
mysql> use home;
Database changed
```

执行后，显示[Database changed]样的信息，这样就可以使用 home 数据库了。如果在此执行[USE mysql;]样的命令，会显示[ERROR 1044 (42000): Access denied for user 'user'@'localhost' to database 'mysql']错误信息，错误信息的大致意思是[没有权限]，即服务器会拒绝连接。这是因为上面我们只赋予 user 用户对数据库 home 的操作权限，在试图连接 home 以外的数据库时会显示[没有权限]的错误信息。

在使用 MySQL 监视器时，经常会忘记指定数据库的，请务必时刻注意现在到底使用的是什么数据库。可以使用 SELECT 命令查看现在使用的数据库，具体语法如下。

显示现在使用中的数据库	SELECT DATABASE();

执行结果如下。

```
mysql> select database();
+------------+
| database() |
+------------+
| home       |
+------------+
1 row in set (0.00 sec)
```

2. 创建新表

接着，在 home 数据库中创建如表 3-1 所示的表 customer。

表 3-1　　表 customer 的结构

域　名	数 据 类 型	说　明
mid	CHAR(5)	用户 ID（主键）
nam	VARCHAR(20)	用户名
birth	DATETIME	生日
sex	CHAR(1)	性别（0:男，1:女。默认为 0）

创建新表使用 CREATE TABLE 命令，语法稍微显得复杂一点，今后会经常使用到，因此请务必掌握。

创建新表	CREATE TABLE 表名（域名 数据类型 列选项[,...]);

MySQL 数据库中可以使用的主要数据类型，如表 3-2 所示。列中可以指定各种选项，而且只要不相互矛盾，以空白作间隔可以指定多个，具体的选项如表 3-3 所示。

表 3-2　　MySQL 的主要数据类型（len：总长度，dec：小数点以下的长度，varN：任意值）

类　别	数 据 类 型	说　明
数值	TINYINT[(len)] [UNSIGNED][ZEROFILL]	−128～127（没有符号时 0～255 *1，*2）
	SMALLINT[(len)] [UNSIGNED][ZEROFILL]	−32768～32767（没有符号时 0～65535）
	MEDIUMINT[(len)] [UNSIGNED][ZEROFILL]	−8388608～8388607（没有符号时 0～16777215）
	INT[(len)] [UNSIGNED][ZEROFILL]	−2147483648～2147483647（没有符号时 0～4294967295）
	BIGINT[(len)] [UNSIGNED][ZEROFILL]	−9223372036854775808～9223372036854775807（没有符号时 0～18446744073709551615）
	FLOAT[(len,dec)] [UNSIGNED][ZEROFILL]	单精度小数−3.402823466E+38～−1.175494351E-38,0,1.175494351E-38～3.402823466E+38
	DOUBLE [PRECISION(len,dec)] [UNSIGNED][ZEROFILL]	双精度小数−1.7976931348623157E+308～−2.2250738585072014E-308,0,2.2250738585072014E-308～1.7976931348623157E+308
	DECIMAL(len[,dec]) [UNSIGNED][ZEROFILL]	精确计算时使用的数据类型
	BIT|BOOL|BOOLEAN	TINYINT 的别名
字符串	CHAR(len)	固定长度字符串
	VARCHAR(len)	可变长字符串
	TINYTEXT	2^8−1 字节的可变长字符串
	TEXT	2^{16}−1 字节的可变长字符串
	MEDIUMTEXT	2^{24}−1 字节的可变长字符串
	LONGTEXT	2^{64}−1 字节的可变长字符串
日期	DATETIME	日期型 1000-01-01 00:00:00～9999-12-31 23:59:59
	DATE	日期型 1000-01-01 ～9999-12-31
	TIME	时刻型 −838:59:59～838:59:59 00:00:00
	TIMESTAMP	时间标记型 1970-01-01 00:00:00～2037-12-31 00:00:00
	YEAR	年 1901～2155
二进制数据	TINYBLOB	2^8−1 字节
	BLOB	2^{16}−1 字节
	MEDIUMBLOB	2^{24}−1 字节
	LONGBLOB	2^{32}−1 字节
枚举	ENUM(var1,var2,...)	单选可能的枚举型
	SET(var1,var3,...)	多选可能的枚举型

*1 指定了 UNSIGNED 关键字时，不能使用负数后，正数的可使用范围扩大了（范围扩大仅仅限于整数）。

*2 指定了 ZEROFILL 关键字，且实际保存的值没有超过定义的字节时，不足的字节以 0 来填充。

表 3-3　CREATE TABLE 命令中可使用的主要选项

选　项	说　明
AUTO_INCREMENT	定义自增序列
DEFAULT '默认值'	定义列的默认值
INDEX	定义索引
[NOT] NULL	允许/禁止 NULL 值
PRIMARY KEY	定义主键列
UNIQUE	定义唯一性
CHECK	定义可以输入的值的范围/选项

注：下面一节将一一解释上表中的各个选项。

生成表 customer 的 SQL 及执行结果如下。

```
mysql> CREATE TABLE customer(mid CHAR(5) PRIMARY KEY , nam VARCHAR(20) ,birth DATE, sex CHAR(1) DEFAULT
'0');
Query OK, 0 rows affected (0.70 sec)
```

3. 创建表时指定字符集

在 MySQL 表里出现字符乱码时，有各种各样的原因。这时候采用的对策之一就是在创建表时指定字符集。

例如，在创建表时指定[UTF-8]的方法，就是在[CREATE TABLE ～]命令后面加上[CHARSET=utf8]的选项。当你怎么都不能解决乱码时，不妨一试。

那么上面创建表的 SQL 语句将变成如下形式。

```
CREATE TABLE customer(mid CHAR(5) PRIMARY KEY , nam VARCHAR(20) ,birth DATE, sex CHAR(1) DEFAULT '0')
CHARSET=utf8;
```

3.3.3　显示表信息

1. 显示所有的表一览

在前面已经介绍过在 MySQL 中可以使用 SHOW 命令显示数据库相关的很多信息，下面是使用 SHOW TABLES 显示数据库中的表一览。

显示所有的表	SHOW TABLES;

执行结果如下。

```
mysql> SHOW TABLES;
+----------------+
| Tables_in_home |
+----------------+
```

```
| customer       |
+----------------+
1 row in set (0.20 sec)
```

2. 显示表的结构

可以使用 DESC 或 DESCRIBE 命令来显示表的列构造。在 MySQL 中经常有多种实现相同功能的命令，本书使用其中最简单的一种，具体语法如下。

显示表结构	DESC 表名;

显示表 customer 的结构的执行结果如下。

```
mysql> DESC customer;
+-------+-------------+------+-----+---------+-------+
| Field | Type        | Null | Key | Default | Extra |
+-------+-------------+------+-----+---------+-------+
| mid   | char(5)     | NO   | PRI | NULL    |       |
| nam   | varchar(20) | YES  |     | NULL    |       |
| birth | date        | YES  |     | NULL    |       |
| sex   | char(1)     | YES  |     | 0       |       |
+-------+-------------+------+-----+---------+-------+
4 rows in set (0.30 sec)
```

上面的结果中[NULL]表示任何值都能保存，[PRI]表示主键，[DEFAULT]表示默认的意思。在[Field]栏中显示的是列名，[Type]栏中显示的是数据类型。

3. 删除表

另外，删除已经创建表可以使用 DROP TABLE 命令，具体语法如下。

删除表	DROP TABLE 表名;

例如，删除表 customer 可以使用如下的 SQL 命令。

```
DROP TABLE customer;
```

3.4 数据插入及显示

表做好了，最后可以向表中插入数据了。插入数据时使用 INSERT 命令。确认插入的数据时使用 SELECT 命令，具体语法如下。

向表里插入数据	INSERT INTO 表名（列名 1，列名 2，…）　VALUES（数据 1，数据 2，…）;
显示表中的数据	SELECT　列名 1，列名 2，…　FROM 表名

这些 INSERT/SELECT 命令在操作数据库的命令中也被称为 DML（Data Manipulation Language，数据操作语言），频繁使用。此处只是确认一下动作，在后面的章节中将会进一步介绍。另外，对于 INSERT 命令，如果插入的数据中涵盖了所有的列的话，则可以省略所有的列名部分，

即语法变为[INSERT INTO 表名 VALUES（数据 1，数据 2，…）]。另外，在 SELECT 命令中如果想显示所有的列时，使用如[SELECT * FROM 表名]这样的命令。

执行结果如下。

```
mysql> INSERT INTO customer VALUES('N0001','小小','1980-11-23',1);
Query OK, 1 row affected (0.06 sec)

mysql> SELECT * FROM customer;
+-------+------+------------+------+
| mid   | nam  | birth      | sex  |
+-------+------+------------+------+
| N0001 | 小小 | 1980-11-23 | 1    |
+-------+------+------------+------+
1 row in set (0.00 sec)
```

3.5 CREATE TABLE 命令的选项

PRIMARY KEY 已经在上面的例子中涉及了，INDEX 将会在后面的章节中详细介绍。在所有其他的选项中，下面将重点介绍一下 AUTO_INCREMENT 自增序列。

3.5.1 AUTO_INCREMENT 自增序列

AUTO_INCREMENT 用于定义自动递增数据列。在 MySQL 中定义自增序列时有 3 个必要条件。

- 数据类型必须为[INT]等类型。

自增序列的对象列必须定义为[INT]、[TINYINT]、[SMALLINT]等整数类型。

- 列的定义后附加[AUTO_INCREMENT]关键字。

在[INT]等数据类型后附加上[AUTO_INCREMENT]关键字，表示此列被定义为自增序列。

- 使用[PRIMARY KEY]等设置其唯一性。

自增的序号都是唯一的，一般都会作为表的主键，或者具有唯一性（UNIQUE）要求的列。

下面使用 AUTO_INCREMENT 来定义有自增序列的表 goods，如表 3-4 所示。

表 3-4　表 goods 的结构

列　名	数 据 类 型	说　明
id	INT	物品 ID（主键）
name	VARCHAR(30)	品名

创建表 goods 以及向表中插入一条数据的 SQL 语句如下。

```
CREATE TABLE goods(id INT AUTO_INCREMENT PRIMARY KEY , name VARCHAR(30));
INSERT INTO goods(name) VALUES ('桃');
```

执行结果如下。

```
mysql> CREATE TABLE goods(id INT AUTO_INCREMENT PRIMARY KEY , name VARCHAR(30));

Query OK, 0 rows affected (0.70 sec)

mysql> INSERT INTO goods(name) VALUES ('桃');
Query OK, 1 row affected (0.10 sec)

mysql> SELECT * FROM goods;
+----+------+
| id | name |
+----+------+
|  1 | 桃   |
+----+------+
1 row in set (0.00 sec)
```

最后的 SELECT 语句显示已经成功向表 goods 中插入了一条数据，虽然我们没有给 id 指定值，数据库已经在 id 中自动设置为 1 了。而下一条数据的 id 将自动为 2，而且就算第一条数据事先被删除了，id 也被设为 2。我们可以试验一下。

```
mysql> DELETE FROM goods;
Query OK, 1 row affected (0.04 sec)

mysql> INSERT INTO goods(name) VALUES ('蔷薇');
Query OK, 1 row affected (0.04 sec)

mysql> SELECT * FROM goods;
+----+------+
| id | name |
+----+------+
|  2 | 蔷薇 |
+----+------+
1 row in set (0.00 sec)
```

3.5.2　初始化 AUTO_INCREMENT

我想细心的读者这里肯定会出现了一个疑问，如何将 AUTO_INCREMENT 的值初始化，让其从新从 1 开始赋值呢？要初始化 AUTO_INCREMENT，可以使用以下语法。

初始化 AUTO_INCREMENT 值	ALTER TABLE 表名 AUTO_INCREMENT=0;

就算已经存在比较大的值了，此语句也能使序号从 1 开始赋值的。另外，对于已经设置为自增序列的列来说，向列中设置 0 是没有意思，数据库还是会自动采取序号的。例如以下这段代码。

```
mysql> INSERT INTO goods VALUES (0,'蜜柑');
Query OK, 1 row affected (0.03 sec)

mysql> SELECT * FROM goods;
+----+------+
| id | name |
```

```
+----+------+
|  2 | 蔷薇 |
|  3 | 蜜柑 |
+----+------+
2 rows in set (0.00 sec)
```

3.5.3 其他选项

- **[NOT] NULL 制约**：是禁止/许可列值为 NULL 的制约。NULL 为[未定义值]，意思是在列中什么都没有设置。没有被指定为 NOT NULL（禁止）时，默认为可设置为 NULL。
- **UNIQUE 制约（唯一性制约）**：是禁止设置重复的值的制约。UNIQUE 制约（唯一性制约）与定义主键制约（PRIMARY KEY）有点相似，主键制约要求[不可重复]和[非 NULL]两点，而唯一性制约只要求[不可重复]。也就是唯一性制约的列中是可以设置 NULL 的，但是根据数据库的不同，有允许多个为 NULL 记录，有的只允许一个记录中设为 NULL。另外主键制约在一个表中只能用一次（将多个列定义为复合主键，也仅仅算一次），而唯一性制约在一个表中可以用多次。
- **DEFAULT 制约**：是默认值制约，当列中未输入值时，将其设置为事先指定的默认值。例如表 customer 的性别（sex）一列默认值设为[0]，当没有向 sex 列中插入数据时，将被自动设置为 0。
- **CHECK 制约**：是限制向列中输入值的范围的制约。例如，可以将性别（sex）列的值限制为[男，女]，价格列中的值定义为[0 以上的整数]等，指定仅仅使用数据类型不能表达的条件。

知识专栏

mysql 命令的选项

启动 mysql 监视器是使用了[mysql　u　root　p518]样的命令，在[mysql]命令下追加了[-u][-p]的选项后再执行的。像这样在命令后附加上选项后，可以指定执行命令中设置的各种各样的处理。

mysql 命令的选项的指定方法有如下两种。

❶[-]后附加选择名，其后再设置选项值。

如：[-u　root] (这时选项名为一个字母)

❷在[--选项名=]后设置选项值。

如：[mysql　--user=root　--password=518]

例如，可以在启动 MySQL 监视器时指定字符代码，[mysql　u root -p --default-character-set =utf8]。

第4章　在 MySQL 中使用 SQL

前一章中已经创建了数据库，从本章开始将讲解如何使用 SQL 来操作数据库了。掌握 SQL 是使用数据库时必不可少的，关于 SQL 知识上一章中已经有所涉及，本章将会做进一步的深入讨论。MySQL 数据库使用的 SQL 语句有其自身一些特点，或者称为“方言”的地方，这些地方会有特别的提示。

4.1 导入实用小型网店数据库

表 4-1 至表 4-5 是本章所要用到的表，这些表是笔者构建一个小型网店系统所用到的表的简化版本。可以学习本章之前从本书的支持网站（http://www.softechallenger.com）上下载对应数据文件（sampledb.sql），并将文件保存在 C:盘根目录下。

表 4-1　　成员表（customer）

列　名	数 据 类 型	说　明
mid	CHAR(5)	成员 ID（主键）
nam	VARCHAR(20)	姓名
birth	DATE	生日
sex	CHAR(6)	性别

※ 第 3 章中已经使用到此表。

表 4-2　　用户表（user）

列　名	数 据 类 型	说　明
uid	CHAR(6)	用户 ID（主键）
zip	CHAR(8)	邮编
address	VARCHAR(255)	住址
name	VARCHAR(20)	姓名

表 4-3 订单表（order_basic）

列　名	数据类型	说　明
oid	CHAR(15)	订单 ID（主键）
odate	DATE	发单时期
uid	CHAR(6)	用户 ID
memo	VARCHAR(255)	备注

表 4-4 订单详细表（order_details）

列　名	数据类型	说　明
oid	CHAR(15)	订单 ID（主键）
pid	CHAR(9)	产品 ID（主键）
quantity	INT	数量

表 4-5 产品表（product）

列　名	数据类型	说　明
pid	CHAR(9)	产品 ID（主键）
pname	VARCHAR(255)	产品名
price	FLOAT(10,1)	价格

执行结果如下。

```
> mysqladmin -u root -p DROP home   //删除数据库 home
password: *****
Dropping the database is potentially a very bad thing to do.
Any data stored in the database will be destroyed.

Do you really want to drop the 'home' database [Y/N] y
Database "home" dropped.
> mysqladmin -u root -p CREATE home   //创建数据库 home
password: *****
> mysqladmin -u root -p home < sampledb.sql   //将数据倒入到数据库 home
password: *****
```

4.2 SQL 语句的种类

根据处理内容的不同，SQL 语句可以分为 3 种类型。

（1）数据操作语句（Data Manipulation Language，DML）。

包括从表中检索数据的 SELECT 语句，插入新数据用的 INSERT 语句，更新数据用的 UPDATE 语句，以及删除数据用的 DELETE 语句。

（2）数据定义语句（Data Definition Language，DDL）。

包括数据库对象（表、索引、视图等）创建用的 CREATE 语句，对象删除用的 DROP 语句，还有对象定义修改用的 ALTER 语句。

（3）数据控制语句（Data Control Language，DCL）。

包括数据库用户权限追加/删除用的 GRANT/REVOKE 语句，事务处理开始/提交（commit）/复原（callback）时使用的 BEGIN/COMMIT/ROLLBACK 语句。

在上述 3 种类型的语句中，应用程序开发过程中经常使用的是 DML，这个当中最常用的是 SELECT 语句，掌握了 SELECT 语句可以说掌握了 SQL 的一大半了。本书则以 DML 为中心进行介绍。

知识专栏

SQL 的发展史

SQL 的起源是 1970 年左右 IBM 公司开发的数据库操作语言 SEQUEL(Structured English Query Language)。后来，随着版本的升级被改名为 SQL，经过了很长一段时间的混乱的发展时期，20 世纪 80 年代左右开始了关于 SQL 标准化的讨论。1986 年发表了最初的标准化版本 SQL86。SQL86 是 ANSI（American National Standards Institute：美国国家标准协会）发表的，1987 年被 ISO（International Organization for Standardization：国际标准化组织）采用。后来陆续发表有了 SQL92、SQL99 等升级版本，现在的最新版本是 2003 年发表的 SQL2003。

4.3 在 MySQL 监视器使用 SQL 语句的规则

下面将通过对已经在第 3 章中创建的 customer 表进行简单检索语句（SELECT * FROM customer;），来了解一些在监视器（或称客户端）中使用 SQL 语句的基本规则。检索语句的功能是将表 customer 中的所有数据都检索出来，执行结果如下。

```
mysql> SELECT * FROM customer;
+-------+------+------------+------+
| mid   | nam  | birth      | sex  |
+-------+------+------------+------+
| N0001 | 小小 | 1980-11-23 | 1    |
+-------+------+------------+------+
1 row in set (0.00 sec)
```

● **规则 1：SQL 语句必须以分号（;）结束。**

分号（;）是 SQL 语句的结束标志。如果遗忘了分号，而直接按下回车键时，在 MySQL 客户端上将显示如下。

```
mysql> SELECT * FROM customer
    ->
```

因为没有以分号结束，客户端认为 SQL 语句并没有结束，显示[->]等待用户继续输入命令，直到以分号结束。有些数据库中，支持省略最后的分号的情况。

规则 2： 保留关键字不区分大小写。

保留关键字是 SQL 中事先定义好的关键字，如上面检索语句中的 SELECT、FROM 等就属于保留关键字。在 SQL 中这些保留关键字是不区分大小写的。也就是说以下的语句都能正确地被执行。

```
mysql> SELECT * FROM customer;
mysql> select * FROM customer;
mysql> sElEcT * FROM customer;
```

但是，一般情况下在编写 SQL 时，还是要尽量统一保留关键字的大小。例如，以大小字母的形式写保留关键字，以小写字母的形式写表或列名，SQL 语句也会看起来一目了然。

另外，根据使用的数据库的不同，有的数据库中是区分表或列名的大小写的。

知识专栏

关于保留关键字

根据使用的数据库的不同，保留关键字有些微妙的区别。关于 MySQL 数据库所使用的保留关键字，请参照如下网址：http://dev.mysql.com/doc/refman/5.1/en/reserved-words.html。

原则上在定义表或列时，不要使用保留关键字。严格来说，使用单引号将保留关键字括起来后，也可以使用的。但是，其他人阅读这些 SQL 语句时非常容易混淆，到底是保留关键字还是一般的表名分不清楚。因此没有特别的理由，建议还是不要使用。以下的 SQL 是合法的，但是不建议使用。

```
mysql> SELECT * FROM 'update';
```

规则 3： 可自由地加入空白或换行符。

在 SQL 语句的中间，可以自由地加入空格或换行符，例如以下语言是可以被正确执行的。

例 1：

```
mysql> SELECT *
    -> FROM customer;
```

例 2：

```
mysql> SELECT
    -> *
    -> FROM
    -> customer;
```

但是，在一个关键字的中间加入空格或改行符是不合法的，如：

```
mysql> SE
    -> LECT
    -> * FROM customer;
```

一个 SQL 语句可以作为一行来编写，但是对那些比较长的语句，可以在其中加入适当的改行符，这样方便阅读。

上述的例 1 一样，以命令语句为单位换行是一个可以参考的标准，例如，在 SELECT 语句中将检索对象列名一一列出，而下一行的 FROM 命令后列出检索对象表名。这样整个 SQL 语句看起来层次分明。

另外，在列名或表名后也可以换行，例如，将 SELECT 单独列一行，其后的检索对象列名前加入一个缩进（tab）后，将所有的列名一一行单独列出（例 2）。

规则 4: 使用[--]或[/* …*/]加注释。

在 SQL 语句中可以加入注释的。注释是不被 DBMS 解释的信息。注释又分为单行注释，以及多行注释。

单行注释以两个[-]开头，直到一行的末尾都被看作注释。多行注释是由[/*]与[*/]包含起来的字符串组成。

```
mysql> SELECT * FROM customer; -- This is comments
mysql> /* This
  /*> is
  /*> comments*/
```

4.4 数据的插入/更新/删除

下面就一一具体介绍这些数据操作的基本命令。

4.4.1 新记录的插入——INSERT 命令

前面的章节中已经有过介绍，向表中插入新记录时使用 INSERT 命令，具体语法如下。

向表中插入新记录	INSERT INTO 表名（列名 1，列名 2，…）VALUES（值 1，值 2，…）;

说明： 在指定的表的各列中，插入 VALUES 语句中指定的数值。[列名 1，列名 2，…]与[值 1，值 2，…]是一一对应的关系。如果列的个数与值的个数不符时，则 INSERT 命令执行失败。

下面依次向表 customer 中插入 3 条数据的命令。注意当值为字符串、日期的情况下，必须用单引号（'）将值括起来。

```
mysql> INSERT INTO customer (mid,nam,sex) VALUES('H0001','李加',0);
Query OK, 1 row affected (0.16 sec)
mysql> INSERT INTO customer (mid,nam,birth) VALUES('G0001','杜意意','1975-04-18');
Query OK, 1 row affected (0.05 sec)
mysql> INSERT INTO customer (mid,nam,sex) VALUES('G0002','李玉',1);
```

```
Query OK, 1 row affected (0.05 sec)
```

INSERT 命令执行完成后，使用 SELECT 命令检查表的新内容，执行结果如下。INSERT 命令中没有被指定的列(以上代码中的第 1 和第 3 个 INSERT 命令语句中的 birth 列，以及第二个 INSERT 命令语句中的 sex 列）会被自动赋予 NULL 值，或者是在表定义时预先设置的默认值（DEFAULT 的值）。但是，如果列被定义为不可为 NULL（NOT NULL），且没有设置默认值时，INSERT 命令将执行失败。

```
mysql> SELECT * FROM customer;
+-------+--------+------------+------+
| mid   | nam    | birth      | sex  |
+-------+--------+------------+------+
| G0001 | 杜意意 | 1975-04-18 | 0    |
| G0002 | 李玉   | NULL       | 1    |
| H0001 | 李加   | NULL       | 0    |
| N0001 | 小小   | 1980-11-23 | 1    |
+-------+--------+------------+------+
4 rows in set (0.00 sec)
```

如果对表所有的列进行值的插入时，如下所示，表名后的列名系列可以省略的。

```
mysql> INSERT INTO customer VALUES('G0003','桂枝枝',NULL,1);
Query OK, 1 row affected (0.07 sec)
```

这个时候，插入值系列的顺序必须与表定义时的列顺序一致。如果不想向某列中设置值时，可以明确地将其值设置为 NULL。上例中就是将 birth 列的值设置成了 NULL。

4.4.2 更新已存在的记录——UPDATE 命令

更新已经存在的记录时，使用 UPDATE 命令，具体语法如下。

更新表中的记录	UPDATE 表名 SET 列名 1=值 1，列名 2=值 2，… WHERE 条件表达式;

说明：从指定的表中抽出给定条件的记录，然后按照[列名 1=值 1，列名 2=值 2，...]的样子更新此记录。[列名 1=值 1]的意思是向[列名 1]列中设置[值 1]的值。

下面的例子是将 mid 为[G0002]的成员记录的姓名更新为[李玉枝]，并将生日设置为[1980-09-09]。

```
mysql> UPDATE customer SET nam = '李玉枝' ,birth='1980-09-09' WHERE mid = 'G0002';
Query OK, 1 row affected (0.09 sec)
Rows matched: 1  Changed: 1  Warnings: 0
```

WHERE 语句中指定的条件[mid = 'G0002']的意思是[mid 列的值是否等于'G0002']，[=]是比较运算符，判断左右是否相等。实际上在更新或检索表数据时，是会对表中所有的数据进行循环判断的，这里将依次判定表中所有记录的 mid 列的值是否等于'G0002'，返回 True 或 False。UPDATE 只对返回 True 的记录进行更新。关于条件表达式，会在后面的 SELECT 命令中再做详细介绍。

WHERE 的条件表达式也是可以省略的，如下的 UPDATE 命令将对所有的记录，无条件的将 birth 更新为 NULL。

```
mysql> UPDATE customer SET birth = NULL ;
```

在执行没有设定条件的 UPDATE 命令前，请务必最后确认一下是否要进行这种更新，因为将影响到该表中的所有数据。

4.4.3 删除记录——DELETE 命令

介绍完插入/更新的命令后，最后剩下删除命令了。使用 DELETE 命令进行删除处理，删除指定表中与条件一致的记录。DELETE 命令的语法如下。

删除表中的记录	DELETE FROM 表名 WHERE 条件表达式;

下面的例子是将 mid 为[G0003]的记录进行删除。

```
mysql> DELETE FROM customer WHERE mid = 'G0003';
Query OK, 1 row affected (0.05 sec)
```

与 UPDATE 命令一样，DELETE 命令后的条件也可以省略的，这时将删除表中的所有数据。但是，在删除表中所有数据时，还有一个速度更快、效率更高的命令，就是 TRUNCATE TABLE 命令。

```
mysql>  TRUNCATE TABLE customer;
```

在 MySQL 中，使用 TRUNCATE TABLE 命令时，实际上是首先破坏掉表的所有结构包括数据，然后再创建它（TRUNCATE TABLE 命令的内部处理，随着数据库的不同会有些差异）。

尽管存在着如在事务处理中不可使用或删除的数据不可再恢复、自动采号被初期化等制约，但是在上述情况以外的地方可以使用 TRUNCATE TABLE 命令。

4.4.4 数据检索——SELECT 命令

对数据库中的数据进行检索，我们知道是通过 SELECT 命令来实现的，SELECT 命令的一般语法如下。

检索表中的记录	SELECT 列名 1，列名 2，… FROM 表名[条件表达式等];

已经反复在前面的章节中介绍过，使用[SELECT * FROM 表名]这样的 SELECT 命令可以取得表中所有记录所有列的数据，其中[*]就代表表的所有列名。

另外，在 SELECT 命令后的条件表达式后面可以附加各种语句，来实现数据的提取、分组、排序等，下面将介绍具体的实现方法。

1. 推荐明确指定列名

使用[*]来无条件地获得所有列数据的话，当然简单，但是会产生几个问题。首先，如果是针对那些拥有很多列的表的情况下，那些不需要的列就会浪费很多内存。另外，以这种方式取得的数据，会按照表定义时的列的顺序来取得数据，这时，如果程序中是以列序号来取得具体的列数据，而此后如果发生了表定义的修改，则对应的程序必须进行修改。但是，如果是以明确的方式来指定列名，则上述的问题都可以避免。因此，除了想确认所有的表数据以外的场合，是不建议使用[*]的。

从表 customer 中取得成员代码（mid）以及姓名（nam）。

```
mysql> SELECT mid,nam FROM customer;
+-------+--------+
| mid   | nam    |
+-------+--------+
| G0001 | 杜意意 |
| G0002 | 李玉枝 |
| H0001 | 李加   |
| N0001 | 小小   |
+-------+--------+
4 rows in set (0.73 sec)
```

2. 条件检索

如果想获取与特定条件一致的记录时，必须使用 WHERE 语句。下面的例子就是取得生日在 1980/01/01 以后的成员信息的实际例子。

```
mysql> SELECT nam,birth FROM customer WHERE birth>='1980/01/01';
+--------+------------+
| nam    | birth      |
+--------+------------+
| 李玉枝 | 1980-09-09 |
| 小小   | 1980-11-23 |
+--------+------------+
2 rows in set (0.04 sec)
```

[>=]也是一种比较运算符，左边比右边大时返回 True，其他可以使用的运算符，如表 4-6 所示。这些都是些可直观使用的运算符，这里只对 LIKE 运算符与 IS NULL 运算符进行补充说明。

表 4-6　比较运算符

运 算 符	说　明	条件表达式的例子
=	相等	nam = '小小'
>	大于	birth > '1980-01-01'
<	小于	birth < '1980-01-01'
>=	大于等于	birth >= '1980-01-01'
<=	小于等于	birth <= '1980-01-01'

续表

运 算 符	说　　明	条件表达式的例子
<>	不相等	nam <> '小小'
IS [NOT] NULL	为 NULL	nam is NULL
[NOT] LIKE	指定目标一致（不一致）	nam LIKE '小%'
[NOT] BETWEEN	包含在指定范围内（不包含）	price BETWEEN 3000 AND 4000
[NOT] IN	包含在指定候补值内（不包含）	mid IN ('G0001','G0002','G0003')

3. 模糊检索

模糊检索就是以列中是否含有指定的字符串为条件的检索。下面是检索“李”姓成员用的模糊的例子。

```
mysql> SELECT nam FROM customer WHERE nam LIKE '李%';
+--------+
| nam    |
+--------+
| 李玉枝 |
| 李加   |
+--------+
2 rows in set (0.69 sec)
```

%是被称为[外卡（wildcard）]的符号，代表的是 0 个以上的字符。也就是说，[李%]表示以[李]开头的所有字符串。同样[%李]表示以李为结尾的所有字符串。而[%李%]表示所有还有[李]的字符串。

除了上述的[%]外，还有其他如[_(下划线)]的外卡符号。[_]代表一个字符，如果是[李_]的情况下，[李加]是符合条件的，而[李玉枝]是不符合条件。

4. NULL 条件

检索 NULL 时，不能使用[=]运算符的。如果想从表中取出 birth 列的值为 NULL 的记录，下面的第一种检索方式检索失败，而第二种方式才是正确的。

执行结果

```
mysql> SELECT nam ,birth FROM customer WHERE birth = NULL;
Empty set (0.14 sec)

mysql> SELECT nam ,birth FROM customer WHERE birth is NULL;
+------+-------+
| nam  | birth |
+------+-------+
| 李加 | NULL  |
+------+-------+
1 row in set (0.00 sec)
```

5. 多个条件表达式的组合

使用理论运算符可以将多个条件表达式连成一个复合的条件表达式。如果一个条件表达式不能很好抽出数据时，使用理论运算符后可以更方便的抽出数据。

下面就是抽出[性别为女]且[生日非空]的数据的 SELECT 命令实例。AND 运算符是左右的条件表达式都为 True 时返回 True。其他的还有只要左右有一个为 True 时返回 True 的 OR 运算符，以及求条件表达式的相反值的 NOT 运算符。

以下例子是抽出[性别为女]且[生日非空]的数据。

```
mysql> SELECT nam,birth,sex FROM customer WHERE sex = '1' AND birth is NOT NULL;
+--------+------------+------+
| nam    | birth      | sex  |
+--------+------------+------+
| 李玉枝 | 1980-09-09 | 1    |
| 小小   | 1980-11-23 | 1    |
+--------+------------+------+
2 rows in set (1.79 sec)
```

理论运算符可以连接两个以上的表达式，下面尝试一下抽出[生日在 1976/01/01 以前和 1980/01/01 以后的女性成员]的数据。

```
mysql> SELECT nam,birth,sex FROM customer WHERE birth <= '1976-01-01' OR birth
>= '1980/01/01' AND sex = '1' ;
+--------+------------+------+
| nam    | birth      | sex  |
+--------+------------+------+
| 杜意意 | 1975-04-18 | 0    |
| 李玉枝 | 1980-09-09 | 1    |
| 小小   | 1980-11-23 | 1    |
+--------+------------+------+
3 rows in set (0.00 sec)
```

上述的结果很显然有点奇怪，没有抽出想得到的结果。为什么会出现这种情况呢？这涉及运算符的优先级的问题。优先级是当有多个运算符时，决定哪个最先被执行的规则。与加减乘除的计算规则优先级问题完全相似(2+3*2 的正确结果为 2+6，而非 5*2)。

理论运算符的优先顺序为 NOT→AND→OR，因此回到刚才的例子，这些写的复合表达式实际上抽出的数据为生日 1980/01/01 以后的女成员，或生日为 1976/01/01 以前的男女成员，如图 4-1 所示。

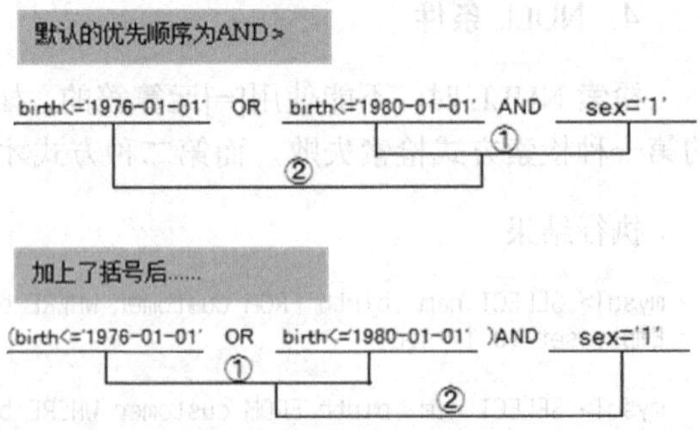

图 4-1 条件结合顺序

使用括号可以改变运算符的优先级，上面的例子中，如果将前两个表达式用括号包含起来，让其首先计算，就可以得到正确的结果。

```
mysql> SELECT nam,birth,sex FROM customer WHERE (birth <= '1976-01-01' OR birth
```

```
>= '1980/01/01' ) AND sex = '1' ;
+--------+-----------+------+
| nam    | birth     | sex  |
+--------+-----------+------+
| 李玉枝 | 1980-09-09 | 1    |
| 小小   | 1980-11-23 | 1    |
+--------+-----------+------+
2 rows in set (0.00 sec)
```

6. 结果排序

使用 ORDER BY 语句进行数据的排序。下面是按照性别升序，且按照生日降序排列的检索结果。

```
mysql> SELECT nam,birth,sex FROM customer ORDER BY sex ASC, birth DESC;
+--------+-----------+------+
| nam    | birth     | sex  |
+--------+-----------+------+
| 杜意意 | 1975-04-18 | 0    |
| 李加   | NULL       | 0    |
| 小小   | 1980-11-23 | 1    |
| 李玉枝 | 1980-09-09 | 1    |
+--------+-----------+------+
4 rows in set (0.08 sec)
```

在 ORDER BY 语句中按照[排序列名 排序方式]的形式指定排序表达式。就像上面例子中显示的那样，以多个关键字进行排序时，按照排序表达式的优先级顺序排列，中间以逗号进行分隔。排序方式指定为 ASC（升序）或 DESC（降序）。排序方式省略时将被看作 ASC。

另外，再排序中关于 NULL 值的处理，会随着数据库的不同而有所差异。例如，在 MySQL 与 SQL Server 中 NULL 被当作最小值看待，而在 Oracle 与 PostgreSQL 中则被作为最大值。

7. 取得指定件数间（m 到 n 之间）的记录

可以实现从排序结果中取出第 m 到第 n 之间的数据。下面的例子是从表中取出生日最年轻的以及第二年轻的成员记录。

```
mysql> SELECT nam, birth FROM customer ORDER BY birth DESC LIMIT 2;
+--------+-----------+
| nam    | birth     |
+--------+-----------+
| 小小   | 1980-11-23 |
| 李玉枝 | 1980-09-09 |
+--------+-----------+
2 rows in set (0.57 sec)
```

使用 LIMIT 语句指定记录抽出的起始位置/件数（注意这只是 MySQL 的实现方法，随着数据库的不同实现方法会有差异）。[LIMIT 2]的意思是从起始位置开始取出两件。如果要取得第 2，3 件记录时，使用[LIMIT 1,2]，依次指定[开始位置，件数]，开始位置是从 0 开始的。也就是说，[LIMIT 2]与[LIMIT 0,2]意义相同。

另外，原则上 LIMIT 语句是要与 ORDER BY 同时使用的。如果没有明确指定排序方式，数据库就会按照随机的顺序将数据取出，这样使用 LIMIT 语句时，每次可能会得到不同的结果。

8. 数据分组

以特定的关键字对记录进行整理被称**分组化**，分组化时使用 GROUP BY 语句。

这里，使用 GROUP BY，按照性别的不同对成员数进行统计。在 GROUP BY 语句中指定需要分组化的关键字（列名）。如果有多个关键字的情况下，与 ORDER BY 与语句一样按顺序排列，并使用逗号进行分隔。

另外，请注意列（SELECT）部分的内容。GROUP BY 语句通常与统计函数（如表 4-7 所示）一起使用。使用统计函数，可以求得分组化后的记录的件数、最大值、最小值。需要注意的是，使用 GROUP BY 语句时，取得列中只能使用分组化用的关键字（列）以及统计列。

（注：但是 MySQL 中进行了独自的扩张，有一些例外的情况，可以在取得列中包含 GROUP BY 语句中不存在的列。）

表 4-7　　主要统计函数

函　数	说　明
AVG（列名）	平均值
COUNT（列名）	件数
MAX（列名）	最大值
MIN（列名）	最小值
SUM（列名）	合计值

执行结果如下。

```
mysql> SELECT sex , COUNT(mid) FROM customer GROUP BY sex;
+------+------------+
| sex  | COUNT(mid) |
+------+------------+
| 0    |          2 |
| 1    |          2 |
+------+------------+
2 rows in set (0.79 sec)
```

9. 列的别名

针对对象列使用统计函数，或者使用运算符进行运算/统计时，为了后来更方便地指定该列，一般情况下都会使用别名。（例如，在应用程序中要使用合计件数，而 COUNT（mid）是不能直接使用的）。这里使用 AS 语句指定别名。

```
mysql> SELECT sex , COUNT(mid) AS cnt FROM customer GROUP BY sex;
+------+-----+
| sex  | cnt |        //结果也以别名的形式显示
+------+-----+
| 0    |   2 |
```

```
| 1    | 2 |
+------+-----+
2 rows in set (0.41 sec)
```

上面只对统计列使用了别名，对其他没有进行过处理的列当然也可以使用别名。

知识专栏

使用 COUNT 函数时的注意事项

统计函数都是些很直观的函数，使用时很简单。下面是将 mid 列换成 birth 的执行结果。

我们可以看到该结果与前面结果的不同。为什么表的记录什么都没变，而统计的结果会不同呢？其实 COUNT 函数并不是单纯地统计记录件数，而是统计[非 NULL]记录的，birth 中有一个的值为 NULL，因此统计结果会有变化。

在统计记录件数一定要选择不含有 NULL 值得列，或者就使用特别的值 [*]。

```
mysql> SELECT sex , COUNT(birth) FROM customer GROUP BY sex;
+------+--------------+
| sex  | COUNT(birth) |
+------+--------------+
| 0    |            1 |
| 1    |            2 |
+------+--------------+
2 rows in set (0.00 sec)
```

4.5 运算符与数据库函数

利用 SELECT 命令不仅可以直接从表中取得相关数据，还可以结合运算符与函数对数据加工后再取得。

4.5.1 运算符

运算符是对 1 个以上的式子或值，按照事先决定好的规则进行处理的机制。定义听起来可能比较抽象难懂，大家平常使用的[＋]、[–]、[×]和[÷]就是运算符的代表。在数据库中这 4 个运算符对应是[＋]、[–]、[*]和[/]，稍微有些差别。这些通常被称为算术运算符。

表 4-8　　主要的算术运算符

运　算　符	说　　明
+	加法
-	减法
*	乘法
/	除法
DIV	除法返回结果的整数部分
%	求余

另外，在前面书写条件表达式时，使用了[=]、[>]、[<]等符号。这些用于比较左边/右边值的运算符被称为**比较运算符**。还有，在连接多个条件表达式时使用了 AND、OR 等，这些计算 True、False 等真假值的运算符称为**布尔运算符**。

其他的，数据库中提供了各种各样的运算符。首先掌握这些算术运算符、比较运算符、布尔运算符，对付基本的运算应该是够用了。比较运算符与布尔运算符前面已经介绍过了，下面来看一个使用算术运算符的例子。

```
mysql> SELECT pname ,price * 0.9 AS inside_price FROM product;
+----------+--------------+
| pname    | inside_price |
+----------+--------------+
| 反光镜   |        274.5 |
| 灯       |         28.8 |
| 真皮后坐 |       2700.0 |
| 胎       |        360.0 |
| 充气筒   |         31.9 |
| 蒙皮     |         44.9 |
| 自行车   |       3420.0 |
| 助力车   |       4500.0 |
+----------+--------------+
8 rows in set (0.00 sec)
```

上面是从 product 表中取得内部价格的检索例子。像这样使用运算符，将计算的结果作为一列返回。这里以别名的形式输出计算结果列。

4.5.2 数据库函数

数据库函数与运算符一样，是对数据进行加工处理的一种手段，输入参数后以返回值的形式返回结果。

前面已经使用到了统计记录总数的 COUNT 函数了。与 COUNT 函数同类，通常与 GROUP BY 同时使用的进行相关统计的函数，被统称为统计函数。

数据库中通常准备了各种函数，但是哪个函数可以使用，则会根据数据库的不同有所差异。表 4-9 列出了 MySQL 数据库提供的一些函数。

表 4-9　　MySQL 数据库提供的主要函数

分　类	函 数 名	内 容 说 明	应 用 例
字符串	ASCII(str)	字符转换为 ASCII 码	SELECT ASCII('W'); --87
	CHAR(num,...)	ASCII 码转换为字符	SELECT CHAR(87,73,78); --WIN
	REPEAT(str,num)	num 回重复字符串 str	SELECT REPEAT('HI',2); --HIHI
	LENGTH(str)	字符串长度	SELECT LENGTH('HELLO'); --5
	CONCAT(str1,str2,...)	字符串连接	SELECT CONCAT('HI',' MAN'); --HI MAN
	LOWER(str)	大写转换为小写	SELECT LOWER('HI'); --hi

续表

分　类	函 数 名	内 容 说 明	应 用 例
字符串	UPPER(str)	小写转换为大写	SELECT UPPER('hi'); --HI
	INSTR(str,substr)	检索字符串 str 中的部分字符串 substr（返回开始位置）	SELECT INSTR('HI MAN','MA'); --4
	SUBSTRING (str,pos[,len])	取得字符串 str 中的从 pos 位置开始的 len 长的子串	SELECT SUBSTRING('HI MAN',4,2); --MA
	LEFT(str,len)	从字符串左端开始取得 len 长的子串	SELECT LEFT('HI MAN',2); --HI
	RIGHT(str,len)	从字符串右端开始取得 len 长的子串	SELECT RIGHT('HI MAN',3); --MAN
	REPLACE(str,from,to)	将字符串中的 from 串置换为 to 串	SELECT REPLACE('HI MAN','MAN','BODDY'); --HI BODDY
	TRIM(str)	去掉字符串前后的空格	SELECT TRIM('　HI　'); --HI
数值	ABS(num)	绝对值	SELECT ABS(-80); --80
	SQRT(num)	平方根	SELECT SQRT(4); --2
	POW(base,num)	数 base 的 num 次方	SELECT POW(2,3); --8
	MOD(x,y)	求 x/y 的余数	SELECT MOD(31,5); --1
	RAND([seed])	乱数（seed 为种子）	SELECT RAND(); --0.4678837652
	GREATEST(num1,...)	求最大值	SELECT GREATEST(3,8,1); --8
	LEAST(num1,...)	求最小值	SELECT LEAST(3,8,1); --1
	CEILING(num)	小数点以下进位	SELECT CEILING(124.41); --125
	FLOOR(num)	去掉小数点以后的数字	SELECT FLOOR(124.41); --124
	ROUND(num[,prec])	四舍五入（prec 为小数位）	SELECT ROUND(123.456,2); --123.46
	FORMAT(num,prec)	数字格式化（prec 为小数位）	SELECT FORMAT(1234.456,1); --1,234.5
	CONV(num,from,to)	将 num 从 from 进制转换为 to 进制	SELECT CONV(100,10,2); --1100100
日期	NOW()	当前时间	SELECT NOW(); --2010-07-28 10:22:24
	CURDATE()	当前日期	SELECT CURDATE(); --2010-07-28
	CURTIME()	当前时刻	SELECT CURTIME(); --10:22:24
	EXTRACT (type FROM dat)	取得日期中的指定元素	SELECT EXTRACT(DAY FROM '2010-07-28'); --28
	DATE_ADD(dat,INTERVAL var type)	对日期中的指定元素进行加算	SELECT DATE_ADD('2010-07-28', INTERVAL 1 MONTH); --2010-08-28
	DATEDIFF(dat1,dat2)	日期的差值	SELECT DATEDIFF('2010-07-21','2010-07-28'); --7
	DATE_FORMAT(dat,format)	对日期进行格式化	SELECT DATE_FORMAT('2010-07-28','%W %M %Y'); --Wednesday July 2010
其他	CASE	条件判断	参见下面章节
	IF(exp,var1,var2)	当条件式 exp 为真时返回 var1，反之返回 var2	SELECT IF(1=1,'OK','NO'); --OK

续表

分　类	函 数 名	内容说明	应 用 例
其他	IFNULL(var1,var2)	当 var1 为 NULL 时返回 var2	SELECT IFNULL(NULL,20); --20
	CONVERT(exp,type)	转换任意时间格式	SELECT CONVERT(NOW(),DATE); --2010-07-28
	MD5(str)	取得哈希值	SELECT MD5('12345'); --827ccb0eea8a706c4c34a16891f84e7b

此处介绍的仅仅是一部分的函数，实际 MySQL 数据库还提供其他许多函数，限于篇幅本书都不能作一一介绍，下面仅就那些比较难于理解，不能在表 4-9 中几句话概括的函数做一些补充说明。

知识专栏

省略 FROM 语句

像表 4-9 中给出的例子一样，数据库中可以运行如[SELECT LENGTH('ABC');]这样的命令。上述什么表都不参照的 SELECT 命令中，可以省略 FROM 语句的。注意这只是在 MySQL 中，根据数据库的不同，有不能省略 FROM 的数据库。

1. LENGTH 函数

多字节字符使用 LENGTH 函数进行计数时，将返回字节数，例如：

```
mysql> SELECT LENGTH('理由');
```

上面的命令返回 4。如果想取得字符串的长度，必须用 CHAR_LENGTH 函数。

```
mysql> SELECT CHAR_LENGTH('理由');
```

这次将返回 2。另外，如果想取得字符串的 bit 单位长度，就必须用 BIT_LENGTH 函数。

2. FLOOR/CEILING/TRUNCATE 函数

这些函数都用于小数舍入处理的函数。进行舍入处理时，CEILING 函数返回比小数值大的最小整数，FLOOR 函数返回比小数值小的最大整数。下面给出几个具体的例子。

```
mysql> SELECT FLOOR (2.5); --2
mysql> SELECT CEILING (2.5); --3
mysql> SELECT FLOOR (-2.5); -- -3
mysql> SELECT CEILING (-2.5); -- -2
```

ROUND 函数默认情况下对小数点以下进行四舍五入。在指定了 prec 参数时，小数点以下指定字节数作为四舍五入对象，当参数 prec 值为负数时，像以下例子显示的那样，对整数部分进行四舍五入。

```
mysql> SELECT ROUND(114.566); -- 115
mysql> SELECT ROUND(114.566,2); -- 114.57
mysql> SELECT ROUND(114.566, -2); -- 100
```

3. DATE_ADD 函数

DATE_ADD 函数是对日期 dat 进行指定值的加算处理。参数 type 代表加算 / 减算的单位，可以指定如表 4-10 所示的各种参数形式。

表 4-10 DATE_ADD 函数的参数形式

参数 type	参数 var 的格式
YEAR	年
MONTH	月
DAY	日
HOUR	时
MINUTE	分
SECOND	秒
MICROSECOND	毫秒
YEAR_MONTH	年-月
DAY_HOUR	日 时
DAY_MINUTE	日 时：分
DAY_SECOND	日 时：分：秒
HOUR_MINUTE	时：分
HOUR_SECOND	时：分：秒
MINUTE_SECOND	分：秒
SECOND_MICROSECOND	秒.毫秒

根据参数 type 的不同参数 var 中设定值的形式也会不同，具体可以看看下面的例子，进行减法运算时参数 var 设为负值。

```
mysql> SELECT DATE_ADD('2010-07-29 12:00:00',INTERVAL 2 MONTH) AS newtime;
+---------------------+
| newtime             |
+---------------------+
| 2010-09-29 12:00:00 |
+---------------------+
1 row in set (0.00 sec)

mysql> SELECT DATE_ADD('2010-07-29 12:00:00',INTERVAL -10 HOUR) AS newtime;
+---------------------+
| newtime             |
+---------------------+
| 2010-07-29 02:00:00 |
+---------------------+
1 row in set (0.00 sec)
mysql> SELECT DATE_ADD('2010-07-29 12:00:00',INTERVAL '10:50' MINUTE_SECOND) AS
newtime;
+---------------------+
| newtime             |
```

```
+---------------------+
| 2010-07-29 12:10:50 |
+---------------------+
1 row in set (0.00 sec)
```

4. EXTRACT 函数

当需要从日期/时刻中取得任意元素（如年、月等）时使用 EXTRACT 函数。参数 type 中可以指定的值如表 4-5 所示。

执行结果如下。

```
mysql> SELECT EXTRACT(YEAR_MONTH FROM '2010-07-29 12:00:00');
+------------------------------------------------+
| EXTRACT(YEAR_MONTH FROM '2010-07-29 12:00:00') |
+------------------------------------------------+
|                                         201007 |
+------------------------------------------------+
1 row in set (0.03 sec)
```

如果只是取得基本的日期或时刻的元素的话使用 EXTRACT 函数就可以了，如果要取得其他与日期相关的数据，可以使用专用的定制函数，如表 4-11 所示。

表 4-11　　取得日期/时刻元素用的主要函数

函 数 名	说　明
YEAR(dat)	年（1000 至 9999）
QUARTER(dat)	4 个季度（1 至 4）
MONTH(dat)	月（1 至 12）
MONTHNAME(dat)	月名
DAYOFMONTH(dat)	日（1 至 31）
DAYNAME(dat)	星期名
DAYFOWEEK(dat)	星期号码（1：星期天～7：星期六）
HOUR(dat)	小时（0 至 23）
MINUTE(dat)	分（0 至 59）
SECOND(dat)	秒（0 至 59）
MICROSECOND(dat)	微秒（0 至 99999）

5. CASE 函数

CASE 函数能进行简单的条件判断。与其他的函数比较起来语法稍微复杂一点，具体语法如下。

进行简单的条件判断	CASE 表达式 WHEN 比较值 1 THEN 结果 1 WHEN 比较值 2 THEN 结果 2 … [ELSE 结果值 N] END

CASE 函数中将给出的表达式的值与 WHEN 语句中指定的值进行比较，一致时返回对应的结果值。如果与所有 WHEN 语句中的值都不一致，则返回 ELSE 语句中的值。其中 WHEN 语句可以根据需要进行添加。

执行结果如下。

```
mysql> SELECT nam,
    ->     CASE sex
    ->       WHEN 0 THEN '男'
    ->       WHEN 1 THEN '女'
    ->       ELSE 'OTH'
    ->     END AS sex
    -> FROM customer;
+--------+------+
| nam    | sex  |
+--------+------+
| 杜意意 | 男   |
| 李玉枝 | 女   |
| 李加   | 男   |
| 小小   | 女   |
+--------+------+
4 rows in set (0.04 sec)
```

上面的例子是根据 sex 域中设定值不同而显示不同汉字的简单例子，为 0 是男，为 1 时当然是女了。

但是，如果表达式与值不能用[=]进行比较时，上面的写法就行不通了。这里 CASE 函数提供了另一种语法，具体如下。

CASE 函数的另一种语法	CASE 　WHEN 条件表达式 1 THEN 结果 1 　WHEN 条件表达式 2 THEN 结果 2 　… 　[ELSE 结果值 N] END

此处，从一开始就对 WHEN 语句中指定的条件表达式进行判断，如果条件表达式为真(True)，则其后结果值就被返回。与前面的语法比较起来，因为每一个 WHEN 语句后都要指定条件表达式，代码会变得比较长，因为可组合使用[>=]、[<]等比较运算符，因此可以实现比较复杂的判定。

下面是模拟对 product 表中的商品价格进行一个判定，3000 元以上的商品输出[高]，1000 元以下输出[低]，在 1000 至 3000 之间的输出[一般]。

```
mysql> SELECT pname,
    ->     CASE
    ->       WHEN price <1000 THEN '低'                A
    ->       WHEN price <=3000 THEN '一般'             B
    ->       ELSE '高'
    ->     END AS price
```

```
    -> FROM product;
+----------+------+
| pname    | price |
+----------+------+
| 反光镜   | 低   |
| 灯       | 低   |
| 真皮后坐 | 一般 |
| 胎       | 低   |
| 充气筒   | 低   |
| 蒙皮     | 低   |
| 自行车   | 高   |
| 助力车   | 高   |
+----------+------+
8 rows in set (0.00 sec)
```

在下面的例子中，可能觉得在 B 的地方是不是使用[WHEN price <=3000 AND price >=1000]样的判断更安全一点呢。其实在此完全不用担心，因为在上面已经提到过，在 CASE 函数首先执行条件一致的 WHEN 语句，也就是说，所有价格小于 1000 的商品必然执行 A 处的 WHEN 语句，B 语句处相当于默认加上了[price >=1000]的条件。执行流程如图 4-2 所示。

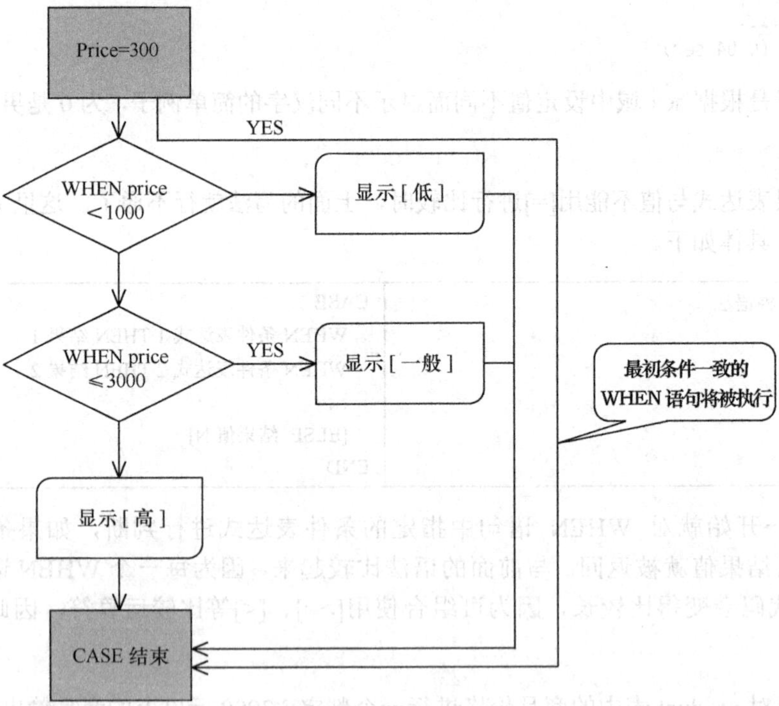

图 4-2　流程图

反之如果是将 A、B 互换（如下面的执行结果），则会得不到正确的结果。

```
mysql> SELECT pname,
    ->     CASE
    ->       WHEN price <=3000 THEN '一般'
    ->       WHEN price <1000 THEN '低'
    ->       ELSE '高'
```

```
    ->    END AS price
    -> FROM product;
+----------+------+
| pname    | price |
+----------+------+
| 反光镜   | 一般 |
| 灯       | 一般 |
| 真皮后坐 | 一般 |
| 胎       | 一般 |
| 充气筒   | 一般 |
| 蒙皮     | 一般 |
| 自行车   | 高   |
| 助力车   | 高   |
+----------+------+
8 rows in set (0.04 sec)
```

4.6 多个表的连接

在前面的章节中已经进行过介绍，在关系数据库中为了减少数据占用有限的存储空间，通常都会对表进行**规范化**处理，将数据分割到几个表中进行管理。将这些个分割管理的数据重新结合成一条数据时，就是所谓**表连接处理**。

连接其实又分为内连接、外连接、自连接等，下面分别详细介绍。

4.6.1 内连接

内连接就是表间的主键与外键进行相连，只取得键值一致的数据的连接方式。进行内连接时使用 INNER JOIN … ON 语句，具体语法如下。

内连接	SELECT 列名 1… FROM 表 1 INNER JOIN 表 2 ON 表 1.外键 =表 2.主键 [WHERE /ORDER BY 语句等]

下面看一个具体的例子，我们现在需要从基本订单信息表 order_basic 与用户表 user 中取得订单号以及对应的用户名。这里就用 order_basic 表的外键（uid）与 user 表的主键（uid）进行连接，然后得到双方都一致的记录，如图 4-3 所示。

```
mysql> SELECT user.name ,order_basic.oid
    -> FROM order_basic
    -> INNER JOIN user ON order_basic.uid = user.uid;
+--------+--------+
| name   | oid    |
+--------+--------+
| 李小明 | D00001 |
| 李小明 | D00003 |
| 李小明 | D00004 |
| 牛二   | D00002 |
+--------+--------+
4 rows in set (0.15 sec)
```

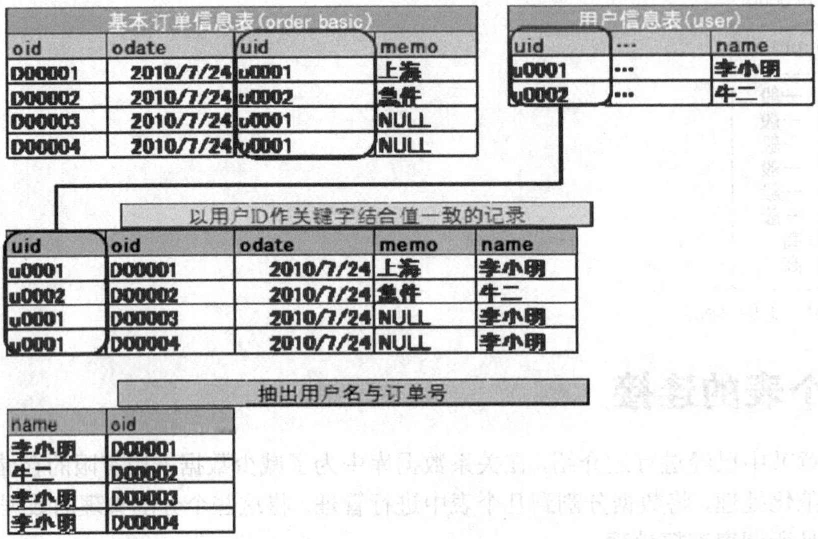

图 4-3　内连接

在进行连接时，为了要让域名属于哪个表清楚明白地呈现出来，一般都会以[表名.域名]的形式书写 SQL 语句。如果只写域名，当两个表有相同的域名时，将不知道属于哪个表。因此，建议采用这种不省略表名的写法。

知识专栏

表的别名

当取得域的数目太多，另外表名本身太长时，所有的域前都加上表名后，这样代码会显得臃肿。这个时候可以给表名设定短的别名（alias）。

设定表的别名时，采用前面介绍过的 AS 语句。例如针对上面的内连接实例，如果采用别名时，将变成如下的样子。

```
mysql> SELECT u.name ,o.oid
    -> FROM order_basic AS o
    -> INNER JOIN user AS u ON o.uid = u.uid;
```

4.6.2　外连接

与取得连接双方表中都存在的数据的内连接相比，使用外连接能取得只在一方表中存在的数据。外连接分为左外连接与右外连接，下面是左外连接与右外连接的具体语法。

左外连接	SELECT 列名 1　FROM 表 1 LEFT OUTER JOIN 表 2 ON 表 1.外键 ＝ 表 2.主键 [WHERE/ORDER BY 语句等]

右外连接	SELECT 列名 1　FROM 表 1 RIGHT OUTER JOIN 表 2 ON 表 1.外键 = 表 2.主键 [WHERE/ORDER BY 语句等]

我们来看一个具体的例子，将订单基本信息表（order_basic）与用户表（user）进行连接，取得与用户相关的订单信息一览。在这个例子中没有任何订单信息的用户也会被检索出来的。

从表 order_basic/user 中取得用户名与订单号码（左外连接）：

```
mysql> SELECT u.name ,o.oid
    -> FROM user AS u
    -> LEFT OUTER JOIN order_basic AS o ON u.uid = o.uid;
+--------+--------+
| name   | oid    |
+--------+--------+
| 李小明 | D00001 |
| 李小明 | D00003 |
| 李小明 | D00004 |
| 牛二   | D00002 |
| 宋林   | NULL   |
+--------+--------+
5 rows in set (0.27 sec)
```

左连接能取得[两个表中键值一致的记录]以及[只在左边表中存在的记录]，反之右连接能取得[两个表中键值一致的记录]以及[只在右边表中存在的记录]。

下面看一个右连接的例子，同样是订单基本信息表（order_basic）与用户表（user）进行连接，取得与用户相关的订单信息一览。此处将取得用户信息还没有登录的订单信息。

从表 order_basic/user 中取得用户名与订单号码（右外连接）：

```
mysql> SELECT u.name ,o.oid
    -> FROM user AS u
    -> RIGHT OUTER JOIN order_basic AS o ON u.uid = o.uid;
+--------+--------+
| name   | oid    |
+--------+--------+
| 李小明 | D00001 |
| 牛二   | D00002 |
| 李小明 | D00003 |
| 李小明 | D00004 |
| NULL   | D00010 |
+--------+--------+
5 rows in set (0.04 sec)
```

左外连接与右外连接统称为外连接。如果还没有理解它们之间检索数据范围的差别，可以参考图 4-4 中所提供的形象描述。这里再重复总结一下要点，内连接时抽取两表间键值一致的记录，而外连接时以其中一个表的全部记录为基准进行检索。

左外连接与右外连接只是选择哪个表（左表或右表）作为数据抽取的基准上有所区别，本质上是一致的，因此在同一个应用程序中最好从这两种方式中统一选择一种，这样代码看上去容易理解。

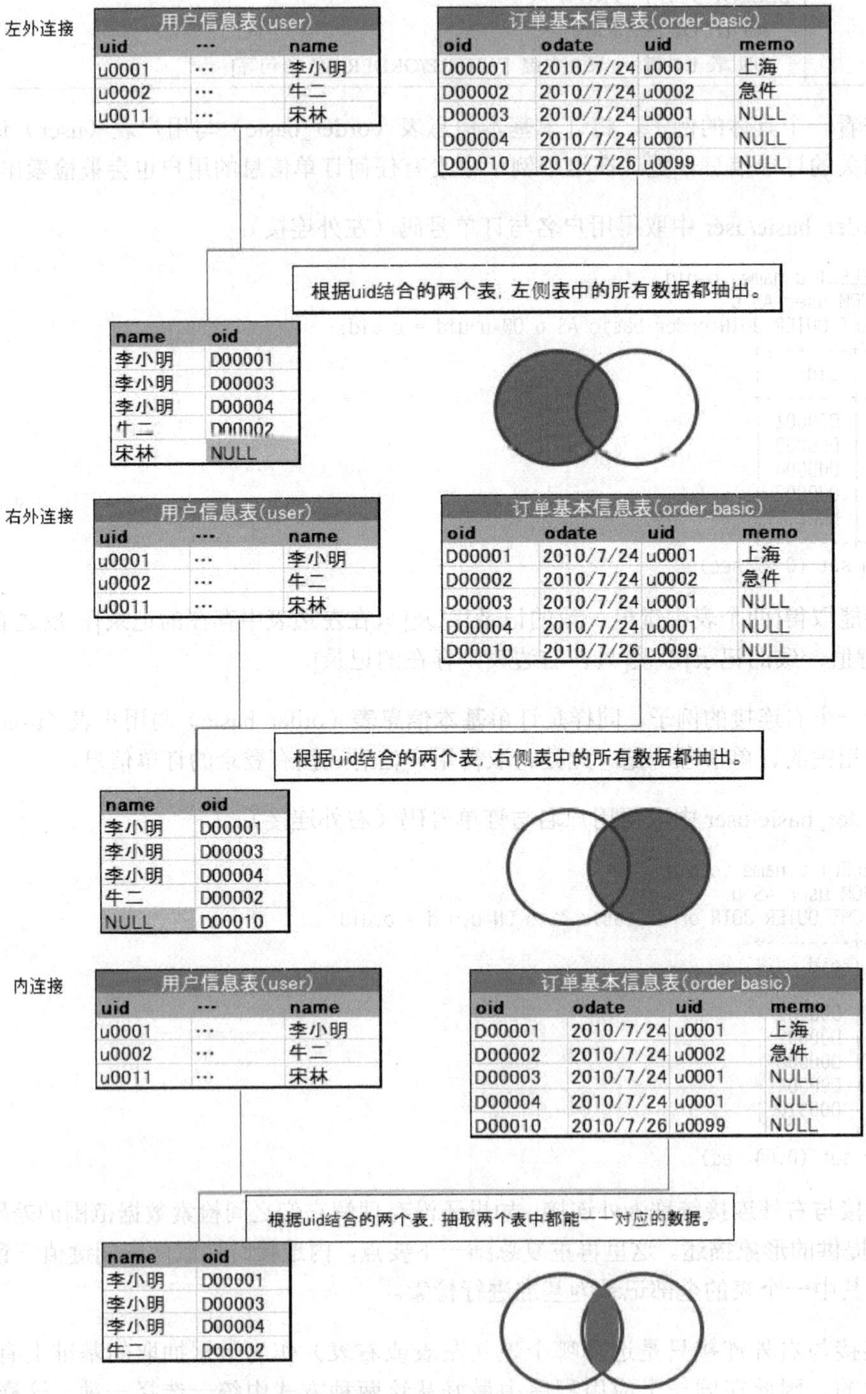

图 4-4　内连接、外连接与内连接比较

4.6.3　3 个或 3 个以上表间的连接

上面已经学习过了两个表的连接方法了，利用同样的原理，可以进行 3 个或 3 个以上表之间的连接。下面是订单基本信息表（order_basic）、订单明细表（order_detail）、产品表（product）、用户表（user）间的连接实例，创建如表 4-12 所示的表。

表 4-12　　连接而成的数据

oid	odate	pname	price	quantity	name
D00001	2010/7/24	反光镜	305	1	李小明
D00001	2010/7/24	车灯	32	2	李小明
D00002	2010/7/24	车灯	32	2	牛二
D00003	2010/7/24	真皮后坐	3000	1	李小明
D00004	2010/7/24	轮胎	400	2	李小明

创建如表 4-12 所示的订单数据：

```
mysql> SELECT ob.oid, ob.odate, p.pname, p.price, od.quantity, u.name
    -> FROM
    -> (                                                            ❶
    ->   ( order_basic AS ob INNER JOIN order_detail AS od          ❷
    ->   ON ob.oid = od.oid )
    ->     INNER JOIN product AS p ON od.pid = p.pid
    -> )
    -> INNER JOIN user AS u ON ob.uid = u.uid;
```

上面的 SQL 语句看起来是挺复杂的，但是只要把握住了其结构，理解起来也不会太难。关键是两个括号（❶号和❷号）中的内容作为一个表来看待。即使用 INNER JOIN … ON 连接起来的两个或多个表，作为一个新表与其他表进行连接，如图 4-5 所示，这样循环往复就实现了多个表间的连接了。

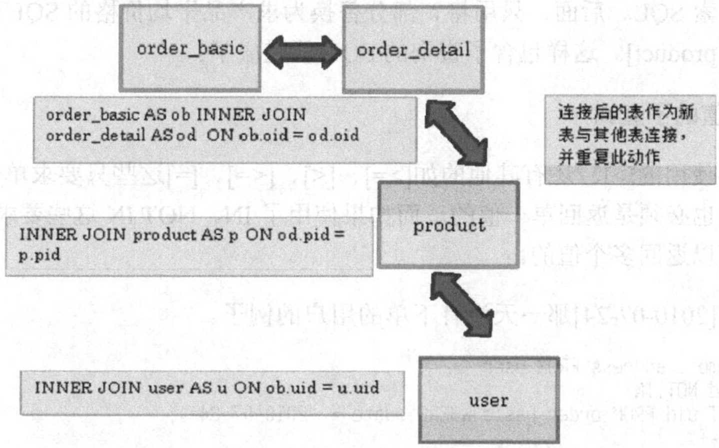

图 4-5　多表间的连接

4.6.4 在其他查询的基础上进行数据检索

在查询 SQL 中嵌入的查询，通常被称为子查询（或副查询）。利用子查询，可以在别的检索结果的基础上进行新的检索。复杂的检索，往往利用子查询后会变得简单，甚至一行 SQL 就能完成。

1. 基本子查询

涉及子查询有各种各样的语法，一般情况下经常使用的是在条件 WHERE 语句中嵌入的子查询。下面是基本的语法。

WHERE 语法子查询	SELECT 列名 1 …… FROM 表名 WHERE 列名 比较运算符 （SELECT 命令）

通常的 WHERE 语句形如[列名 比较运算符 值]，其中值的部分由子查询（SELECT 命令）替代。子查询的结果值直接作为条件值来进行判断。

下面看一个例子，从产品表（product）中查询超过平均价的产品。

```
mysql> SELECT * FROM product
    ->   WHERE price > (SELECT AVG(price) FROM product );
+-------+----------+--------+
| pid   | pname    | price  |
+-------+----------+--------+
| P0003 | 真皮后坐 | 3000.0 |
| P0007 | 自行车   | 3800.0 |
| P0008 | 助力车   | 5000.0 |
+-------+----------+--------+
3 rows in set (0.77 sec)
```

编写含有子查询的 SQL 时，首先编写除了子查询外的主查询部分。上面的例子的情况下，首先编写[SELECT * FROM product WHERE price > ？]部分，条件 [price > ？]，高于某一值的价格，当然是很普通的检索 SQL。后面，只用将？部分替换为求产品平均价格的 SQL 即可，即[SELECT AVG(price) FROM product]。这样包含子查询的 SQL 就完成了。

2. 多个返回值的子查询

上述的例子中使用的[>]，还有其他的如[>=]、[<]、[<=]、[=]这些只要求单一值的比较运算符时，子查询的结果也必须是返回单一值的。而如果使用了 IN、NOT IN 这些要求多个值运算符时，子查询的结果是可以返回多个值的。

下面是检索在[2010-07-24]那一天没有下单的用户的例子。

```
mysql> SELECT name , address FROM user
    -> WHERE uid NOT IN
    ->    (SELECT uid FROM order_basic WHERE odate = '2010-07-24');
+------+---------+
| name | address |
```

```
+------+---------+
| 宋林 | 上海市  |
+------+---------+
1 row in set (0.07 sec)
```

3. 子查询与 EXISTS 运算符

通常与子查询一起使用的还有 EXISTS 运算符。EXISTS 运算符是对子查询中抽出的记录作是否存在检查的运算符。

下面是对用户表（user）与订单基本信息表（order_basic）进行比较，抽出至少下过一单的用户信息。

```
mysql> SELECT name, address FROM user
    -> WHERE EXISTS
    ->  (SELECT * FROM order_basic WHERE user.uid = order_basic.uid);
+--------+-------------------+
| name   | address           |
+--------+-------------------+
| 李小明 | 上海市古北区 112 弄 |
| 牛二   | 上海市黄浦区 123 弄 |
+--------+-------------------+
2 rows in set (0.00 sec)
```

EXISTS 运算符将针对用户表 user 的每条记录进行子查询的操作，如果子查询的结果非空，则返回 True，相应的将当前记录信息输出。像这样与主查询有关联关系的子查询，通常称为相关子查询。相关子查询要对基础表的每一条记录进行子查询的动作，因此如果基础表的记录数量太大时，会给数据库服务器带来很大的负荷，使用时用特别小心。

第5章　表的维护和改造

在数据库中创建表时，所有的创建工作往往并不能一蹴而就的，经常会出现表的设计不合理，而需要修改表结构的情况。一般的数据库都提供了修改表的命令，MySQL 也不例外。

5.1 修改表的列结构

表创建好后，经常会遇到“想扩大列的长度”、“追加一个新列”、“删除一个列”以及“改变列的名称”等需求。这时候必须使用 ALTER TABLE 命令来完成。

5.1.1 ALTER TABLE 命令

ALTER TABLE 命令是用来修改表的列构造的。根据修改的种类有 MODIFY、CHANGE、ADD、DROP 等几种语法。

- 修改列的定义：ALTER TABLE…MODIFY
- 追加列：ALTER TABLE…ADD
- 修改列的名称与定义：ALTER TABLE…CHANGE
- 删除列：ALTER TABLE…DROP

下面按照“改变列的数据类型”、“追加新列”、“改变列的位置”、“改变列名”、“删除列”的顺序来做讲解。

5.1.2 改变列的数据类型

列的数据类型是可以随时修改的。例如，将定义为 VARCHAR 类的列改变为可以容纳大量字符的 TEXT 类型等。当然必须是可以使用的类型了，修改不能使用的类型时会出现错误。另外，修改时，有时会出现原来的数据变成了乱码，或者一部分数据消失，请务必注意。例如，原来能容纳 100 个文字的列如果将其修改为[VARCHAR(50)]后，第 50 个字符以后的内容将消失。因此如果表中原来有数据时，一般最好在对表结构进行修改前备份一下表（见本节后面的知识专栏——数据库的备份）。

要改变列的类型时，可以使用以下语法：

改变列的类型	ALTER TABLE 表名 MODIFY 列名　数据类型;

下面就以前面使用的 customer 表为例来演示列类型的修改。为了不影响其他的内容，我们首先在数据库上复制一个与 customer 表一模一样的表 visitor，表 visitor 修改前后的结构如表 5-1 和表 5-2 所示。在此我们想将只能容纳 20 个字符的用户名(nam)列修改为可容纳 30 个字符的列。

表 visitor 的列结构在修改前后分别如表 5-1 和表 5-2 所示。

表 5-1　（修改前）表 visitor 的列结构

域　名	数 据 类 型	说　明
mid	CHAR(5)	用户 ID（主键）
nam	VARCHAR(20)	用户名
birth	DATETIME	生日
sex	CHAR(1)	性别（0:男，1:女。默认为 0）

表 5-2　（修改后）表 visitor 的列结构

域　名	数 据 类 型	说　明
mid	CHAR(5)	用户 ID（主键）
nam	VARCHAR(30)	用户名
birth	DATETIME	生日
sex	CHAR(1)	性别（0:男，1:女。默认为 0）

具体要修改列 nam 类型的 SQL 语句如下：

```
ALTER TABLE visitor MODIFY nam VARCHAR(30);
```

执行结果如下。

```
mysql> desc visitor;
+-------+-------------+------+-----+---------+-------+
| Field | Type        | Null | Key | Default | Extra |
+-------+-------------+------+-----+---------+-------+
| mid   | char(5)     | NO   | PRI | NULL    |       |
| nam   | varchar(20) | YES  |     | NULL    |       |
| birth | datetime    | YES  |     | NULL    |       |
| sex   | char(1)     | YES  |     | 0       |       |
+-------+-------------+------+-----+---------+-------+
4 rows in set (0.01 sec)
mysql> ALTER TABLE visitor MODIFY nam VARCHAR(30);
Query OK, 0 rows affected (0.08 sec)
Records: 0  Duplicates: 0  Warnings: 0

mysql> desc visitor;
+-------+-------------+------+-----+---------+-------+
| Field | Type        | Null | Key | Default | Extra |
+-------+-------------+------+-----+---------+-------+
```

```
| mid   | char(5)     | NO   | PRI | NULL    |       |
| nam   | varchar(30) | YES  |     | NULL    |       |
| birth | datetime    | YES  |     | NULL    |       |
| sex   | char(1)     | YES  |     | 0       |       |
+-------+-------------+------+-----+---------+-------+
4 rows in set (0.01 sec)
```

上面的执行结果可以看出列 nam 的类型已经按照要求修改了。这里需要补充几句的是，对数据类型的修改应该慎重。例如，对于那些数据起始非 0 的，只是以数值构成的数据来说，在很多情况下，可以进行如【INT 类型】→【VARCHAR 类型】→【INT 类型】样的修改。但是，通常情况下如果列中存在数据了，是不适合进行数据类型的转换的。

5.1.3 追加新列

如果我们想在刚才的表 visitor 中追加一个新列年龄（old），该怎么办呢？下面是使用 ADD 命令追加新列的语法。

将新列追加到表的最后	ALTER TABLE 表名 ADD 列名 数据类型;

表 visitor 的列结构修改前后分别如表 5-3 和表 5-4 所示。

表 5-3　（修改前）表 visitor 的列结构

域　名	数 据 类 型	说　明
mid	CHAR(5)	用户 ID（主键）
nam	VARCHAR(30)	用户名
birth	DATETIME	生日
sex	CHAR(1)	性别（0:男，1:女。默认为 0）

表 5-4　（修改后）表 visitor 的列结构

域　名	数 据 类 型	说　明
mid	CHAR(5)	用户 ID（主键）
nam	VARCHAR(30)	用户名
birth	DATETIME	生日
sex	CHAR(1)	性别（0:男，1:女。默认为 0）
old	INT	年龄

例如，追加年龄（old）列的 SQL 语句如下：

```
ALTER TABLE visitor ADD old INT;
```

执行结果如下。

```
mysql> ALTER TABLE visitor ADD old INT;
```

```
Query OK, 0 rows affected (0.16 sec)
Records: 0  Duplicates: 0  Warnings: 0

mysql> desc visitor;
+-------+-------------+------+-----+---------+-------+
| Field | Type        | Null | Key | Default | Extra |
+-------+-------------+------+-----+---------+-------+
| mid   | char(5)     | NO   | PRI | NULL    |       |
| nam   | varchar(30) | YES  |     | NULL    |       |
| birth | datetime    | YES  |     | NULL    |       |
| sex   | char(1)     | YES  |     | 0       |       |
| old   | int(11)     | YES  |     | NULL    |       |
+-------+-------------+------+-----+---------+-------+
5 rows in set (0.06 sec)
```

在上述的执行结果中，表 visitor 的最后追加上了一个新列年龄 old。

（1）在表的开头处追加新列。

上面的追加新列语句[ALTER TABLE … ADD …]执行后，列将被追加到最后，这个时候如果加入[FIRST]关键字，新列将比追加到所有列的最前面。下面是将年龄(old)追加到所有列最前面的具体 SQL 语句：

```
ALTER TABLE visitor ADD old INT FIRST;
```

（2）在任意位置追加新列。

可以使用 AFTER 关键字将列追加到任意位置，例如如果想将年龄(old)列追加到姓名（nam）列之后的 SQL 语句如下：

```
ALTER TABLE visitor ADD old INT AFTER nam;
```

5.1.4　改变列的位置

如果想改变已经定义的列的位置，就可以使用前面介绍的[MODIFY]关键字。

下面看看如何将追加到表 visitor 最后的年龄（old）列移动到姓名（nam）之后，最后显示修改后的表结构。

表 visitor 的列结构修改前后分别如表 5-5 和表 5-6 所示。

表 5-5　　　　　　　　　　（修改前）表 visitor 的列结构

域　名	数 据 类 型	说　明
mid	CHAR(5)	用户 ID（主键）
nam	VARCHAR(30)	用户名
birth	DATETIME	生日
sex	CHAR(1)	性别（0:男，1:女。默认为 0）
old	INT	年龄

表 5-6　　（修改后）表 visitor 的列结构

域　名	数据类型	说　明
mid	CHAR(5)	用户 ID（主键）
nam	VARCHAR(30)	用户名
old	INT	年龄
birth	DATETIME	生日
sex	CHAR(1)	性别（0:男，1:女。默认为 0）

年龄（old）列位置变更的 SQL 语句如下：

```
ALTER TABLE visitor MODIFY old INT AFTER nam;
```

执行结果如下。

```
mysql> ALTER TABLE visitor MODIFY old INT AFTER nam;
Query OK, 0 rows affected (0.12 sec)
Records: 0  Duplicates: 0  Warnings: 0

mysql> desc visitor;
+-------+-------------+------+-----+---------+-------+
| Field | Type        | Null | Key | Default | Extra |
+-------+-------------+------+-----+---------+-------+
| mid   | char(5)     | NO   | PRI | NULL    |       |
| nam   | varchar(30) | YES  |     | NULL    |       |
| old   | int(11)     | YES  |     | NULL    |       |
| birth | datetime    | YES  |     | NULL    |       |
| sex   | char(1)     | YES  |     | 0       |       |
+-------+-------------+------+-----+---------+-------+
5 rows in set (0.01 sec)
```

5.1.5　改变列名与类型

对于表 visitor 中的生日（birth）列，现在定义为[DATETIME]类型，即可以保存到时刻[00:00:00]为止的时间，但是，一般生日只需要保存年月日就够了，那么只用使用[DATE]的数据类型。

下面将介绍如何将生日（birth）列的数据类型修改为[DATE]类型，同时将其名称变更为[birthday]。列名以及类型修改的语法如下。

修改列名以及类型	ALTER TABLE 表名 CHANGE 修改前的列名 修改后的列名 修改后的类型;

表 visitor 的列结构在修改前后分别如表 5-7 和表 5-8 所示。

表 5-7　　（修改前）表 visitor 的列结构

域　名	数据类型	说　明
mid	CHAR(5)	用户 ID（主键）
nam	VARCHAR(30)	用户名

续表

域　名	数据类型	说　明
old	INT	年龄
birth	DATETIME	生日
sex	CHAR(1)	性别（0:男，1:女。默认为 0）

表 5-8　（修改后）表 visitor 的列结构

域　名	数据类型	说　明
mid	CHAR(5)	用户 ID（主键）
nam	VARCHAR(30)	用户名
old	INT	年龄
birthday	DATE	生日
sex	CHAR(1)	性别（0:男，1:女。默认为 0）

修改生日列的列名以及数据类型的具体 SQL 语句如下：

```
ALTER TABLE visitor CHANGE birth birthday DATE;
```

执行结果如下。

```
mysql> ALTER TABLE visitor CHANGE birth birthday DATE;
Query OK, 0 rows affected (0.12 sec)
Records: 0  Duplicates: 0  Warnings: 0

mysql> desc visitor;
+----------+-------------+------+-----+---------+-------+
| Field    | Type        | Null | Key | Default | Extra |
+----------+-------------+------+-----+---------+-------+
| mid      | char(5)     | NO   | PRI | NULL    |       |
| nam      | varchar(30) | YES  |     | NULL    |       |
| old      | int(11)     | YES  |     | NULL    |       |
| birthday | date        | YES  |     | NULL    |       |
| sex      | char(1)     | YES  |     | 0       |       |
+----------+-------------+------+-----+---------+-------+
5 rows in set (0.03 sec)
```

这样只能保存年月日的生日列修改成功。原来保存的[00:00:00]部分的数据将被删除的。

5.1.6　删除列

前面我们对表 visitor 进行了一系列的修改，最后如果想将年龄（old）列删除掉，该如何处理呢？在 SQL 中，在删除列、删除数据库、表时都使用 DROP 命令（关键字）。

删除列	ALTER AFTER 表名 DROP 列名;

表 visitor 的列结构在修改前后分别如表 5-9 和表 5-10 所示。

表 5-9　　表 visitor 的列结构（修改前）

域　名	数据类型	说　明
mid	CHAR(5)	用户 ID（主键）
nam	VARCHAR(30)	用户名
old	INT	年龄
birthday	DATE	生日
sex	CHAR(1)	性别（0:男，1:女。默认为 0）

表 5-10　　表 visitor 的列结构（修改后）

域　名	数据类型	说　明
mid	CHAR(5)	用户 ID（主键）
Nam	VARCHAR(30)	用户名
birthday	DATE	生日
sex	CHAR(1)	性别（0:男，1:女。默认为 0）

其中删除年龄（old）列的 SQL 语句如下：

```
ALTER TABLE visitor DROP old;
```

执行结果如下。

```
mysql> ALTER TABLE visitor DROP old;
Query OK, 0 rows affected (0.09 sec)
Records: 0  Duplicates: 0  Warnings: 0

mysql> desc visitor;
+----------+-------------+------+-----+---------+-------+
| Field    | Type        | Null | Key | Default | Extra |
+----------+-------------+------+-----+---------+-------+
| mid      | char(5)     | NO   | PRI | NULL    |       |
| nam      | varchar(30) | YES  |     | NULL    |       |
| birthday | date        | YES  |     | NULL    |       |
| sex      | char(1)     | YES  |     | 0       |       |
+----------+-------------+------+-----+---------+-------+
4 rows in set (0.04 sec)
```

注意列被删除时，原来列中保存的数据也将被删除。但是对表中的其他列是没有任何影响的。

知识专栏

故意插入超过列长度的字符串

对于定义为[VARCHAR(20)]的列，如果插入超过其长度的字符串时，将出现什么样的现象了呢？我们可以试验一下在表 customer 的姓名（nam）列中插入超过 10 个汉字（如[一二三四一二三四一二三四]）的字符串看看能出现什么现象。

```
INSERT INTO customer (mid,nam) VALUES ('T001','一二三四一二三四一二三四');
```

我们可以看到会出现[ERROR 1406 (22001): Data too long for column 'nam' at row 1]样的错误提示。

5.2 复制表和删除表

本节将介绍如何复制表的列构造和数据，以及如何删除表。

5.2.1　表的列构造与数据的复制

在维护数据库时，会碰到大量的数据输入的情况，数据输入看似简单，但非常耗费时间。一次创建的数据如何想再利用，就必须要知道如何复制表以及数据。下面分 3 种情况来介绍复制方法。

- 表的列构造+数据的复制；
- 表的列构造的复制；
- 数据的复制。

1. 表的列构造+数据的复制

此种情况实际上是“从检索出的结果中复制列构造与记录，并创建新表”的方法，是一种连带数据一起复制表的简便方法。

复制表的列构造以及数据来创建新表	CREATE TABLE 新表名 SELECT * FROM 旧表名;

下面演示如何复制上面创建完成的表 customer 来创建新表 customerH，具体的 SQL 如下。

```
CREATE TABLE customerH SELECT * FROM customer;
```

执行结果如下。

```
mysql> SELECT * FROM customer;
+-------+-----------------------+-------------+-------+
| mid   | nam                   | birth       | sex   |
+-------+-----------------------+-------------+-------+
| G0001 | 杜意意                | 1975-04-18  | 0     |
| G0002 | 李玉枝                | 1980-09-09  | 1     |
| H0001 | 李加                  | NULL        | 0     |
| N0001 | 小小                  | 1980-11-23  | 1     |
+-------+-----------------------+-------------+-------+
4 rows in set (0.66 sec)

mysql> CREATE TABLE customerH SELECT * FROM customer;
Query OK, 4 rows affected (0.22 sec)
Records: 4  Duplicates: 0  Warnings: 0

mysql> SELECT * FROM customerH;
+-------+-----------------------+-------------+-------+
| mid   | nam                   | birth       | sex   |
+-------+-----------------------+-------------+-------+
| G0001 | 杜意意                | 1975-04-18  | 0     |
| G0002 | 李玉枝                | 1980-09-09  | 1     |
| H0001 | 李加                  | NULL        | 0     |
| N0001 | 小小                  | 1980-11-23  | 1     |
+-------+-----------------------+-------------+-------+
4 rows in set (0.00 sec)
```

可以看出记录被准确地复制了，如果给后面的检索语句（SELECT）加上对应的检索条件（WHERE 语句），或者限制记录数量（使用 LIMIT 语句），可以只复制满足条件的记录。

注意，使用此方法可能发生列属性被改变的情况，例如，根据 MySQL 的版本，VARCHAR(20)可能被修改为 CHAR(20)。另外，可能发生不能复制 INDEX 的有关设定的情况，复制完成后，请使用 DESC 命令来确认一下表的构造。

2. 复制表的列构造

此种方法为只复制表的列结构的方式来创建新表。此方法尽管不复制表的数据，但[AUTO_INCREMENT]和[PRIMARY KEY]等列构造将被复制。

复制列构造创建新表	CREATE TABLE 新表名 LIKE 旧表名;

下面演示如何只复制表 customer 的列构造来创建新表 customerG，具体的 SQL 语言如下。

```
CREATE TABLE customerG LIKE customer;
```

执行结果如下。

```
mysql> CREATE TABLE customerG LIKE customer;
Query OK, 0 rows affected (0.14 sec)

mysql> DESC customerG;
+-------+-------------+------+-----+---------+-------+
| Field | Type        | Null | Key | Default | Extra |
+-------+-------------+------+-----+---------+-------+
| mid   | char(5)     | NO   | PRI | NULL    |       |
| nam   | varchar(20) | YES  |     | NULL    |       |
| birth | date        | YES  |     | NULL    |       |
| sex   | char(1)     | YES  |     | 0       |       |
+-------+-------------+------+-----+---------+-------+
4 rows in set (0.17 sec)
```

3. 数据的复制

下面来看看如何向已经创建完成的表中复制数据，具体语法如下。

向一个表中复制另一个表中的全部数据	INSERT INTO 表名　SELECT * FROM 含有数据的表;

上面我们已经采用复制表的列构造的方法创建了一个新表 customerG，此处演示一下如何将原来的表 customer 中的数据复制过来，具体的语法如下。

```
INSERT INTO customerG SELECT * FROM customer;
```

执行结果如下。

```
mysql> INSERT INTO customerG SELECT * FROM customer;
Query OK, 4 rows affected (0.92 sec)
Records: 4  Duplicates: 0  Warnings: 0

mysql> SELECT * FROM customerG;
```

```
+-------+--------------------+------------+------+
| mid   | nam                | birth      | sex  |
+-------+--------------------+------------+------+
| G0001 | 杜意意             | 1975-04-18 | 0    |
| G0002 | 李玉枝             | 1980-09-09 | 1    |
| H0001 | 李加               | NULL       | 0    |
| N0001 | 小小               | 1980-11-23 | 1    |
+-------+--------------------+------------+------+
4 rows in set (0.00 sec)
```

同第一种复制方法（复制表的列构造+数据）一样，可以加入 WHERE 语句或 LIMIT 语句来限制抽出的记录的数量。而且以这种方法从其他表结构完全不同的表中复制数据，具体 SQL 语句如下。

```
INSERT INTO tb1G(no) SELECT bang FROM tb1;
```

将表 tb1 中的序号列 bang 中的数据复制到表 tb1G 的 no 列中，当然表 tb1G 其他的列中将被设为 NULL。

5.2.2　表的删除

下面开始解说如何删除表，需要注意是的不管是什么样的信息，删除了后是没办法恢复的。因此，在做删除处理之前需要慎重确认。

删除表使用 DROP 命令，具体语法如下。

删除表	DROP TABLE 表名;

例如，删除表 customerG 的具体 SQL 语句如下。

```
DROP TABLE customerG;
```

执行结果如下。

```
mysql> DROP TABLE customerG;
Query OK, 0 rows affected (0.21 sec)

mysql> SHOW TABLES;
+----------------+
| Tables_in_home |
+----------------+
| customer       |
| customerh      |
…
+----------------+
xx rows in set (0.19 sec)
```

可以从执行结果中清晰地看到表 customerG 已经被删除了。

用户也可以在表删除语句后追加[IF EXISTS]语句，先判断表是否存在，存在时才进行删除动作。这样上面的语法将变为以下：

表存在时删除表	DROP TABLE IF EXISTS 表名;

第 2 部分 MySQL 高级应用篇

在本书的第 1 部分中我们主要学习了如何使用 SQL 语言对数据库进行操作，有了这些知识对于一个程序员来说应该是足够的，因为在当前各种高级的编程语言中都提供与各种数据库的编程接口，程序员只要能编写 SQL 语句，基本上能完成大部分涉及数据库操作的开发工作。

但是，如果您想了解更多，想构筑性能更优异的系统，那么您必须学习本书的重点，即第 3 部分 MySQL 的高级应用技术。比如，有了这些知识您就可以编写存储过程，将大部分繁琐的业务处理逻辑交给数据库来处理，因为直接由数据库来处理业务一般会比在应用服务器（APPLICATION SERVEAR）中的处理速度快得多，整个系统的性能当然会更优异。

另外，您如果想更有效率地使用 MySQL 数据库，成为 MySQL 数据库的技术专家，那么就必须掌握这部分知识，并在实践中不断总结提高。掌握这些 MySQL 的高级技术也是成为一个 DBA（Database Administrator）的必备条件。

整个第 2 部分也会使用已经在上文中使用过的实用小型网店数据库（为了解说方便，追加了一个员工信息表 employee）为例，结合实际应用进行关于 MySQL 数据库高级应用技术的介绍。

第 6 章　事务处理及锁定

事务处理（Transaction）是将多个更新命令作为一个整体来执行，从而保证数据整合性的机制。与锁定机制以及分离概念结合，可以看作保持数据信赖性的同时，维持数据库性能的方法。事务处理是在实际的数据库运用中必不可少的功能。

本章先介绍 MySQL 特有的**存储引擎**（Storage Engine），最后介绍具体的事务处理、锁定、分离水平的概念。

6.1 存储引擎

在掌握事务处理概念前，首先要了解一下什么是存储引擎（Storage Engine）。

6.1.1　了解 MySQL 的存储引擎

MySQL 有一个重要的特征，被称为 Pluggable Storage Engine Architecture（可替换存储引擎构架）。这里需要解释一下 MySQL 功能的实现方式。

MySQL 功能可以分为两个部分，外层部分主要完成与客户端的连接以及事前调查 SQL 语句的内容的功能，而内层部分就是所谓的存储引擎部分，它负责接收外层的数据操作指示，完成实际的数据输入输出以及文件操作工作。其工作模式如图 6-1 所示。

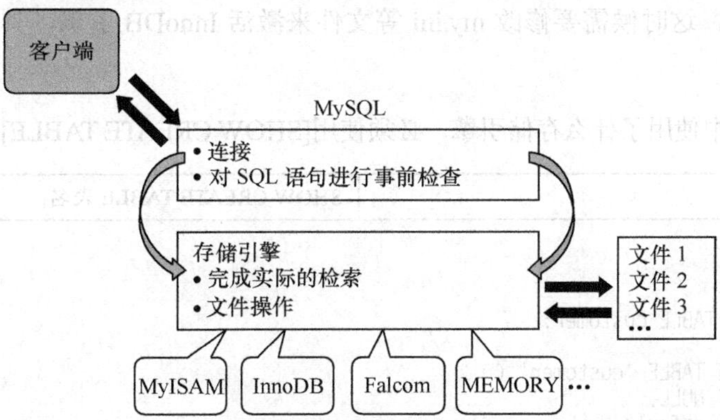

图 6-1　存储引擎的种类

MySQL 提供了多种存储引擎（Storage Engine），用户可以根据自己的目的或喜好来选择存储引擎。而且，还可以给不同的表选择不同的存储引擎。像这样用户可以任意选择存储引擎的功能，正是 MySQL 不同于其他关系数据库而独有的特征。现在 MySQL 提供了如表 6-1 所示的主要存储引擎。

表 6-1　　MySQL 提供的存储引擎的种类

存储引擎	特征
MyISAM	默认的高速引擎，不支持事务处理
InnoDB	支持行锁定以及事务处理，比 MyISAM 的处理速度稍慢
ISAM	MyISAM 引擎的前身。MySQL 5.0 以后不再标准安装
MERGE	将多个 MyISAM 类型的表作为一个表来处理的引擎
MEMORY ,HEAP	只在内存上保存数据
Falcon	一种新的存储引擎，支持事务处理
ARCHIVE	将数据压缩后保存（只能进行 INSERT/SELECT 操作）
CSV	以 CSV 形式保存数据（应用于跨平台数据交换）

从 2007 年 9 月发布的 MySQL 6.0.2 Alpha 开始，MySQL 中导入了最新的存储引擎 Falcon，Falcon 也与 InnoDB 一样支持事务处理。

如果要更精确地使用 MySQL 数据库，需要针对不同的引擎进行调试，另外，当然也需要研究一下最新的引擎 Falcon 等。这些都超出了本书的介绍范围，本书中只使用了 MyISAM 与 InnoDB，请记住这两种引擎的名字。默认引擎 MyISAM 不支持事务处理，所以在使用事务处理时，就需要使用 InnoDB 引擎。

6.1.2　设置存储引擎

要使用事务处理功能时，必须将表设置为使用 InnoDB 引擎。有的 MySQL 版本安装后，并没有激活 InnoDB 引擎，这时候需要修改 my.ini 等文件来激活 InnoDB 引擎，具体的配置步骤请参照本书的附录 A。

想确认现在的表中使用了什么存储引擎，必须使用[SHOW CREATE TABLE]命令，具体语法如下。

确认表中使用的引擎	SHOW CREATE TABLE 表名;

执行结果如下。

```
mysql> SHOW CREATE TABLE customer;
…
| customer | CREATE TABLE 'customer' (
  'mid' char(5) NOT NULL,
  'nam' varchar(20) default NULL,
  'birth' date default NULL,
```

```
  'sex' char(1) default '0',
  PRIMARY KEY  ('mid')
) ENGINE=InnoDB DEFAULT CHARSET=latin1 |
…
1 row in set (0.64 sec)
```

[ENGINE=]后显示的部分就是正使用中的引擎。上例中表的存储引擎为 InnoDB。通常没有没有特别指定引擎时，将使用默认引擎 MyISAM。

知识专栏

使用 MySQL 监视器的小技巧—用[\G]替换[;]

上面的[SHOW CREATE TABLE customer;]语句执行后，一行中需要显示的数据太多了，因此在 MySQL 监视器上显示出来的信息很杂乱无章。这个时候我们可以用[\G]替换 SQL 语句后的[;]，G 必须为大写。

使用[\G]后，我们可以得到如下的效果，信息显示更条理了。

```
mysql> SHOW CREATE TABLE customer \G
*************************** 1. row ***********
       Table: customer
Create Table: CREATE TABLE 'customer' (
  'mid' char(5) NOT NULL,
  'nam' varchar(20) default NULL,
  'birth' date default NULL,
  'sex' char(1) default '0',
  PRIMARY KEY  ('mid')
) ENGINE=InnoDB DEFAULT CHARSET=latin1
1 row in set (0.03 sec)
```

在使用 SELECT 命令中，如果列比较多，或项目比较长时，使用此种方法将很方便。

6.1.3　存储引擎的变更

表中使用的引擎可以在定义后进行变更的。变更表的引擎时可以使用[ALTER TABLE]命令，具体语法如下。

修改表使用的引擎	ALTER TABLE 表名 ENGINE=新引擎;

下面我们将表 customer 的引擎变更为[MyISAM]，具体的 SQL 语句如下。

```
ALTER TABLE customer ENGINE= MyISAM;
```

执行结果如下。

```
mysql> ALTER TABLE customer ENGINE= MyISAM;
Query OK, 5 rows affected (0.51 sec)
Records: 5  Duplicates: 0  Warnings: 0

mysql> SHOW CREATE TABLE customer \G
*************************** 1. row ************
       Table: customer
Create Table: CREATE TABLE 'customer' (
  'mid' char(5) NOT NULL,
```

```
  'nam' varchar(20) default NULL,
  'birth' date default NULL,
  'sex' char(1) default '0',
  PRIMARY KEY  ('mid')
) ENGINE=MyISAM DEFAULT CHARSET=latin1
1 row in set (0.00 sec)
```

当监视器中显示了[Query OK]的结果后，说明存储引擎的变更成功了。最后还是应该使用[SHOW CREATE TABLE]命令确认一下最终的结果。如果不能修改成功，就必须检查一下 my.ini 等文件，看看存储引擎是否被激活，具体的内容可以参见附录 A 中的介绍。

6.2 事务处理

前面涉及针对数据库的操作，无论是更新，还是检索都是些单独的处理。但是一般的实际应用程序中，几个单独的处理作为一个整体来对待的例子很多。在数据库的世界中，这样理论的处理单位被称为事务处理。

6.2.1 为什么需要事务处理

为什么需要事务处理呢。我们先看一个显示生活中形象的例子，就是所谓[现金转账]。甲要从自己的银行账户中向乙的账户转账 1 万元。这其实包含了两个动作"甲从自己的账户中扣除 1 万元"以及"向乙的账户存进 1 万元"。试想如果在"甲从自己的账户中扣除 1 万元"的时候发生了错误，会出现什么情况呢？甲的账户中减少了 1 万元，而乙的账户并没有增加 1 万元，甲的 1 万元就这么消失了。这显然是个问题，那要如何回避呢。方法是将这两件事作为一个事务来处理，两件事都成功了整个事务才结束，其中一件事出现了错误，强制返回到最初的状态，这在数据库中被称为回滚（ROLLBACK）。两件事都成功了情况下，在数据库的事务的最后会有一个提交（COMMIT）的动作。图 6-2 是回滚（ROLLBACK）与提交（COMMIT）两情况的流程图。

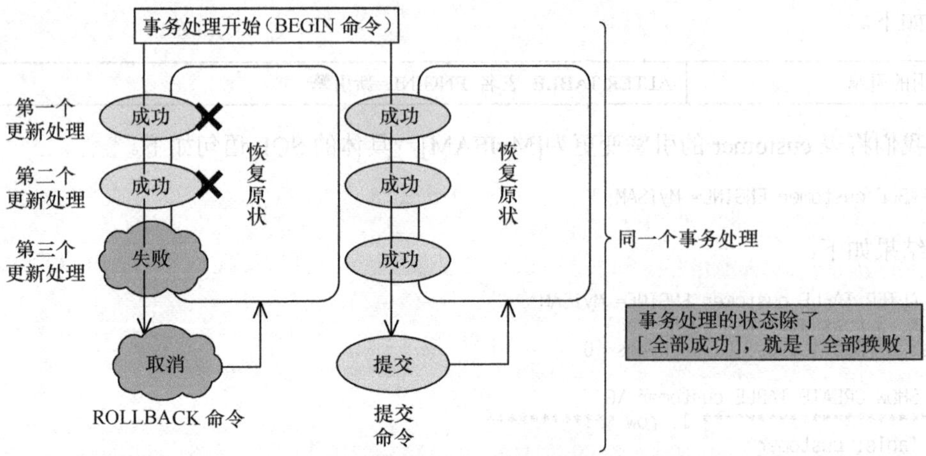

图 6-2　事务处理（ROLLBACK 与 COMMIT）

使用了事务处理后，就能保证所有的处理要么都成功，要么都失败。进行多个关联数据处理的情况下，事务处理是必不可少的机制。

6.2.2　演示简单的事务处理——删除后回滚

使用事务处理功能时，涉及 3 个重要的命令 BEGIN、COMMIT 和 ROLLBACK，它们的语法分别如下。

声明事务处理开始	BEGIN（或者 START TRANSACTION）;
提交整个事务	COMMIT;
回滚到事务开始的状态	ROLLBACK;

下面我们演示一下在事务处理中删除表 customer 的全部数据，然后用 ROLLBACK 命令看是否能恢复到事务开始前的初始状态，具体步骤如下。

（1）首先将表 customer 的存储引擎修改为[InnoDB]。

（2）确认表 customer 中的数据。

（3）事务开始。

（4）删除表 customer 中的全部数据。

（5）再次确认表 customer 中的数据。

（6）回滚处理。

（7）确认表 customer 中的数据是否恢复。

执行结果如下。

```
mysql> ALTER TABLE customer ENGINE=InnoDB;
Query OK, 4 rows affected (1.00 sec)
Records: 4  Duplicates: 0  Warnings: 0

mysql> SELECT * FROM customer;
+-------+---------------------+------------+------+
| mid   | nam                 | birth      | sex  |
+-------+---------------------+------------+------+
| G0001 | 杜意意               | 1975-04-18 | 0    |
| G0002 | 李玉枝               | 1980-09-09 | 1    |
| H0001 | 李加                 | NULL       | 0    |
| N0001 | 小小                 | 1980-11-23 | 1    |
+-------+---------------------+------------+------+
4 rows in set (0.04 sec)

mysql> BEGIN ;
Query OK, 0 rows affected (0.00 sec)
```

```
mysql> DELETE FROM customer;
Query OK, 4 rows affected (0.00 sec)

mysql> SELECT * FROM customer;
Empty set (0.00 sec)

mysql> ROLLBACK;
Query OK, 0 rows affected (0.04 sec)
mysql> SELECT * FROM customer;
+-------+-------------------+------------+------+
| mid   | nam               | birth      | sex  |
+-------+-------------------+------------+------+
| G0001 | 杜意意            | 1975-04-18 | 0    |
| G0002 | 李玉枝            | 1980-09-09 | 1    |
| H0001 | 李加              | NULL       | 0    |
| N0001 | 小小              | 1980-11-23 | 1    |
+-------+-------------------+------------+------+
4 rows in set (0.00 sec)
```

可以看出，最后表 customer 中数据恢复到了初始的状态。如果将上面的[ROLLBACK]换成[COMMIT]，那么删除的处理就被提交，再也不可恢复，在执行[COMMIT]前还是需要最后确认一下。

6.2.3 自动提交功能

在 MySQL 中执行命令时，通常都直接被确定了。也就是说用户不用意识此事，所有的命令都会被自动 COMMIT。特别是当存储引擎为 MyISAM 的情况下，本身它是不支持事务处理的，只要执行了命令，所有的命令都会被提交。

这样的默认自动提交的功能就被称为自动提交功能。自动提交功能默认被置为 ON 的状态。但是，如果存储引擎为 InnoDB 时，当执行了[START TRANSACTION]（或 BEGIN）命令后，将不会自动提交了，只有明确执行了 COMMIT 命令后才会被提交，在这之前可以执行 ROLLBACK 命令回滚更新操作。

用户可以将自动提交功能强制置为 OFF。这样用户执行 SQL 语句后将不会被提交了，而执行 COMMIT 命令才提交，执行 ROLLBACK 命令回滚。

下面是将自动提交功能置为 ON 以及置为 OFF 的具体语法。

将自动提交功能置为 OFF	SET AUTOCOMMIT=0;
将自动提交功能置为 ON	SET AUTOCOMMIT=1;

我们将演示自动提交功能置为 OFF 后，会出现的什么样的变化。置为 OFF，我们向表 customer 里插入一条数据后，看看是否能回滚。

将自动提交功能置为 OFF，执行结果如下。

```
mysql> SET AUTOCOMMIT=0;
```

```
Query OK, 0 rows affected (0.03 sec)

mysql> SELECT * FROM customer;
+-------+--------+------------+------+
| mid   | nam    | birth      | sex  |
+-------+--------+------------+------+
| G0001 | 杜意意 | 1975-04-18 | 0    |
| G0002 | 李玉枝 | 1980-09-09 | 1    |
| H0001 | 李加   | NULL       | 0    |
| N0001 | 小小   | 1980-11-23 | 1    |
+-------+--------+------------+------+
4 rows in set (0.74 sec)
mysql> INSERT INTO customer VALUES ('T0001','王二','1980-10-21','1');
Query OK, 1 row affected (0.07 sec)
```

插入一条记录后，再检索表中的全部数据，可以看到刚才插入的记录被检索出来。

```
mysql> SELECT * FROM customer;
+-------+--------+------------+------+
| mid   | nam    | birth      | sex  |
+-------+--------+------------+------+
| G0001 | 杜意意 | 1975-04-18 | 0    |
| G0002 | 李玉枝 | 1980-09-09 | 1    |
| H0001 | 李加   | NULL       | 0    |
| N0001 | 小小   | 1980-11-23 | 1    |
| T0001 | 王二   | 1980-10-21 | 1    |
+-------+--------+------------+------+
5 rows in set (0.04 sec)
mysql> ROLLBACK;
Query OK, 0 rows affected (0.07 sec)
```

ROLLBACK 命令执行后刚才插入的记录已经不见了。

```
mysql> SELECT * FROM customer;
+-------+--------+------------+------+
| mid   | nam    | birth      | sex  |
+-------+--------+------------+------+
| G0001 | 杜意意 | 1975-04-18 | 0    |
| G0002 | 李玉枝 | 1980-09-09 | 1    |
| H0001 | 李加   | NULL       | 0    |
| N0001 | 小小   | 1980-11-23 | 1    |
+-------+--------+------------+------+
4 rows in set (0.00 sec)
```

将自动提交功能置为 OFF 后，BEGIN 命令不用执行也可以使用 ROLLBACK 命令了。但是，此后如果不执行 COMMIT 命令，所有的更新内容将不会反映到数据库中。最后，可以使用[SELECT @@AUTOCOMMIT]语句确认现在使用的自动提交模式。

6.2.4 部分回滚——只提交针对数据库的部分操作

以上我们学习了 ROLLBACK 语句的最基本的用法，即回滚到事务开始的状态。其实我们还可以在事务处理过程中定义保存点（SAVEPOINT），然后回滚到指定的保存点前的状态，其工作原理如图 6-3 所示。

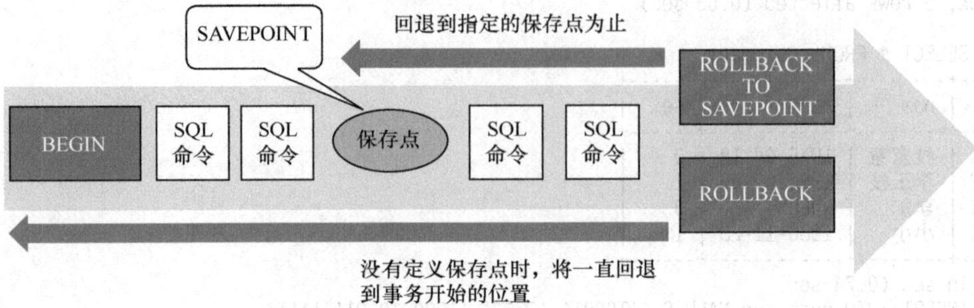

图 6-3 回滚到保存点

定义保存点，以及回滚到指定保存点前状态的语法如下。

定义保存点	SAVEPOINT 保存点名;
回滚到指定的保存点	ROLLBACK TO SAVEPOINT 保存点名;

下面我们将向表 customer 中连续插入 3 条数据，在插入第 2 条数据的后面定义一个保存点，最后看看能否回滚到此保存点。

```
mysql> BEGIN;
Query OK, 0 rows affected (0.00 sec)

mysql> INSERT INTO customer VALUES ('T0001','王二','1980-10-21','1');
Query OK, 1 row affected (0.78 sec)

mysql> INSERT INTO customer VALUES ('T0002','田二','1977-08-31','1');
Query OK, 1 row affected (0.00 sec)

mysql> SAVEPOINT sp;
Query OK, 0 rows affected (0.03 sec)

mysql> INSERT INTO customer VALUES ('T0003','田三','1980-11-11','0');
Query OK, 1 row affected (0.00 sec)

mysql> SELECT * FROM customer;
+-------+--------+------------+------+
| mid   | nam    | birth      | sex  |
+-------+--------+------------+------+
| G0001 | 杜意意 | 1975-04-18 | 0    |
| G0002 | 李玉枝 | 1980-09-09 | 1    |
| H0001 | 李加   | NULL       | 0    |
| N0001 | 小小   | 1980-11-23 | 1    |
| T0001 | 王二   | 1980-10-21 | 1    |
| T0002 | 田二   | 1977-08-31 | 1    |
| T0003 | 田三   | 1980-11-11 | 0    |
+-------+--------+------------+------+
7 rows in set (0.06 sec)

mysql> ROLLBACK TO SAVEPOINT sp;
Query OK, 0 rows affected (0.04 sec)
mysql> SELECT * FROM customer;
+-------+--------+------------+------+
| mid   | nam    | birth      | sex  |
+-------+--------+------------+------+
```

```
| G0001 | 杜意意 | 1975-04-18 | 0    |
| G0002 | 李玉枝 | 1980-09-09 | 1    |
| H0001 | 李加   | NULL       | 0    |
| N0001 | 小小   | 1980-11-23 | 1    |
| T0001 | 王二   | 1980-10-21 | 1    |
| T0002 | 田二   | 1977-08-31 | 1    |
+-------+--------+------------+------+
6 rows in set (0.00 sec)
```

我们可以看到保存点 sp 以后插入的记录没有显示了，即成功回滚到了定义保存点 sp 前的状态。利用保存点可以实现只提交事务中部分处理的功能。

6.2.5　事务处理的利用范围

以下几条 SQL 命令，执行后将被自动提交，是在事务处理可以利用的范围之外。

- DROP DATABASE;
- DROP TABLE;
- DROP;
- ALTER TABLE。

6.3 锁定与事务处理分离水平

本章上述的介绍都是只有一个用户操作数据库为前提的，但是与数据库进行连接时，并不总是只有一个用户的。例如航空公司的机票预约系统等，这样的应用程序同一时刻有成百上千的用户同时使用，几乎多个用户同时使用才是这类系统的常态。我们也没有看到在一个用户在进行机票预约时，其他用户必须等待的情况发生。

6.3.1　为什么需要锁定

多个用户同时连接数据库的环境，如果没有些特殊的处理，会很容易出现数据保存冲突的，图 6-4 演示了这种冲突情况。

在图 6-4 中，用户 A 与 B 同时对同一条数据进行操作。用户 A，B 同时取得数据，用户 A 先对数值 100 完成加 40 的动作，随后用户 B 对数值 100 进行减 40 的动作，本来应该得到 100（100+40-40=100）的结果，如果像这样没有任何措施的话，数据库只会保存用户 B 的计算结果 60（100-60）。

这些只是一个很单纯的例子，在多用户的环境中，像这样的数据冲突会频繁发生的。要防止像这样的同时更新，就必须使用**锁定**（Lock）。锁定是为了使数据库中的特定的数据不让其他用户操作而上的一把锁的机制。解除锁定时被称为**解锁**（Unlock）。

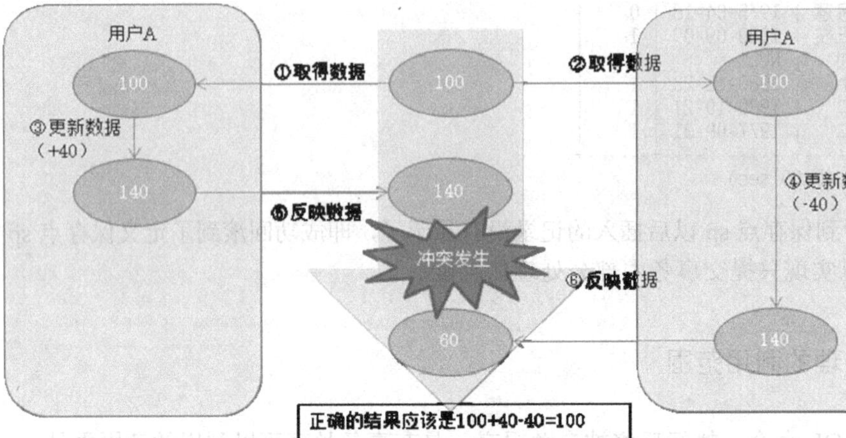

图 6-4　同时操作引起的冲突

以上面的例子来说，首先在用户 A 取得数据的时候，就对数据进行锁定，如图 6-5 所示。这样用户 B 在用户 A 对数据进行操作的时候是不能对同一数据进行操作的。只有当用户 A 完成对数据的进行更新并解除锁定后，用户 B 才能取得数据，这样上面的数据冲突就解决了。

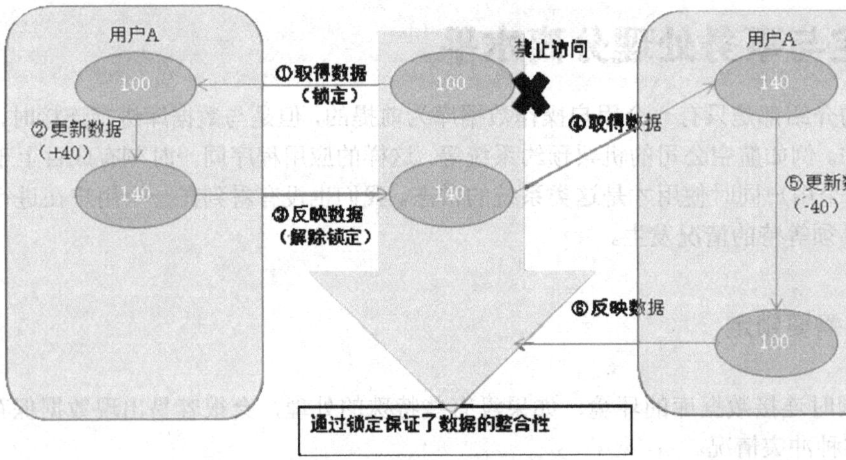

图 6-5　通过锁定来解决冲突

6.3.2　锁定的种类

按照使用的目的可以将锁定分为**共享锁定**（Shared Lock）与**排他锁定**（eXclusive Lock）。共享锁定是当用户参照数据时，将对象数据变为只读形式的锁定。在上面的例子中，当用户 A 对数据实施了共享锁定后，用户 B 只能对数据进行参照而不能更新。有时候也被称为**读取锁定**。

而排他锁定是使用 INSERT/UPDATE/DELETE 命令对数据进行更新时使用的锁定。其他的进程（或事务）一律不能对读取该数据。实施了排他锁定的数据，在其他事务处理中当然不能进行更新以及参照。因此也被称为**写入锁定**或**独占锁定**。

6.3.3 锁定粒度

锁定对象的大小，单位通常被称为锁定的**粒度**。支持的粒度随着数据库的不同而有所差异，有以下 3 种锁定的粒度：

- 记录（行）；
- 表；
- 数据库。

锁定的粒度影响同时运行的进程数量（或称作同时运行性）。例如，在实施了行锁定的情况下，还可以对同一表的其他行进行处理，而如果实施了表锁定，那么其他的事务处理只能在这个表锁定被解除后才能对这个表进行操作。一般的情况下，锁定的粒度越小同时运行性才越高。

但是也不是意味着采用越小的粒度越好，因为一个个的锁定都还是要消耗数据库服务器资源的，也就是说锁定的数目越多，消耗的服务器资源也会越多。

这里，如果数据库中行单位粒度的锁定大量发生的情况时，数据库有将这些锁定的粒度自动向上提升的机制，通常被称为**锁定提升**（Lock Escalation）（注意，本书使用的 MySQL 数据库中只支持行/表粒度，同时不支持锁定提升功能）。

6.3.4 多用户数据更新中理解事务处理的分离水平

这里需要再重复一遍，锁定的目的是，在多个用户同时更新的情况下也能保证数据的整合性。其实要完全的保证数据的整合性是很简单的，在一个事务进行的过程中，为了不让其事务“打搅”到，而将所有对象数据都实施锁定就可以了。

但是，当然如果锁定保持的时间越长，同时运行性将会随之越低下。也就是说，在为一个用户保持锁定的时候，其他用户只能等待锁定解除，这样针对锁定数据的多个用户的处理就不能进行了。

数据更新的频度如何，要在怎样的程度上保证数据的整合性，还有需要在什么程度上保证同时运行性，这些都需要有一个妥协，并不是频繁地实施锁定就是合理的。这里，一般数据库中使用**分离水平**这个概念来确定事务处理之间的影响程度（同时运行时相互影响的机制）。

分离水平越高，数据的整合性随之越高，但同时运行性下降。相反如果分离水平越低，数据整合性降低的同时，同时运行性提高了。根据数据的用途，分离水平的选择是开发人员必须判断或决定的。

表 6-2 列出了各种事务处理分离水平以及可能发生的不整合的情况，下面将分别详细介绍。

表 6-2　　事务处理分离水平

分 离 水 平	非提交读取	不可重复读取	幻 象 读 取
READ UNCOMMITTED	○	○	○
READ COMMITTED	×	○	○
REPEATABLE READ	×	×	○
SERIALIZABLE	×	×	×

注意：对分离水平的支持各种间有所不同，MySQL 的 InnoDB 引擎支持所有的分离水平。

1. 非提交读取

非提交读取又称为**脏读**（Dirty Read）。即能从别的事务处理中读取到还没有提交的更新数据。非提交读取的现象只发生于分离水平为 READ UNCOMMITTED 的场合。READ UNCOMMITTED 水平是对其他从事务处理中的读取动作没有进行任何限制的分离水平，通常不推荐使用。

现在尝试制造非提交读取的现象。为了模拟多个用户对数据库操作，这里启动两个命令窗口，都接入 MySQL 数据库。各个窗口中的操作及说明如表 6-3 所示。

另外，SET TRANSACTION ISOLATION LEVEL 是用于修改分离水平的命令。指定了 SESSION 关键字后，设定只适用于当前的连接（如果指定了 GLOBAL 关键字，则使用于其后其他新连接）。

表 6-3　　各个窗口中的操作及说明

<table>
<tr>
<td>

```
#将事务处理分离水平设置为 READ UNCOMMITTED（用户 A）

mysql> SET SESSION TRANSACTION ISOLATION LEVEL
    -> READ UNCOMMITTED;
Query OK, 0 rows affected (0.00 sec)
#确认表 customer 的记录数据
mysql> SELECT mid,nam FROM customer WHERE
mid='G0001';
+-------+--------+
| mid   | nam    |
+-------+--------+
| G0001 | 杜意意 |
+-------+--------+
1 row in set (0.00 sec)
#更新记录的姓名
mysql> UPDATE customer SET nam='李意意' WHERE
mid='G0001';
Query OK, 1 row affected (0.13 sec)
Rows matched: 1   Changed: 1   Warnings: 0
#确认表 customer 的记录更新后的数据
```

</td>
<td>

```
（用户 B）

mysql> SET SESSION TRANSACTION ISOLATION LEVEL
    -> READ UNCOMMITTED;
Query OK, 0 rows affected (0.03 sec)

mysql> SELECT mid,nam FROM customer WHERE
mid='G0001';
+-------+--------+
| mid   | nam    |
+-------+--------+
| G0001 | 杜意意 |
+-------+--------+
1 row in set (0.00 sec)
```

</td>
</tr>
</table>

续表

mysql> SELECT mid,nam FROM customer WHERE mid='G0001'; +-------+--------+ | mid | nam | +-------+--------+ | G0001 | 李意意 | +-------+--------+ 1 row in set (0.00 sec) mysql> COMMIT; Query OK, 0 rows affected (0.00 sec)	mysql> SELECT mid,nam FROM customer WHERE mid='G0001'; +-------+--------+ | mid | nam | +-------+--------+ | G0001 | 李意意 | +-------+--------+ 1 row in set (0.00 sec) mysql> COMMIT; Query OK, 0 rows affected (0.00 sec)

我们可以看到用户 A 还没有提交的数据，已经可以在用户 B 的事务处理进程中可以看到了。像这样在进程中可参照其他进程中还没有提交的数据，很可能在后来的操作中出现数据整合性的问题。例如，在上例中如果用户 A 执行 ROLLBACK 命令回滚了更新操作，那么用户 B 实际上是对一个错误的数据进行了处理。

2. 不可重复读取

不可重复读取（Non-Repeatable Read）是在某一事务处理中对同一数据进行多次读取，但由于其他事务处理的更新动作读取的数据状态发生了改变。

不可重复读取发生了 READ COMMITED 以下的分离水平，具体的可在表 6-4 中得到确认。由于事务处理 A 中的更新动作，使事务处理 B 中第一次与第二次的结果不同。

要回避这种现象，必须将分离水平调整到高于 READ COMMITED 的水平。

表 6-4　　回避不可重复读取现象

用户 A	用户 B
#将事务处理分离水平设置为 READ COMMITTED mysql> SET SESSION TRANSACTION ISOLATION LEVEL -> READ COMMITTED; Query OK, 0 rows affected (0.06 sec)	mysql> SET SESSION TRANSACTION ISOLATION LEVEL -> READ COMMITTED; Query OK, 0 rows affected (0.00 sec)
#事务处理开始（A/B） mysql> BEGIN; Query OK, 0 rows affected (0.00 sec)	mysql> BEGIN; Query OK, 0 rows affected (0.00 sec)
#确认表 customer 中的数据状态	mysql> SELECT mid,nam FROM customer WHERE mid='G0001'; +-------+--------+ | mid | nam | +-------+--------+ | G0001 | 李意意 | +-------+--------+

续表

#更新处理 mysql> UPDATE customer SET nam='周同' WHERE mid='G0001'; Query OK, 1 row affected (0.19 sec) Rows matched: 1 Changed: 1 Warnings: 0 #提交事务处理 A mysql> COMMIT; Query OK, 0 rows affected (0.05 sec) #再次确认表 customer 中的数据状态	1 row in set (0.60 sec) mysql> SELECT mid,nam FROM customer WHERE mid='G0001'; +-------+------+ | mid | nam | +-------+------+ | G0001 | 周同 | +-------+------+ 1 row in set (0.00 sec)
#提交事务处理 B	mysql> COMMIT; Query OK, 0 rows affected (0.01 sec)

3. 幻象读取

幻象读取（Phantom Read）是在某一事务处理中对同一数据进行多次读取时，但由于其他事务处理中进行了记录的插入/删除动作产生了结果中出现了第一次读取时不存在的数据，或者第一次读取时有的数据消失了的现象。这样的数据增加或消失的现象被称为**幻象**（Phantom），如表 6-5 所示。

表 6-5　　出现幻象读取的现象

用户 A	用户 B
#将事务处理分离水平设置为 READ COMMITTED mysql> SET SESSION TRANSACTION ISOLATION LEVEL -> READ COMMITTED; Query OK, 0 rows affected (0.06 sec)	mysql> SET SESSION TRANSACTION ISOLATION LEVEL -> READ COMMITTED; Query OK, 0 rows affected (0.00 sec)
#事务处理开始（A/B） mysql> BEGIN; Query OK, 0 rows affected (0.00 sec)	mysql> BEGIN; Query OK, 0 rows affected (0.00 sec)
#确认表 customer 中的数据状态	mysql> SELECT mid,nam FROM customer ; +-------+--------+ | mid | nam | +-------+--------+ | G0001 | 周同 | | G0002 | 李玉枝 | | H0001 | 李加 | | N0001 | 小小 |

续表

<table>
<tr><td>#向表中插入新记录
mysql> INSERT INTO customer VALUES ('T0001','王二','1980-10-21','1');
Query OK, 1 row affected (0.07 sec)</td><td>+-------+--------+
4 rows in set (0.00 sec)</td></tr>
<tr><td>#提交事务处理 A
mysql> COMMIT;
Query OK, 0 rows affected (0.04 sec)</td><td></td></tr>
<tr><td>#在用户 A 提交完毕后，再确认表 customer 中的数据状态</td><td>mysql> SELECT mid,nam FROM customer ;
+-------+--------+
| mid | nam |
+-------+--------+
| G0001 | 周同 |
G0002	李玉枝
H0001	李加
N0001	小小
T0001	王二 | +-------+--------+ 5 rows in set (0.00 sec)</td></tr>
<tr><td>#提交事务处理 B</td><td>mysql> COMMIT;
Query OK, 0 rows affected (0.00 sec)</td></tr>
</table>

要消除幻象读取的现象必须将分离水平提高到 SERIALIZABLE 的水平，如表 6-6 所示。

表 6-6　　消除幻象读取的现象

<table>
<tr><th>用户 A</th><th>用户 B</th></tr>
<tr><td>#将事务处理分离水平设置为 READ COMMITTED
mysql> SET SESSION TRANSACTION ISOLATION LEVEL
-> SERIALIZABLE;
Query OK, 0 rows affected (0.06 sec)</td><td>mysql> SET SESSION TRANSACTION ISOLATION LEVEL
-> SERIALIZABLE;
Query OK, 0 rows affected (0.00 sec)</td></tr>
<tr><td>#事务处理开始（A/B）
mysql> BEGIN;
Query OK, 0 rows affected (0.00 sec)</td><td>mysql> BEGIN;
Query OK, 0 rows affected (0.00 sec)</td></tr>
<tr><td>#确认表 customer 中的数据状态</td><td>mysql> SELECT mid,nam FROM customer ;
+-------+--------+
| mid | nam |
+-------+--------+
| G0001 | 周同 |
| G0002 | 李玉枝 |
| H0001 | 李加 |
| N0001 | 小小 |</td></tr>
<tr><td>mysql> INSERT INTO customer VALUES ('T0001','王二','1980-10-21','1');
B 提交为止一直等待。</td><td>+-------+--------+
4 rows in set (0.02 sec)</td></tr>
</table>

续表

#提交事务处理 B Query OK, 1 row affected (47.06 sec) B 已提交所以 A 自动完成处理。 #提交事务处理 A mysql> COMMIT; Query OK, 0 rows affected (0.04 sec) #再次确认表 customer 中的数据时，已经可以看到插入的数据了（非提交读取，反复不能提交读取，幻象读取都不会发生）	mysql> COMMIT; Query OK, 0 rows affected (0.00 sec) mysql> SELECT mid,nam FROM customer ; +-------+--------+ | mid | nam | +-------+--------+ | G0001 | 周同 | | G0002 | 李玉枝 | | H0001 | 李加 | | N0001 | 小小 | | T0001 | 王二 | +-------+--------+ 5 rows in set (0.00 sec)

尽管采用 SERIALIZABLE 分离水平能够解决出现幻象读取的现象，但是并不是说在所有的情况下将分离水平设置为 SERIALIZABLE 都是合理的。前面已经讲过，分离水平越高，维持锁定的时间就越长，这样同时运行性就会降低的。分离水平与同时运行性是一对此消彼长的属性。

知识专栏

死锁（Dead Lock）

所谓死锁是两个不同的事务处理在相互等待对方释放锁定，永远也不可能解除锁定的一种状态。

如表 6-7 所示，用户 A 对 mid 为[G0001]的记录实施了排他锁定，而用户 B 对 mid 为[G0002]的记录实施了排他锁定，这样，这两个事务处理都在等待对方释放锁定，形成了一个死锁。

表 6-7　形成死锁

用户 A	用户 B
#事务处理开始（A/B） mysql> BEGIN; Query OK, 0 rows affected (0.00 sec)	mysql> BEGIN; Query OK, 0 rows affected (0.00 sec)
#更新处理（A） mysql> UPDATE customer SET nam='周二胡' WHERE mid='G0001'; Query OK, 1 row affected (0.00 sec) Rows matched: 1　Changed: 1　Warnings: 0	
#更新处理（B）	mysql> UPDATE customer SET nam='王五' WHERE mid='G0002'; Query OK, 1 row affected (0.09 sec) Rows matched: 1　Changed: 1　Warnings: 0
#更新处理（A）	

续表

mysql> UPDATE customer SET nam='王玉枝' WHERE mid='G0002'; **一直处于等待状态：** #更新处理（B） Query OK, 1 row affected (24.01 sec) Rows matched: 1　Changed: 1　Warnings: 0 **B 强制解除了更新锁定，所以 A 顺利完成了处理：** #提交（B） mysql> COMMIT; Query OK, 0 rows affected (0.04 sec)	mysql> UPDATE customer SET nam='李二胡' WHERE mid='G0001'; **出现死锁错误：** ERROR 1213 (40001): Deadlock found when trying to get lock; try restarting trans action mysql> ROLLBACK; Query OK, 0 rows affected (0.00 sec)

如果检测到了死锁，大多数数据库都是采取将一方锁定强制解除，并 ROLLBACK。这时，被解除方的事务处理返回错误，另一方就可以按原来的操作继续了。

为了防止死锁现象的发生，应该尽量对同一对象数据按照相同的顺序进行操作。从上面的例子中可以看出，如果用户 B 也是先更新 mid 为[G0001]的数据，再更新[G0002]的数据就不会出现死锁了。

另外，尽量减少实施锁定的时间也是防止锁定的有效方法。在正文部分已经解释过了，长时间的保持锁定状态不仅会损害同时运行性，而且会导致死锁现象的发生。

6.4 深入理解事务处理内部的动作

上面已经介绍了事务处理与锁定的一些基本知识，掌握了这些知识后，是可以很好地使用事务处理以及锁定的，最后再了解一下事务处理在数据库内部的运行机制。因为是用户不能用肉眼看到的世界，可能会感觉有点难理解，但是明白了这些内部的机制，肯定有助对整个数据库的运用。

事务处理的机制简单地说就是留下更新日志。数据库会根据这些日志信息，在必要时将旧数据取回，或者在发生错误时将数据恢复到原先的状态。

与事务处理相关的日志可以分为两个类型，一个是 UNDO 日志，另一个是 REDO 日志。

6.4.1 UNDO 日志

UNDO 日志又被称为回滚段（Rollback Segment），在进行数据的插入、更新、删除的场合，保存变更前的数据，如图 6-6 所示。

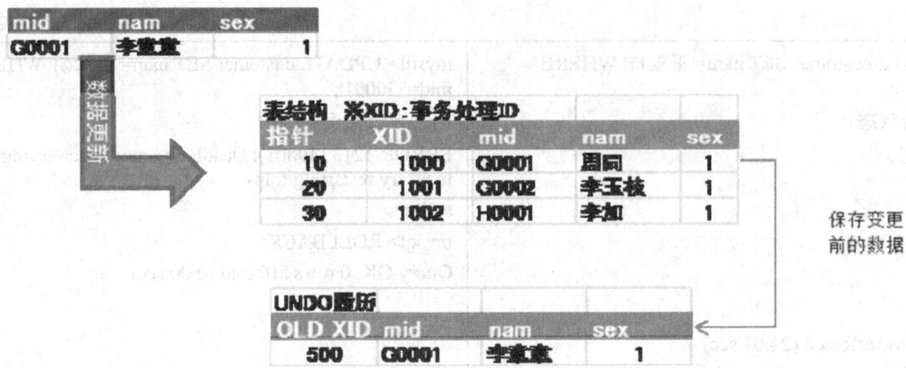

图 6-6 UNDO 日志

在表的内容保存了指向 UNDO 日志的指针，ROLLBACK 时根据这个指针来获得旧数据，并覆盖新数据。ROLLBACK 后，或者 COMMIT 后 UNDO 日志将被删除。

另外，UNDO 日志也使用于保持数据读取的整合性。例如，在用户 A 对数据进行了更新，但还没有提交时，用户 B 要参照数据怎么办呢？此时让用户 B 看到更新后的数据显然是不行的，其实是通过保存的指针让 UNDO 日志中的数据呈现给用户 B 的。

6.4.2 REDO 日志

REDO 日志根据数据库的不同，有时被称为事务处理日志或日志。

事务处理确定后，由于错误等原因使数据的更新没有正确反映到数据库中的时候，REDO 日志提供了数据恢复用的手段。

仅仅看上述的说明可能还不能理解。那到底[事务处理确定后，数据的更新没有反映到数据库中]这种状态是在什么时候发生的呢？这个必须首先说明。

我们通常提到“更新（或变更）”就一句话带过，其实在数据库内部是需要经过较复杂的处理的过程的，如图 6-7 所示。一般在数据库中进行更新处理时，并非立即更新数据文件，而是首先在被称缓冲（buffer cash）的内存空间中进行数据更新，并将这些保存到 UNDO 日志文件中。到现在为止大家会以为所有的处理都是实时的，其实在数据库中向数据文件写入时是有延迟（或称为滞后）的。向数据文件的写入动作是在触发称为检查点（check point）时非同步进行的。检查点按一定的周期触发。

如果频繁进行这样复杂的处理的话，尤其是对硬盘进行写入处理时将会出现很高的负荷。因此现在的处理方式是，数据库将对硬盘的写入操作稍微保留片刻，当检查点（check point）到来时再集中处理，这样就会显著减少访问硬盘的次数，性能得到改善。

问题出现在 REDO 日志的更新与数据文件的更新之间（图 6-7 中的②与③之间）的延迟上。大家想象一下，如果在这个延迟的当口发生了停电，硬件错误时会出现什么情况呢？很显然，内存中的信息将会消失，只剩下在 REDO 日志中保存的信息了。REDO 日志正是用于复原的。

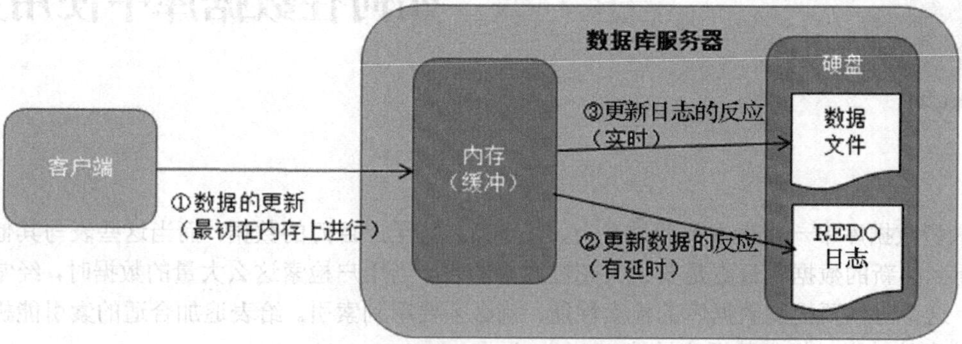

图 6-7　更新时的内部处理机制

数据库在错误排除后的第一次起动时进行称为 Roll forward（可译为前滚，体育课中的前滚翻的英文译法就是如此）的处理，Roll forward 处理具体做法是，从 REDO 日志中抽出从最后的检查点到错误发生时间点间的事务处理，然后重新执行一次（REDO）。这样，数据库就恢复到错误发生前的状态了，如图 6-8 所示。

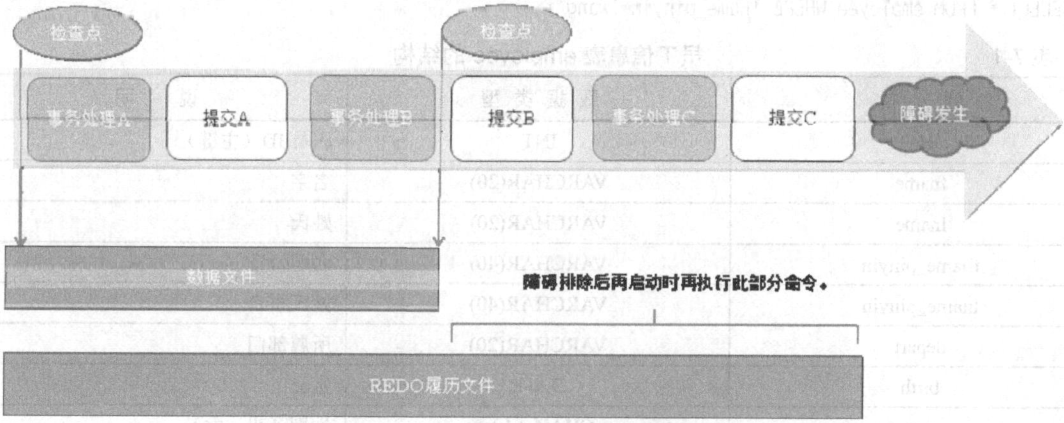

图 6-8　根据 REDO 日志进行数据恢复

第 7 章 如何在数据库中使用索引

在大型数据库中一张表中要容纳几万、几十万，甚至上百万的数据，而当这些表与其他表连接后，所得到的新的数据数目更是要大大超过原来的表。当用户检索这么大量的数据时，经常会感觉到慢的。这个时候要提高数据库的检索性能，就必须要用到索引。给表追加合适的索引能极大的改善数据检索的效率，提高数据库性能。

7.1 什么是索引

在认识索引之前，我们先了解一下对于没有索引的表是如何进行检索的。例如，对如表 7-1 所示的员工信息表 employee 执行以下 SELECT 命令。

```
SELECT * FROM employee WHERE lname_pinyin='wang';
```

表 7-1　　员工信息表 employee 的结构

列　　名	数 据 类 型	说　　明
eid	INT	职员 ID（主键）
fname	VARCHAR(20)	名字
lname	VARCHAR(20)	姓氏
fname_pinyin	VARCHAR(40)	名字拼音
lname_pinyin	VARCHAR(40)	姓氏拼音
depart	VARCHAR(20)	所属部门
birth	DATE	生日
sex	CHAR（1）	性别（男，女）

在默认的状态下，表中的记录是没有顺序的。也就是说，符合条件的数据保存在表中的什么位置，我们并不知道。这时候，数据库首先会从第一条记录开始检索。

但是，检索进行的过程中，找到了一个叫[qiang]的人，并不意味着找到了所有叫[qiang]的人，因为在数据库中叫[qiang]的人可能只有一个，也可能有两个以上。因此，结果是要将表中的所有记录都比较一遍（如图 7-1 所示），这个通常称为全表扫描（或全件检索）。

像这些进行全表扫描的对象记录越多效率将越差，是消耗资源很大的处理。为了从保存了几百件记录的表中检索出一件记录，而要扫描整个表，是不是很浪费？

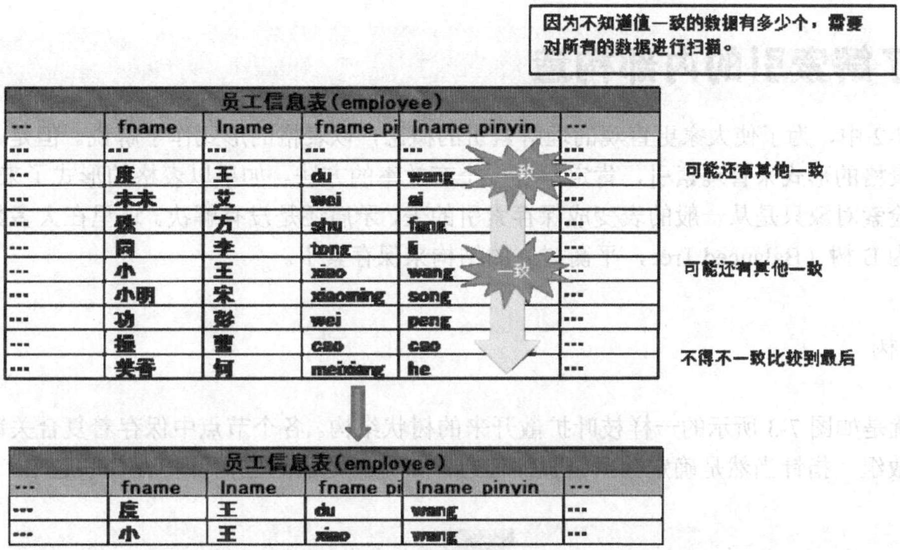

图 7-1　全表扫描（全件检索）

为了解决这个问题，引入了索引的概念。索引顾名思义就是表中所有记录的搜索引导。大家应该有去图书馆借书的经验吧，要找到自己要借的书，最好借助于图书馆提供的图书索引，可以先查看索引卡片，再去具体的书架取书，如果知道了书籍的大致分类，也可以借助书架上的索引信息找到自己想要的书目。

书籍的索引是一定的顺序来组织，排列所有的书籍。数据库中索引也是相同的做法。针对上面的表 employee 来书，姓氏拼音索引就是在数据库中保存了姓氏拼音与包含此姓氏的记录位置信息的集合（set）。这样，不用对整个表进行扫描就可以立即检索出结果，如图 7-2 所示。

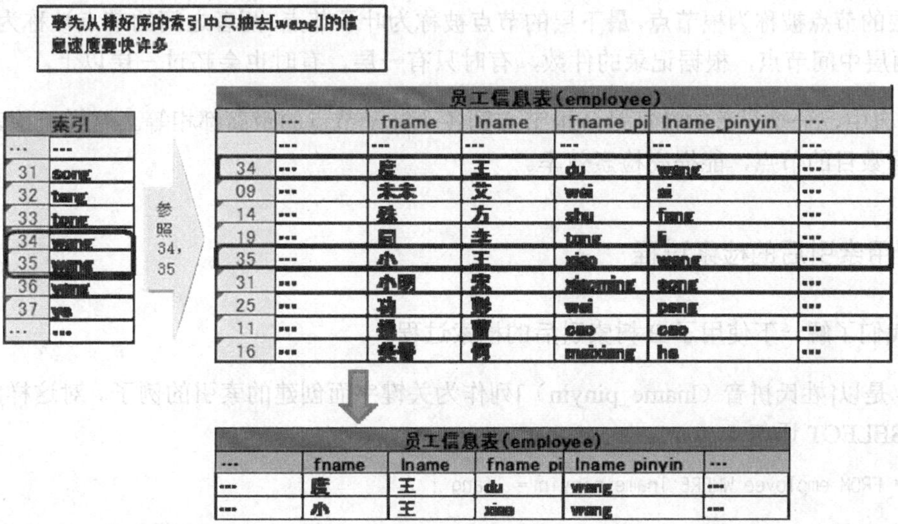

图 7-2　索引

7.2 了解索引的内部构造

在图 7-2 中，为了使大家更直观的理解索引的概念，以表格的形式作了解说。但是，实际运行中如果以表格的形式来管理索引，肯定不是一个有效率的方法。如果以表格的形式了来保存索引，数据库的检索对象只是从一般的表变成保存索引的表，矛盾还是没有解决。这里在大多数数据库中用一种称为 B 树（Balanced Tree，平衡树）的结构来保存索引。

7.2.1 B 树

B 树就是如图 7-3 所示的一样枝叶扩散开来的树状结构。各个节点中保存着复合关键字以及指针组成的数组。指针当然是确定数据位置的信息，节点就是由这些指针相互关联起来。

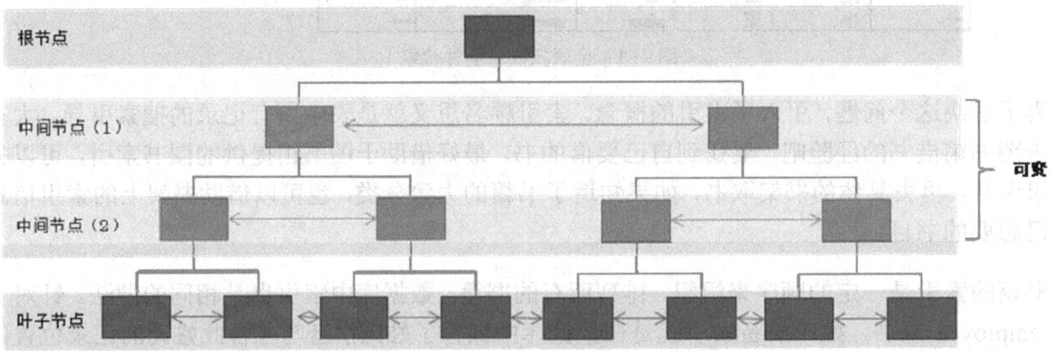

图 7-3 B 树的内部结构

最上层的节点被称为根节点，最下层的节点被称为叶子节点，两者之间的节点被称为中间节点。图 7-3 有两层中间节点，根据记录的件数，有时只有一层，有时也会超过三层以上。

在 B 树中，一个显著的特征是从根节点到各个叶子节点的距离都相等。这样，检索任何值时都经过相同数目的节点，能提高检索效率。

7.2.2 使用索引后的检索过程

下面我们了解一下使用了 B 树索引后的检索过程。

图 7-4 是以[姓氏拼音（lname_pinyin）]列作为关键字而创建的索引的例子。对这样的索引，执行如下的 SELECT 语句。

```
SELECT * FROM employee WHERE lname_pinyin = 'fang';
```

在这个例子中，数据库首先将检索条件[fang]与根节点中的各个值进行比较，发现[fang]，在[ai]

与[peng]之间，下一步就检索以[ai]为开头的中间节点，将节点中的值与[fang]进行比较，发现[fang]处于[cao]与[he]之间，随后就去检索以[cao]开头的叶子节点，在此叶子节点的第二个位置找到了[fang]的位置，取出对应的指针，就是检索出对应的记录。以上可以看出，使用了索引后，只需要比较三个节点就找到了对象记录，是不是比不使用索引的效率要高得多呢？

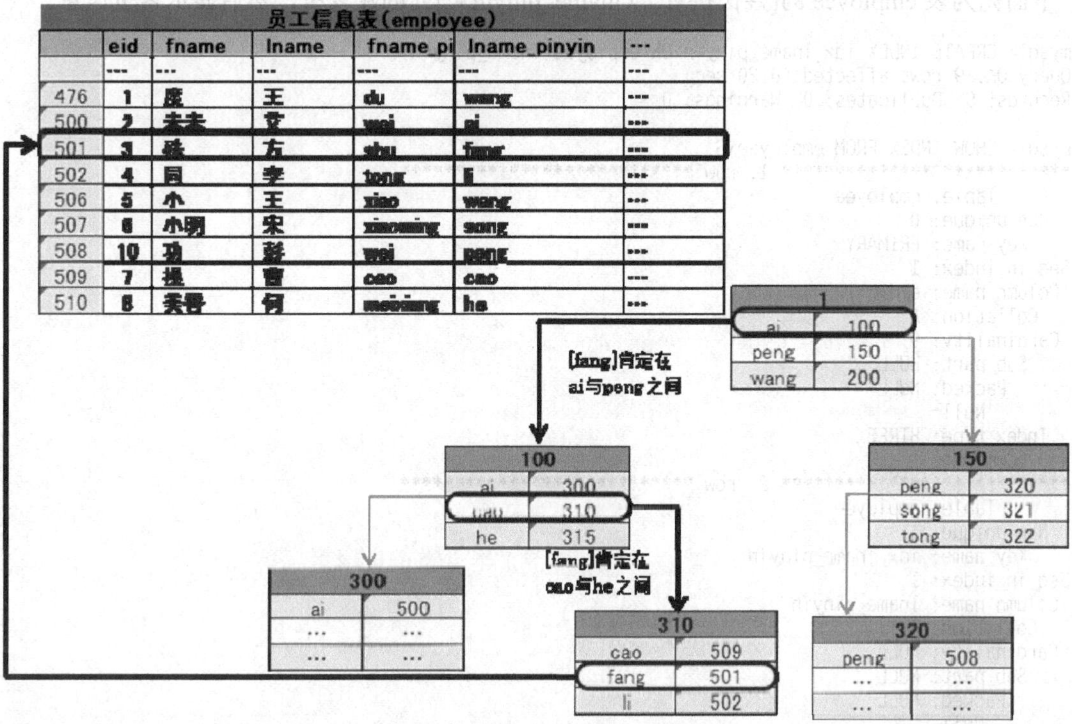

图 7-4　由 B 树索引进行检索的过程

7.3 索引的设置与分析

以上关于索引的概念部分稍微罗嗦了些，从本节开始通过对数据库的实际操作，来了解索引的动作。

7.3.1　为员工信息表创建索引

创建索引时使用 CREATE INDEX 命令，CREATE INDEX 命令语法如下。

创建索引	CREATE [UNIQUE] INDEX 索引名 ON 表名(列名，…)；

对指定的表的指定列名（或称域名）创建索引，例如，为上一节中的表 employee 的[姓氏拼音（lname_pinyin）]列创建索引的语句如下。

```
CREATE  INDEX idx_lname_pinyin ON employee(lname_pinyin);
```

另外，使用 SHOW INDEX 命令来显示表中所有创建完成的索引信息，具体语法如下。

显示表中所有的索引信息	SHOW INDEX FROM 表名;

下面先为表 employee 的[姓氏拼音 （lname_pinyin）]列创建索引，然后显示索引信息。

```
mysql> CREATE INDEX idx_lname_pinyin ON employee(lname_pinyin);
Query OK, 9 rows affected (0.20 sec)
Records: 9  Duplicates: 0  Warnings: 0

mysql> SHOW INDEX FROM employee\G
*************************** 1. row ***************************
       Table: employee
  Non_unique: 0
    Key_name: PRIMARY
Seq_in_index: 1
 Column_name: eid
   Collation: A
 Cardinality: 9
    Sub_part: NULL
      Packed: NULL
        Null:
  Index_type: BTREE
     Comment:
*************************** 2. row ***************************
       Table: employee
  Non_unique: 1
    Key_name: idx_lname_pinyin
Seq_in_index: 1
 Column_name: lname_pinyin
   Collation: A
 Cardinality: NULL
    Sub_part: NULL
      Packed: NULL
        Null:
  Index_type: BTREE
     Comment:
2 rows in set (0.00 sec)
```

从上面的 SHOW INDEX 命令的执行结果中包含如表 7-2 所示的项目。

表 7-2　SHOW INDEX 命令的项目列表

项 目 名 称	说　明
Table	对象表名
Non_unique	是否允许重复（1：许可|0：禁止）
Key_name	索引名
Seq_in_index	索引内的域序号（从 1 开始）
Column_name	域名
Collation	排序（A：升序，Null：不排序）
Cardinality	索引内的非重复值的数目

续表

项 目 名 称	说 明
Sub_part	作为索引部分的域内的字符数※
Packed	关键字的压缩方式
Null	是否允许 Null
Index_type	索引的类型
Comment	备注

注意： MySQL 中可以允许将域的一部分定义为索引，这个时候可以以[列名（字节数）]这样的形式指定域前几字节来作为索引。

我们明明只创建了索引 idx_lname_pinyin，但是 CREATE INDEX 命令的执行结果显示了两个索引信息。其中的一个索引是在创建表 employee 时，伴随主键的定义而创建的特别索引，被称为**丛生索引**（Clustered Index）。

要删除索引使用 DROP INDEX 命令，具体语法如下。

删除索引	DROP INDEX 索引名 ON 表名;

知识专栏

丛生索引（Clustered Index）

通常的索引在叶子节点中保存指向实际表的指针，而丛生索引的叶子节点保存的是实际数据。本书介绍了 MySQL 数据库以及 SQL Server、Oracle、DB2 等数据库都支持丛生索引。

将实际的表的数据进行排序后，作为索引来使用可能才是丛生索引的真正的面目。丛生索引实际就是表本身，一个表只有一个丛生索引。图 7-5 是创建主键（eid）的丛生索引示意图。

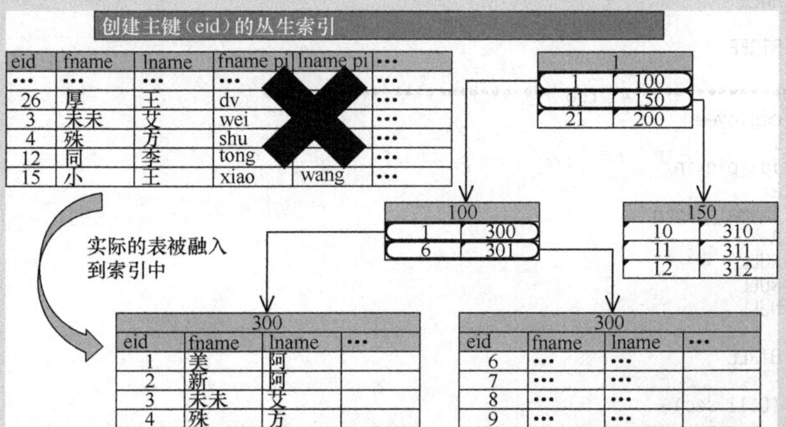

图 7-5 丛生索引

从生索引与一般的索引不同，它具有以下优点。

- 不需要为保存索引而使用专用的硬盘空间，节约了资源。
- 不需要检索索引后再访问实际的表，提高了检索效率。

另一方面，创建从生索引时需要对表中的数据进行排序，在进行数据插入、更新、删除时比一般的索引需要耗费更多的时间。

7.3.2 创建多列构成的复合索引及唯一性索引

索引可以含有多个列。例如，使用以下 SQL 语句创建列 lname_pinyin、fname_pinyin 的索引。

```
CREATE INDEX idx_pinyin ON employee(lname_pinyin, fname_pinyin);
```

执行结果如下。

```
mysql> CREATE INDEX idx_pinyin ON employee(lname_pinyin,fname_pinyin);
Query OK, 9 rows affected (0.37 sec)
Records: 9  Duplicates: 0  Warnings: 0
```

这样的索引被称为**复合索引**。下面是使用 SHOW INDEX 命令确认刚刚创建的复合索引的执行结果。SHOW INDEX 命令的结果会按照索引中列的顺序来显示，由于属于同一个索引，因此 Key_name（索引名）项目是相同的，Seq_in_index 项目中显示列的顺序。

```
mysql> SHOW INDEX FROM employee\G
……略
*************************** 3. row ***************************
        Table: employee
   Non_unique: 1
     Key_name: idx_pinyin
 Seq_in_index: 1
  Column_name: lname_pinyin
    Collation: A
  Cardinality: NULL
     Sub_part: NULL
       Packed: NULL
         Null:
   Index_type: BTREE
      Comment:
*************************** 4. row ***************************
        Table: employee
   Non_unique: 1
     Key_name: idx_pinyin
 Seq_in_index: 2
  Column_name: fname_pinyin
    Collation: A
  Cardinality: NULL
     Sub_part: NULL
       Packed: NULL
         Null:
   Index_type: BTREE
      Comment:
4 rows in set (0.11 sec)
```

在创建索引时如果指定了 UNIQUE 关键字，则可创建不可重复的索引，称为唯一性索引。例如，将列 fname 创建为唯一索引：

```
CREATE UNIQUE INDEX idx_lname ON employee(fname);
```

对特定的列创建唯一性索引，相当于对该列追加了唯一性的制约。在上面的例子中对列 fname（同名的人太多了，当然对名字列设置唯一性索引显然是不合理的）设定了唯一性索引，如果插入相同名字的人时系统就会给出错误提示。

```
mysql> CREATE UNIQUE INDEX idx_fname ON employee(fname);
Query OK, 9 rows affected (0.10 sec)
Records: 9  Duplicates: 0  Warnings: 0

mysql> insert into employee(fname,lname,fname_pinyin,lname_pinyin,depart,birth,s
ex) values('美香', '胡', 'meixiang', 'hu', 'AC 部', '1983-03-02', '0');
ERROR 1062 (23000): Duplicate entry '美香' for key 2
```

另外，在生成唯一性索引时，如果对象列中已经含有重复的数据，才会显示错误信息，创建索引失败。例如列 lname 已经有了重复数据了，为其创建唯一性索引时的执行结果如下。

```
mysql> CREATE UNIQUE INDEX idx_lname ON employee(lname);
ERROR 1062 (23000): Duplicate entry '王' for key 3
```

另外，此时如果指定多个列来创建唯一性索引，可能创建成功。因为指定多个列时，只需要这几个列的组合数据不出现重复数据即可。

```
mysql> CREATE UNIQUE INDEX idx_lname ON employee(lname,fname);
Query OK, 9 rows affected (0.09 sec)
Records: 9  Duplicates: 0  Warnings: 0
```

7.3.3　确认员工信息表索引的使用状态，分析索引优劣

掌握了索引的创建方法后，接下来我们要了解一下在执行实际的 SELECT 命令时索引的使用情况。使用 EXPLAIN 命令来确认索引的使用情况（EXPLAIN 是大多数数据库支持的命令，但是使用方法与返回的信息随着数据库的不同而有所差异），具体语法如下。

确认索引的使用情况	EXPLAIN 调查对象 SELECT 语句;

首先，我们将先前创建的所有关于表 employee 的索引都删除后，看看检索列 lname_pinyin 数据时的索引使用情况。

```
mysql> EXPLAIN SELECT * FROM employee WHERE lname_pinyin='wang'\G
*************************** 1. row ***************************
           id: 1
  select_type: SIMPLE
        table: employee
         type: ALL
possible_keys: NULL
          key: NULL
      key_len: NULL
```

```
       ref: NULL
      rows: 9            //遍历的次数与表中的记录数相同
     Extra: Using where
1 row in set (0.00 sec)
```

上述 EXPLAIN 命令的主要项目说明如表 7-3 所示。

表 7-3　　EXPLAIN 命令的主要项目说明

<table>
<tr><th>项　目</th><th>说　明</th></tr>
<tr><td>Id</td><td>SELECT 命令的顺序号（通常为 1，子查询时为从 2 开始的序号）</td></tr>
<tr><td>select_type</td><td>SELECT 命令的种类
<table>
<tr><th>种　类</th><th>说　明</th></tr>
<tr><td>SIMPLE</td><td>单纯的 SELECT 命令</td></tr>
<tr><td>PRIMARY</td><td>最外层的 SELECT 命令</td></tr>
<tr><td>UNION</td><td>由 UNION 语句连接的 SELECT 命令</td></tr>
<tr><td>DEPENDENT UNION</td><td>由 UNION 语句连接的 SELECT 命令（依赖外部查询）</td></tr>
<tr><td>SUBQUERY</td><td>子查询中的 SELECT 命令</td></tr>
<tr><td>DEPENDENT SUBQUERY</td><td>子查询中的 SELECT 命令（依赖外部查询）</td></tr>
<tr><td>DERIVED</td><td>派生表（FROM 语句的子查询）</td></tr>
</table></td></tr>
<tr><td>Table</td><td>表名</td></tr>
<tr><td>type</td><td>表的连接类型（按效率的高低排序）
<table>
<tr><th>值</th><th>说　明</th></tr>
<tr><td>system</td><td>只存在一条记录的表（=系统表）</td></tr>
<tr><td>const</td><td>拥有 PRIMARY KEY /UNIQUE 制约的索引（结果总是仅为 1 行）</td></tr>
<tr><td>eq_ref</td><td>连接时由 PRIMARY KEY/UNIQUE 列进行的等值检索</td></tr>
<tr><td>ref</td><td>非 UNIQUE 列进行的等值检索</td></tr>
<tr><td>ref_or_null</td><td>ref 中加入了[～OR 列名 IS NULL]的检索</td></tr>
<tr><td>range</td><td>使用索引检索一定范围的记录(=、<>、>、>=、<、<=、IS NULL、<=>、BETWEEN、IN 等运算符)</td></tr>
<tr><td>index</td><td>全索引扫描（除去使用索引树一点与 ALL 相同）</td></tr>
<tr><td>ALL</td><td>全表扫描</td></tr>
</table></td></tr>
<tr><td>possible_keys</td><td>检索时使用可能的索引（不存在索引时为 NULL）</td></tr>
<tr><td>key</td><td>检索时使用的索引（未使用索引时为 NULL）</td></tr>
<tr><td>key_len</td><td>使用的索引的关键字长度（单位为 byte）</td></tr>
<tr><td>Ref</td><td>需要与比较的列，或者定值（const）</td></tr>
<tr><td>rows</td><td>需要与遍历的记录数量</td></tr>
<tr><td>Extra</td><td>查询的追加信息</td></tr>
</table>

在 EXPLAIN 命令执行后显示了一些比较难理解的信息，key 是检索时使用的索引的名称，rows

项目是检索时遍历的记录次数，我们可以从上面的信息中看到遍历的次数与实际的表中的记录数量是相等，显然检索效率不太高。现在表中的记录数量较少，如果记录的数量是以十万计或者超过百万时，检索的速度可以在 MySQL 监视器中感受得到。

下面我们对列 lname_pinyin 追加如下的索引后，再看看其检索的状况。

```
CREATE INDEX idx_lname_pinyin ON employee(lname_pinyin);
```

执行结果如下。

```
mysql> CREATE INDEX idx_lname_pinyin ON employee(lname_pinyin);
Query OK, 9 rows affected (0.07 sec)
Records: 9  Duplicates: 0  Warnings: 0

mysql> EXPLAIN SELECT * FROM employee WHERE lname_pinyin='wang'\G
*************************** 1. row ***************************
           id: 1
  select_type: SIMPLE
        table: employee
         type: ref
possible_keys: idx_lname_pinyin
          key: idx_lname_pinyin
      key_len: 122
          ref: const
         rows: 2        //遍历的次数变成了 2 次
        Extra: Using where
1 row in set (0.00 sec)
```

我们可以从上面的信息中看到，rows 后的数字变为 2，也就是说遍历的次数只有 2 次了，与上面不使用索引的结果比较起来，效率大大地提高了。这正是索引的目的所在。

相反，如果遍历的次数与创建索引前的变化不大，则说明创建索引时选择的列名不合理，需要选择合适的列重建索引。这正是分析索引优劣的方法。

7.3.4　索引实效的场合总结

为表追加了索引后，并不能保证在每次检索时都会使用列索引。如果 SQL 检索语句编写不当，就会出现无法使用索引的情况。此处归纳一些无法使用索引的情况，以帮助用户创建更合适的索引以及编写更有效率的 SELECT 检索语句。

1. 进行后方一致/部分一致检索的场合

在前面的章节中学习过了使用 LINK 运算符能进行模糊检索。使用 LINK 运算符进行的模糊检索时，只有在进行前方一致的检索时能使用上索引，而后方一致/部分一致检索的场合下是使用不上索引的。

例如，下列的 SQL 检索语句是不能使用索引的。

```
× SELECT * FROM employee WHERE lname_pinyin LIKE '%w%';
```

```
× SELECT * FROM employee WHERE lname_pinyin LIKE '%w';
```

因此，在使用后方一致/部分一致检索前，应该检讨一下是否真的不得不使用后方一致/部分一致检索了。除此之外，应尽量地使用前方一致或者完全一致的形式来进行检索。

2. 使用了 IS NOT NULL、[<>]比较运算符的场合

使用了 IS NOT NULL、[<>]比较运算符的场合也是不能使用索引的。例如，下面的检索语句就不能使用索引。

```
× SELECT * FROM employee WHERE lname_pinyin IS NOT NULL;
× SELECT * FROM employee WHERE lname_pinyin <>'wang' ;
```

对于上面的第二条语句，我们可以用[是否是 zhao 会 li]来替换，即[lname_pinyin ='zhao' OR lname_pinyin = 'li']。

3. 对列使用了运算/函数的场合

对索引列使用了函数或进行了某些运算的情况，也是不能使用索引的。下面的检索语句检索了所有出生在 1980 年的员工，由于使用了 YEAR 函数（此函数是从日期值中取出年份），所以就不能使用索引了。

```
× SELECT * FROM employee WHERE YEAR(birth) = '1980';
```

可以想办法将上述语句中条件左侧的函数或运算符去掉后，就能使用索引，例如，将上面的语句改造成以下形式后，就可以使用索引了。

```
○ SELECT * FROM employee WHERE birth >= '1980-01-01' AND birth <= '1980-12-31';
```

不使用函数同样能完成检索所有出生在 1980 年的员工，从而满足了使用索引的前提。

4. 复合索引的第一列没有包含在 WHERE 条件语句中的场合

例如，针对表 employee 我们创建了以下复合索引。

```
CREATE INDEX idx_pinyin ON employee(lname_pinyin,fname_pinyin);
```

针对这个索引，如果我们单独检索 lname_pinyin 列，或者同时检索 lname_pinyin 与 fname_pinyin 列时，该索引是会被使用到的。即执行以下检索语句将使用到此索引。

```
○ SELECT * FROM employee WHERE lname_pinyin = 'wang' AND fname_pinyin = 'xiao';
○ SELECT * FROM employee WHERE lname_pinyin = 'wang';
```

而下面的检索语句则不能使用此索引。

```
× SELECT * FROM employee WHERE fname_pinyin = 'xiao';
× SELECT * FROM employee WHERE lname_pinyin = 'wang' OR fname_pinyin= 'xiao';
```

前一条语句中索引的第一列没有包含在检索条件中，后一条检索语句看起来好像是包含了所有的索引列，但由于使用了 OR 关键字，检索条件的后面半句还是要对 fname_pinyin 列进行单独检索，

因此也不能使用索引了。

出现这样的情况时，建议用户修改索引列的相关定义。

这里介绍的例子，只是一些基本的实例。在进行实际的开发工作时，建议您积极地使用 EXPLAIN 命令（或者与此类似的工具），来确认索引的使用状况。如果检索时的性能没有达到预想的目标，就能很容易地找到问题的所在。

第 8 章　如何在网店数据库中使用视图

本章将介绍由实际的表中抽出的满足特定条件的数据组成的视图的相关知识，不仅会介绍定义视图的具体语法，还令以网店订单信息为例，使用一定的篇幅来充分展示使用视图的具体好处。读者掌握之后，可以立即将此实例应用到类似的网上商店的实际开发中去。

8.1 为什么需要视图

在关系型数据库中，原则上是要将一个信息放在多个表格中进行管理。如图 8-1 所示的网上商店模拟订单数据将所有的信息放在一个表中管理，这是非常不合理的。

订单ID*	订单日期	用户邮编	住址	用户姓名	产品信息1				
					产品ID	产品名称	订购数量	单价	小计
D00001	2010-07-24	210021	上海市古北区112弄	李小明	P0001	反光镜	1	305	305
D00002	2010-07-24	210041	上海市黄浦区123弄	牛二	P0002	灯	2	32	64
D00003	2010-07-24	210021	上海市古北区112弄	李小明	P0003	真皮后坐	1	3000	3000
…	…	…	…	…	…	…	…	…	…

产品信息2					…	订单合计	备注
产品ID	产品名称	订购数量	单价	小计	…		
P0002	灯	2	32	64	…	369	
					…	64	至急
					…	3000	
…	…	…	…	…	…	…	…

图 8-1　网店模拟订单数据

虽然将所有的数据放在同一张表中管理起来，这对终端用户来说，可能使用起来比较方便，但是，我们可以看看住址与产品名称这两项，这两项是否在表中的多个地方重复出现呢？如果发生了用户住址变更的情况，那么所有相同用户的住址都得修改，这个时候先不说有多麻烦，而且修改的地方多了，就不可避免地会出现修改遗漏或者修改错误。

要解决这种问题，即排除像这样的数据冗长性，就必须进行所谓表的规范化。图 8-2 是进行表规范化后的结果，一个订单表被分割为 4 个表格。在图中出现的用户住址、产品名称、单价等数据重复的问题，的确由于订单数据被分割到多个表而被很好地解决了。

当然，规范化后的状态通过相互之间联系的关键字，是可以恢复到规范化前的状态的。在图 8-2 中，订单 ID 为[D00001]的数据，通过各自的关键字，可以将相关的用户信息、产品信息、订单详细信息都联系起来。像这样通过主键或外键将多个表连接在一起的方式，就是所谓的连接。

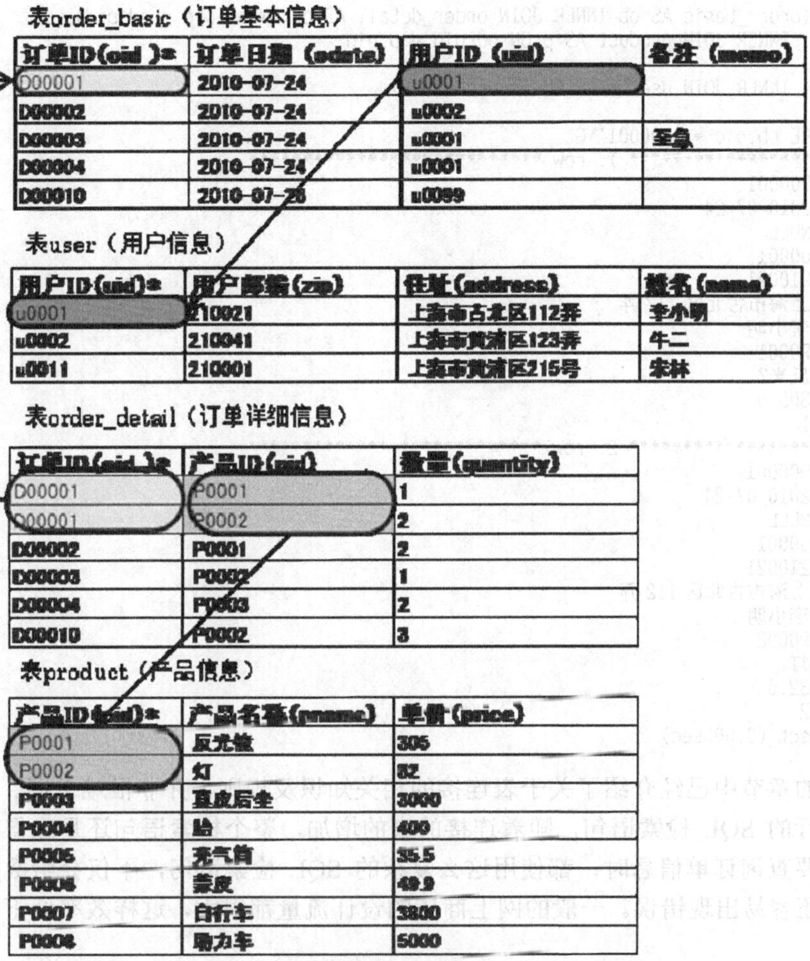
表order_basic（订单基本信息）

订单ID(oid)*	订单日期（odate）	用户ID（uid）	备注（memo）
D00001	2010-07-24	u0001	
D00002	2010-07-24	u0002	
D00003	2010-07-24	u0001	至急
D00004	2010-07-24	u0001	
D00010	2010-07-28	u0099	

表user（用户信息）

用户ID(uid)*	用户邮编(zip)	住址(address)	姓名(name)
u0001	210021	上海市古北区112弄	李小明
u0002	210041	上海市黄浦区123弄	牛二
u0011	210001	上海市黄浦区215号	宋林

表order_detail（订单详细信息）

订单ID(oid)*	产品ID(pid)	数量(quantity)
D00001	P0001	1
D00001	P0002	2
D00002	P0001	2
D00003	P0002	1
D00004	P0003	2
D00010	P0002	3

表product（产品信息）

产品ID(pid)*	产品名称(pname)	单价(price)
P0001	反光镜	305
P0002	灯	52
P0003	真皮后坐	3000
P0004	胎	400
P0005	充气筒	35.5
P0006	蒙皮	49.9
P0007	自行车	3800
P0008	助力车	5000

图 8-2　规范化后的网店模拟订单数据

下面是从规范化后的表中查询订单 ID 为[D00001]的订单数据的执行结果。关于 INNER JOIN 等命令的使用方法，可以参考前面章节中的介绍。

```
mysql> SELECT
    -> ob.oid AS oid,
    -> ob.odate AS odate,
    -> ob.memo AS memo,
    -> u.uid AS uid,
    -> u.zip AS zip,
    -> u.address AS address,
    -> u.name AS name,
    -> p.pid AS pid,
    -> p.pname AS pname,
    -> p.price AS price,
    -> od.quantity AS quantity
    -> FROM
    -> (
```

```
    -> (
    ->   (order_basic AS ob INNER JOIN order_detail AS od ON ob.oid = od.oid)
    ->     INNER JOIN product AS p ON od.pid = p.pid
    -> )
    ->     INNER JOIN user AS u ON ob.uid = u.uid
    -> )
    -> WHERE ob.oid = 'D00001'\G
*************************** 1. row ***************************
     oid: D00001
   odate: 2010-07-24
    memo: NULL
     uid: u0001
     zip: 210021
 address: 上海市古北区 112 弄
    name: 李小明
     pid: P0001
   pname: 反光?
   price: 305.0
quantity: 1
*************************** 2. row ***************************
     oid: D00001
   odate: 2010-07-24
    memo: NULL
     uid: u0001
     zip: 210021
 address: 上海市古北区 112 弄
    name: 李小明
     pid: P0002
   pname: 灯
   price: 32.0
quantity: 2
2 rows in set (0.00 sec)
```

在前面的章节中已经介绍了关于表连接的相关知识及规则，并非很难掌握。但是，我们回头看看上面执行的 SQL 检索语句，随着连接的表的增加，整个检索语句还是显得比较复杂的。如果在每次需要查询订单信息时，都使用这么复杂的 SQL 检索语句，不仅会给数据库服务器增加负担，而且还容易出现错误。一般的网上商店的设计流量都很大，这样效率低下的检索方式是很要命的。

而我们又不可能在对表进行规范化的同时，还仍旧保留着一个保存所有订单信息的表，用于对付这样复杂的查询。要解决这样的矛盾，就要涉及本章的主题——视图（View）的概念。

8.2 视图的本质

前面的各个章节中我们已经学习了各种 SELECT 检索语句，而视图（View）的本质是将 SELECT 语句的检索结果用表的形式保存下来，因此有时视图称为假表（伪表）。这是因为视图本身是不包含任何数据的，仅仅是从对象表中动态地抽取数据，并将数据组织在一起，外表看起来就像一个物理表（如图 8-3 所示）。这也正是引入视图的作用，即将多个物理表中的数据通过视图动态地组织在一起，用户可以像使用普通物理表那样使用它。

在 MySQL 数据库中使用视图之前，必须先确认一下 MySQL 的版本。MySQL 的初衷是发展一个以速度快为特征的关系型数据库，因此 MySQL 的初期版本将很多其他 RDBMS 都具备的功能都去掉了，视图的功能是在 5.0 版本后才支持的。如果想使用视图功能，则要首先确认您使用的 MySQL 数据库是 5.0 以后的版本。

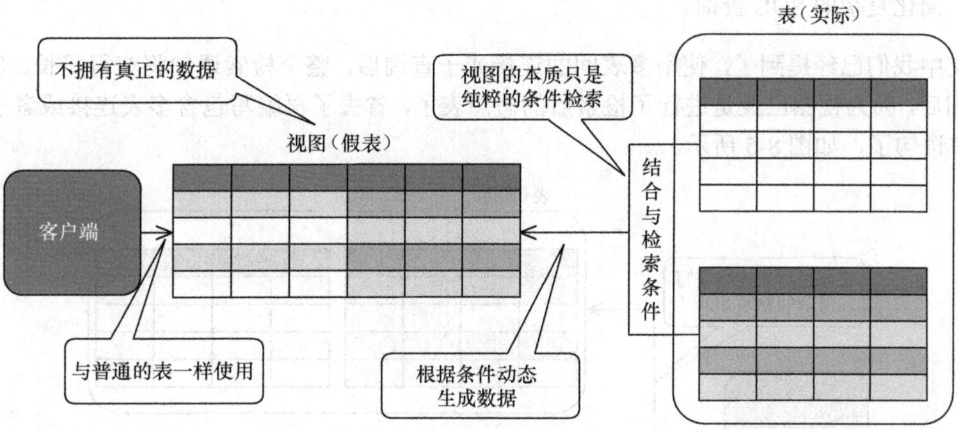

图 8-3　视图的本质

视图具有如下的特征（或者称为作用）。

（1）可以公开表中特定的行或列。

可以通过限制用户对实际表的 SELECT 操作权限，而仅赋予用户对相应视图的 SELECT 操作权限，来达到限制用户只能读取表中特定行或列的目的（因为视图中抽出的正是表的特定的行或者列），如图 8-4 所示。

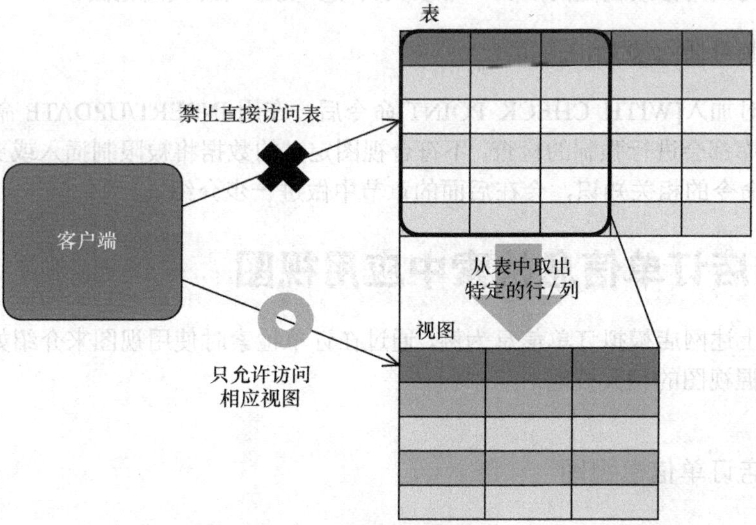

图 8-4　使权限管理更简单

一般的数据库是可以给以列为单位的数据设置权限的，但是在大多数情况下要进行这么细化的权限设置，就会在管理上带来非常多的麻烦。这时候，使用视图来进行以视图对象为单位的权限管理就要简单得多。

（2）简化复杂的 SQL 查询。

上文中我们已经提到了，使用多表间的连接或子查询后，整个检索语句将变得冗长。但是，使用了视图后，因为视图已经是进行了检索后的假想表了，省去了再编写包含多表连接或者子查询的 SELECT 语句了，如图 8-5 所示。

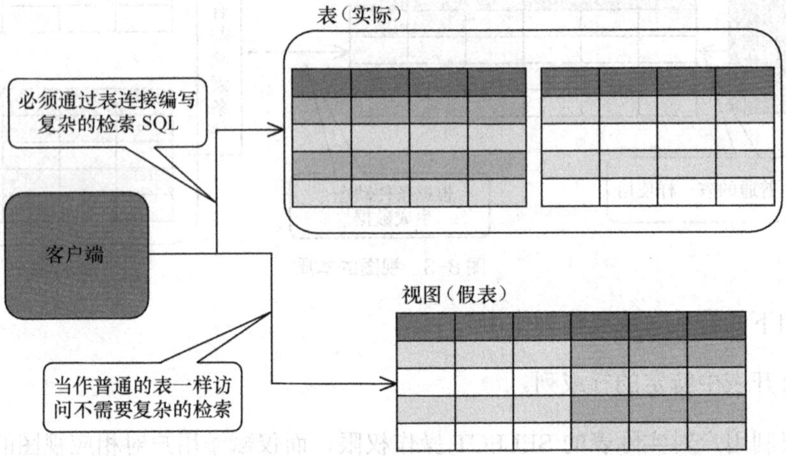

图 8-5 简化查询

将经常使用的连接或子查询条件定义成视图，不仅可以简化 SQL 语句，当连接或子查询条件发生改变时，因为只用修改视图的定义，可以大大减少受影响的代码范围。

（3）可以限制可插入/更新的值范围。

在定义视图时加入[WITH CHECK POINT]命令后，在用 INSERT/UPDATE 命令进行记录的插入/更新时，数据库都会进行强制的检查，不符合视图定义的数据将被限制插入或更新。关于[WITH CHECK POINT]命令的相关知识，会在后面的章节中做进一步介绍。

8.3 在网店订单信息检索中应用视图

下面我们以上述网店模拟订单信息为例，通过在订单检索时使用视图来介绍如何应用视图，以帮助读者快速掌握视图的相关技能。

8.3.1 创建网店订单信息视图

创建视图时使用 CREATE VIEW 命令，具体语法如下。

创建视图	CREATE VIEW 视图名(列名,…) AS SELECT 语句 [WITH CHECK POINT];

即对指定的<SELECT 语句>创建视图，包含指定列[列名,…]。关于[WITH CHECK POINT]命令，下文将会进行详细的介绍。下面我们使用 order_basic、order_detail、user 和 product 这 4 个表来创建规范化前的网店订单信息表——视图 v-order。

```
mysql> CREATE VIEW
    ->   v_order(oid,odate,memo,uid,zip,address,name,pid,pname,price,quantity)
    -> AS
    ->  SELECT
    ->  ob.oid ,
    ->  ob.odate ,
    ->  ob.memo ,
    ->  u.uid ,
    ->  u.zip ,
    ->  u.address ,
    ->  u.name ,
    ->  p.pid ,
    ->  p.pname ,
    ->  p.price ,
    ->  od.quantity
    ->  FROM
    ->  (
    ->   (
    ->    (order_basic AS ob INNER JOIN order_detail AS od ON ob.oid = od.oid)
    ->      INNER JOIN product AS p ON od.pid = p.pid
    ->   )
    ->      INNER JOIN user AS u ON ob.uid = u.uid
    -> );
Query OK, 0 rows affected (0.35 sec)
```

大家是否注意到，除了在检索语句（参照 8.1 节的检索语句）前添加 [CREATE VIEW…AS] 外，后面的 SELECT 语句并没有做多少改动。其实创建视图的 SELECT 语句与普通的 SELECT 检索语句的要领是相同的（也有一些要注意的地方，请参考后面的知识专栏[SELECT 命令的限制]）。下面的例子中将别名移动到视图名的后面了，或者不用移动保持原来的方式也是可以的。

```
mysql> CREATE OR REPLACE VIEW
    -> v_order
    -> AS
    -> SELECT
    ->  ob.oid AS oid,
    ->  ob.odate AS odate,
    ->  ob.memo AS memo,
    ->  u.uid AS uid,
    ->  u.zip AS zip,
    ->  u.address AS address,
    ->  u.name AS name,
    ->  p.pid AS pid,
    ->  p.pname AS pname,
    ->  p.price AS price,
    ->  od.quantity AS quantity
    ->  FROM
    ->  (
    ->   (
    ->    (order_basic AS ob INNER JOIN order_detail AS od ON ob.oid = od.oid)
    ->      INNER JOIN product AS p ON od.pid = p.pid
```

```
    ->    )
    ->         INNER JOIN user AS u ON ob.uid = u.uid
    ->  );
Query OK, 0 rows affected (0.09 sec)
```

修改（或称替换）已存在的视图时，像上述的例子一样使用 REPLACE 命令。

要删除已存在的视图，可以使用如下的语法：

删除视图	DROP VIEW 视图名;

例如，删除上面创建的视图的执行结果如下。

```
mysql> DROP VIEW v_order;
Query OK, 0 rows affected (0.03 sec)
```

知识专栏

创建视图时 SELECT 命令的限制

在创建视图时 SELECT 语句中不能包含如下内容：

- 系统变量/用户变量的参照；
- TEMPORARY 类型的表；
- FROM 语句后的子查询。

有些内容已超出了本书的讨论范围，总之需要注意的是，在定义视图时并非 SELECT 命令的所有功能都能使用。另外，本书讲解的是 MySQL 数据库，随着数据库的不同，限制的内容会有所差异。

8.3.2 确认网店订单视图的内容

正确执行 CREATE VIEW 命令后，我们需要确认一下视图是否已经存在。取得数据库中的所有视图信息时，也需要用到 SHOW TABLES 命令。但是在 SHOW TABLES 后的执行结果中，视图与表混合显示在一起时，不能区分哪个是表、哪个视图，因此在定义视图时最好将所有的视图名指定一个共同的特征，如以[v_]的形式开头。这时可以使用 LIKE 关键字将有特征的表或视图显示出来。

执行结果（显示所有的表与视图）如下。

```
mysql> SHOW TABLES;
+----------------+
| Tables_in_home |
+----------------+
......
| order_basic    |
| order_detail   |
| product        |
| user           |
| v_order        |
…
```

```
+----------------+
11 rows in set (0.07 sec)
```

执行结果（显示名称以[v_]开头的视图）如下。

```
mysql> SHOW TABLES LIKE 'v\_%';
+----------------------+
| Tables_in_home (v\_%) |
+----------------------+
| v_order              |
+----------------------+
1 row in set (0.00 sec)
```

要显示视图内的列信息，与表的一样，使用 SHOW FIELDS 命令，具体语法如下。

显示视图中所有的列信息	SHOW FIELDS FROM 视图名;

执行结果（显示视图 v_order 中的所有列信息）如下。

```
mysql> SHOW FIELDS FROM v_order;
+----------+--------------+------+-----+---------+-------+
| Field    | Type         | Null | Key | Default | Extra |
+----------+--------------+------+-----+---------+-------+
| oid      | char(15)     | NO   |     | NULL    |       |
| odate    | date         | YES  |     | NULL    |       |
| memo     | varchar(255) | YES  |     | NULL    |       |
| uid      | char(6)      | NO   |     | NULL    |       |
| zip      | char(8)      | YES  |     | NULL    |       |
| address  | varchar(255) | YES  |     | NULL    |       |
| name     | varchar(20)  | YES  |     | NULL    |       |
| pid      | char(9)      | NO   |     | NULL    |       |
| pname    | varchar(255) | NO   |     | NULL    |       |
| price    | float(10,1)  | NO   |     | 0.0     |       |
| quantity | int(11)      | NO   |     | 0       |       |
+----------+--------------+------+-----+---------+-------+
11 rows in set (0.08 sec)
```

8.3.3　在检索订单信息时使用视图

创建好了网店订单视图，我们就可以在检索订单信息时使用此视图了。再重复一遍，视图尽管不存在物理的实体，但是用户可以在检索时像使用表一样使用它。

如 8.1 小节中一样，看看如何使用视图来查询订单 ID 为[D00001]的订单信息。

```
mysql> SELECT * FROM v_order WHERE oid = 'D00001'\G
*************************** 1. row ***************************
     oid: D00001
   odate: 2010-07-24
    memo: NULL
     uid: u0001
     zip: 210021
 address: 上海市古北区 112 弄
    name: 李小明
     pid: P0001
   pname: 反光镜
   price: 305.0
```

```
quantity: 1
*************************** 2. row ***************************
     oid: D00001
   odate: 2010-07-24
    memo: NULL
     uid: u0001
     zip: 210021
 address: 上海市古北区 112 弄
    name: 李小明
     pid: P0002
   pname: 灯
   price: 32.0
quantity: 2
2 rows in set (0.13 sec)
```

我可以看到相比于 8.1 小节的检索语句，使用视图后检索语句要简洁得多。另外，也可以清楚地感受到使用视图进行检索与使用表的方式是一样。

下面我们先将表 product（网店产品）中数据进行更新后，再通过视图检索。看看检索的结果是否也同步发生了改变。

```
mysql> UPDATE product SET pname='灯罩' WHERE pid = 'P0002';
Query OK, 1 row affected (0.04 sec)
Rows matched: 1  Changed: 1  Warnings: 0

mysql> COMMIT;
Query OK, 0 rows affected (0.00 sec)

mysql> SELECT * FROM v_order WHERE oid = 'D00001'\G
…
*************************** 2. row ***************************
     oid: D00001
   odate: 2010-07-24
    memo: NULL
     uid: u0001
     zip: 210021
 address: 上海市古北区 112 弄
    name: 李小明
     pid: P0002
   pname: 灯罩
   price: 32.0
quantity: 2
2 rows in set (0.00 sec)
```

视图中显示结果也同步发生了改变，我们可以再一次认识到视图并不是真正地保持数据，而只是将数据组织在一起的一种方式。

8.3.4 在变更数据（INSERT/UPDATE/DELETE）时使用视图

在视图中进行数据插入、更新、删除的方式与表中的方法相同。下面先看一个通过视图 v_order 插入新产品信息的例子，具体 SQL 语句如下。插入完成后再检索表 product 中是否已经追加新的记录。

```
INSERT INTO  v_order(pid,pname,price) VALUES('P0010','精油','34');
```

执行结果如下。

```
mysql> INSERT INTO  v_order(pid,pname,price) VALUES('P0010','柴油','34');
Query OK, 1 row affected (0.38 sec)

mysql> COMMIT;
Query OK, 0 rows affected (0.00 sec)

mysql> SELECT * FROM product;
+-------+----------+--------+
| pid   | pname    | price  |
+-------+----------+--------+
…
| P0010 | 柴油     |   34.0 |
+-------+----------+--------+
9 rows in set (0.07 sec)
```

新的产品信息成功追加到表 product 中。

但是，对视图进行插入/更新/删除操作时，需要注意几个限制，在以下几种条件下不能进行插入/更新/删除操作。

- 视图的列中含有统计函数的情况下；
- 视图定义时使用了 GROUP BY/HAVING 语句，DISTINCT 语句，UNION 语句的情况下；
- 视图定义时使用了子查询的情况下；
- 进行跨越多个表进行数据的变更（插入/更新/删除）操作。

因此如果对视图 v_order 进行如下的操作将发生错误，错误信息的意思是“不能修改超过一个基础表以上的情况”。

```
mysql> INSERT INTO  v_order(oid,pid,pname,price,quantity) VALUES('D00021','P0011
','1 号柴油','34',12);
ERROR 1393 (HY000): Can not modify more than one base table through a join view
'home.v_order'
```

8.3.5　创建视图时使用[WITH CHECK OPTION]命令

在定义视图时如果指定了[WITH CHECK OPTION]命令，将不能插入或更新不符合视图的检索条件的数据。下面我们来看一个具体的例子。

我们先为表 product 创建一个单价超过 3000 元的产品的视图，并在视图的定义的最后加上了[WITH CHECK OPTION]，然后我们向此视图中插入一个单价为 40 元的产品。

```
mysql> CREATE VIEW
    ->  v_product3000up
    -> AS
    ->  SELECT * FROM product WHERE price >=3000
    -> WITH CHECK OPTION;
Query OK, 0 rows affected (0.00 sec)
```

```
mysql> INSERT INTO  v_product3000up(pid,pname,price) VALUES('P0011','1号柴油','4
0');
ERROR 1369 (HY000): CHECK OPTION failed 'home.v_product3000up'
```

我们可以看到，因为定义视图 v_product3000up 的检索条件是大于等于 3000 元的，而且在定义的最后加上了[WITH CHECK OPTION]的限制，因此当向视图 v_product3000up 中插入单价小于 3000 的记录时，会出现[CHECK OPTION failed…]样的错误信息。

那么，如果在定义视图没有加上[WITH CHECK OPTION]时会出现什么样的结果呢，对上述同一个视图我们可以实验一下，执行结果（记录能插入，但在视图中不可见）如下。

```
mysql> CREATE VIEW
    -> v_product3000up
    -> AS
    -> SELECT * FROM product WHERE price >=3000;
Query OK, 0 rows affected (0.04 sec)

mysql> INSERT INTO  v_product3000up(pid,pname,price) VALUES('P0011','1号柴油','4
0');
Query OK, 1 row affected (0.00 sec)
mysql> SELECT * FROM product;
+-------+---------+--------+
| pid   | pname   | price  |
+-------+---------+--------+
…
| P0011 | 1号柴油 |   40.0 |
+-------+---------+--------+
10 rows in set (0.00 sec)
mysql> SELECT * FROM v_product3000up;
+-------+---------+--------+
| pid   | pname   | price  |
+-------+---------+--------+
| P0003 | 真皮后坐 | 3000.0 |
| P0007 | 自行车   | 3800.0 |
| P0008 | 助力车   | 5000.0 |
+-------+---------+--------+
3 rows in set (0.01 sec)
```

上面的执行结果我们可以看到，记录成功地插入了，可以在表 product 中看到新追加的产品信息，而且在视图中也可以看到插入的记录。

更新的情况也是一样的，下面我们演示一下将视图的产品单价更新为 3000 元一下，看看发生什么变化。

```
mysql> SELECT * FROM v_product3000up;
+-------+---------+--------+
| pid   | pname   | price  |
+-------+---------+--------+
| P0003 | 真皮后坐 | 3000.0 |
| P0007 | 自行车   | 3800.0 |
| P0008 | 助力车   | 5000.0 |
+-------+---------+--------+
3 rows in set (0.01 sec)

mysql> UPDATE v_product3000up SET price=1000 WHERE pid ='P0007';
Query OK, 1 row affected (0.04 sec)
Rows matched: 1  Changed: 1  Warnings: 0
```

```
mysql> SELECT * FROM v_product3000up;
+-------+----------+--------+
| pid   | pname    | price  |
+-------+----------+--------+
| P0003 | 真皮后坐 | 3000.0 |
| P0008 | 助力车   | 5000.0 |
+-------+----------+--------+
2 rows in set (0.00 sec)
```

成功地更新了视图中的数据，但更新后的记录从视图中消失了。像这样尽管发生了数据的变更，但数据无缘无故地从表中消失了——明明插入了数据，在视图中并不能显示，有时候会引起不必要的混乱。在没有特殊理由的情况下，针对那些会发生数据变化的视图，推荐在定义时加上[WITH CHECK OPTION]命令。

知识专栏

视图的滥用

视图是一个非常方便的功能，但是就性能来说并非一个最好的选择。

视图可以简化复杂的 SELECT 语句，但不意味着可以简化内部的处理，这一点需要认识清楚。另外，还可以在视图的基础上再定义视图，由于同样的理由，这会导致数据库的使用性能下降，所以使用如此的定义方式还是要慎重些。

第 9 章　如何在数据库中使用存储过程

在本章中，我们将再学习一种操作数据库的方法——存储过程。除了介绍使用存储过程的优势以及基本的语法外，我们还将介绍经常用在存储过程中的条件判断、循环语句的语法等。

9.1　什么是存储过程

通过前面章节的学习，我们已经知道 SQL 是一种非常便利的语言。从数据库抽取数据，或者对特定的数据集中更新时，都能通过简洁直观的代码实现。

但是这个所谓的“简洁”也是有限制，SQL 基本是一个命令实现一个处理的，是所谓的**非程序型语言**。

首先解释一下什么是**程序型语言**，即为了达成某个目的，将处理流程通过多个命令来编写。而**非程序型语言**是不能编写处理流程的。

在不能编写流程的情况下，所有的处理只能通过一个个命令来实现。当然，通过使用连接及子查询，即使使用 SQL 的单一命令也能实现一些高级的处理，但是，其局限性是显而易见的。例如，在 SQL 中就很难实现针对不同条件进行不同的处理以及循环等功能，或者有的需求本身就不可能实现。就算勉强能实现，让 SQL 去做其不擅长的工作，SQL 命令本身就会变得越来越复杂。

这个时候就出现了**存储过程**（Stored Procedure）这个概念。简单地说，存储过程就是数据库中保存（Stored）的一系列 SQL 命令（Procedure）的集合。也可以将其看作相互之间有关系的 SQL 命令组织在一起形成的一个小程序，存储过程的处理方式与普通模式的区别如图 9-1 所示。

请注意上面的措辞，我们用了“组织”这个词，这些 SQL 命令通常并非简单地组合在一起，还可以使用各种条件判断、循环控制等，来实现简单的 SQL 命令不能实现的复杂功能。

另外，还可以实现其他一些功能，如接受调用方一些参数，经过存储过程的处理后，将结果返回给调用者。下面归纳了使用存储过程的一些好处。

（1）提高执行性能。

通常在客户端执行 SQL 命令时，在数据库中有解析到编译的这个前期准备过程。但是，存储过程是事先完成了解析、编译的处理后保存在数据库中的，执行时能减轻数据库负担，提高执行性能。

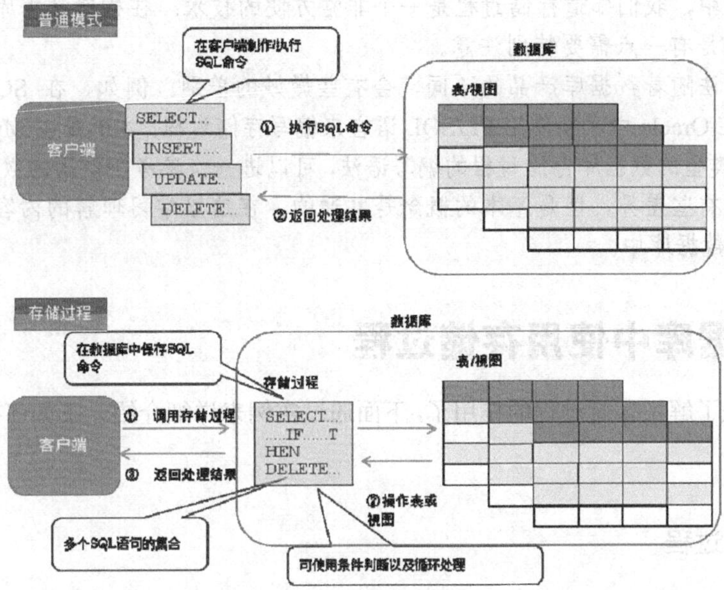

图 9–1　存储过程

（2）可减轻网络负担。

使用存储过程后，复杂的数据库操作也可以在数据库服务器中完成。只需要从客户端（或应用程序）传递给数据库必要的参数就行，比起需要多次传递 SQL 命令本身，这大大减轻了网络负担。特别是在应用程序与数据库服务器之间通过网络通信的场合，能够减少相互之间的通信量，大幅度提高整体的性能。

（3）可防止对表的直接访问。

可以禁止对表本身的访问，只赋予用户对相关存储过程的访问权限。限制客户端只能通过存储过程才能访问表，可以事前防止对表的一些预想不到的操作。

（4）可将数据库的处理黑匣子化。

构建应用程序时，在应用程序中编写对数据库进行的复杂处理，是减低程序可读性的重要原因。但是，如果将这些处理以存储过程的形式编写，并保存在数据库中，应用程序的处理将会简洁许多。

应用程序中完全不用考虑存储过程的内部详细处理，只需要知道调用哪个存储过程就可以了。

与视图功能一样，在使用存储过程之前，也请务必确认一下 MySQL 的版本，存储过程的功能是在 MySQL 5.0 版以后才被支持的。

知识专栏

存储过程的规格与具体的数据库相关

在本节的介绍中，我们知道存储过程是一个非常方便的技术。在构建数据库应用程序时应该积极地导入它，但是有一点需要特别注意。

存储过程的语法随着数据库产品的不同，会有些微妙的差别。例如，在 SQL Server 中使用 Transact-SQL，而在 Oracle 中必须使用 PL/SQL 语言来编写存储过程。本书是以 MySQL 环境为前提进行解说的，其他类型的数据库存储过程的编写语法，可以进一步参考所使用的数据库的技术文档。

尽管语法多少有些差异，但是基本的概念是共通的，在这里学习理解的内容，同样也能使用在 MySQL 以外的数据库中。

9.2 在数据库中使用存储过程

到此我们已经了解了存储过程的作用了，下面通过实例来详细介绍一下如何在数据库中使用存储过程。

9.2.1 定义存储过程

创建存储过程使用 CREATE PROCEDURE 命令，具体的语法如下。

创建存储过程	CREATE PROCEDURE 存储过程名(　　参数的种类 1　参数 1　数据类型 1 [,参数的种类 2　参数 2　数据类型 2…]) BEGIN 　　处理内容 END

即将“处理内容”定义为名为[存储过程名]的存储过程。存储过程名可以自由指定，但是请注意不要与已经存在的函数重名。通常在存储过程名前加上[sp_]样的开头，以区别数据库中的其他对象。处理内容必须在 BEGIN 与 END 之间编写（严格来说，如果处理内容只有一条语句的情况下，是可以省略 BEGIN/END 的。但是单一语句的存储过程几乎没有，也没有必须创建这样的存储过程。如果现阶段只有一条语句，将来想扩展的情况下，最好加上 BEGIN/END）。

在调用存储过程时可以指定参数。参数是存储过程与调用方进行信息交换的中介。但是存储过程的参数与普通函数的参数有些微妙的差别。函数的情况下，参数只用于向函数中传入信息。但是，存储过程的参数可以分为输入参数（接受调用方的数据），输出参数（向调用方返回处理结果）。定义时在具体参数前指定 IN、OUT、INOUT 的其中之一（输入参数时，可省略 IN），由关键字 IN、OUT、INOUT 决定参数到底是输入参数还是输出参数。INOUT 的参数既是输入型参数，也是输出型参数。

下面我们就创建一个对表 customer 的姓名列（nam）进行模糊检索的存储过程。命名为 sp_search_customer。参数省略时，取得表 customer 的所有数据。

```
mysql> DELIMITER //                                                    ①
mysql> CREATE PROCEDURE sp_search_customer(IN p_nam VARCHAR(20))
    -> BEGIN
    ->  IF p_nam IS NULL OR p_nam = '' THEN                            ②
    ->         SELECT * FROM customer;
    ->  ELSE
    ->         SELECT * FROM customer WHERE nam LIKE p_nam;
    ->  END IF;
    -> END
    -> //
Query OK, 0 rows affected (0.20 sec)

mysql> DELIMITER ;
```

我们可以看看上面的创建过程，既有我们熟悉的 SELECT 检索语句，又有以前没有见过的 IF ... ELSE ... END 命令。另外，大家肯定注意到了 CREATE PROCEDURE 命令前后的 DELIMITER 命令，下面分别一一介绍。

1. 通过 DELIMITER 命令改变分隔符

DELIMITER 是改变 MySQL 监视器中使用的 SQL 语句分离符的命令。默认的分隔符是[;]。但是，存储过程本身就是命令的集合，其中一定会含有[;]。如果保持原来的默认分隔符，那么究竟是 CREATE PROCEDURE 命令的结束符，还是存储过程内部 SQL 语句的结束符，MySQL 监视器是无法分清的。

所以这里，在开始定义存储过程前，首先将默认的分隔符变成另一个完全无关的符号，只要不与其他关键字发生歧义，什么样的字符都可以，通常习惯使用[//]。在完成了 CREATE PROCEDURE 命令后，再一次将分隔符恢复为默认状态。分隔符的改变只在 MySQL 监视器启动期间有效，重新启动 MySQL 监视器后，分隔符会自动恢复到默认状态。

2. 存储过程中可使用的控制语句

存储过程并非只是简单的 SQL 命令的集合体，还可以通过使用各种控制语句来实现更复杂的处理。具体的控制语句有条件分支选择语句、循环控制语句等，如表 9-1 所示。

表 9-1　　MySQL 中可使用的主要控制语句

简 单 分 支	第一个条件表达式为 True 的过程块被执行
IF 条件表达式 1 　条件表达式 1 为 True 时执行的命令 [ELSEIF 条件表达式 N 　条件表达式 N 为 True 时执行的命令] [ELSE 　全部为 False 时执行的命令] END IF	

续表

多 重 分 支	第一个与表达式的值一致的过程块被执行
CASE 表达式 1 WHEN 值 1 THEN 表达式=值 1 时执行的命令 [WHEN 值 N THEN 表达式=值 N 时执行的命令] [ELSE 上述所有值以外时执行的命令] END CASE	
循环控制（后置判断）	**执行过程块直至条件表达式为 True**
REPEAT 直至条件表达式为 True 时执行的命令 UNTIL 条件表达式 END REPEAT	
循环控制（前置判断）	**执行过程块直至条件表达式变为 False**

WHILE 条件表达式 DO
系列命令
END WHILE	

在上面创建存储过程 sp_search_customer 的过程中，仅仅使用了简单分支的语句（即②），ELSE 块如果不需要的话，也可以省略。另外，如果有两个以上分支的情况下，可以追加 ELSEIF 块，此时条件表达式为 True 的块将被执行。

这里，当传入的参数 p_nam 为 NULL 或为空字符串时，将进行无条件检索，否则加入模糊检索条件进行检索。

9.2.2 确认数据库中存储过程

正确执行了 CREATE PROCEDURE 命令后，查看一下存储过程是否已经存在时，使用 SHOW PROCEDURE STATUS 命令，执行结果如下。

```
mysql> SHOW PROCEDURE STATUS\G
*************************** 1. row ***************************
           Db: home
         Name: sp_search_customer
         Type: PROCEDURE
      Definer: root@localhost
     Modified: 2010-09-20 23:43:09
      Created: 2010-09-20 23:43:09
Security_type: DEFINER
      Comment:
1 row in set (0.10 sec)
```

SHOW PROCEDURE STATUS 命令返回的结果信息的具体意义，可以参照表 9-2。security_type 项目的[DEFINER]值的意思是，存储过程的执行权限与创建用户权限一致。

表 9-2　　SHOW PROCEDURE STATUS 命令的结果信息

项　目	说　明
Db	所属数据库名
Name	存储过程名
Type	种类（PROCEDURE:过程/FUNCTION:函数）
Definer	创建者
Modified	最终更新时间
Created	创建时间
Security_type	安全种类
Comment	备注
character_set_client	从客户端发送过来的查询的字符编码
collation_connection	当前连接中使用的校对顺序
Database Collation	数据库的校对顺序

想确认定义好的存储过程的详细内容，可以使用 SHOW CREATE PROCEDURE 命令。SHOW CREATE PROCEDURE 命令不仅返回全部定义内容，而且还有安全设置信息，另外，名称什么的都用单引号括起来了，与自己定义时的命令并非完全一致。

执行结果（确认存储过程的定义）如下。

```
mysql> SHOW CREATE PROCEDURE sp_search_customer\G
*************************** 1. row ***************************
Procedure: sp_search_customer
sql_mode: STRICT_TRANS_TABLES,NO_AUTO_CREATE_USER
Create Procedure: CREATE DEFINER=`root`@`localhost` PROCEDURE `sp_search_custome
r`(IN p_nam VARCHAR(20))
BEGIN
        IF p_nam IS NULL OR p_nam = '' THEN
                SELECT * FROM customer;
        ELSE
                SELECT * FROM customer WHERE nam LIKE p_nam;
        END IF;
END
1 row in set (0.12 sec)
```

要删除定义好的存储过程使用 DROP PROCEDURE 命令，具体语法如下。

删除存储过程	DROP PROCEDURE 存储过程名;

9.2.3　执行存储过程

正确地创建了存储过程后，下一步就是实际运行它了。调用存储过程时使用 CALL 命令，具体语法如下。

调用存储过程	CALL 存储过程名(参数, ...);

下面首先使用上一节创建好的存储过程来检索“王”姓的所有顾客，执行结果如下。

```
mysql> CALL sp_search_customer('王%');
+-------+-------+------------+------+
| mid   | nam   | birth      | sex  |
+-------+-------+------------+------+
| G0002 | 王玉枝 | 1980-09-09 | 1    |
| T0001 | 王二   | 1980-10-21 | 1    |
+-------+-------+------------+------+
2 rows in set (1.03 sec)

Query OK, 0 rows affected (1.08 sec)
```

当指定空字符串时，确认一下是否将所有的顾客信息都检索出来，执行结果如下。

```
mysql> CALL sp_search_customer('');
+-------+-------+------------+------+
| mid   | nam   | birth      | sex  |
+-------+-------+------------+------+
| G0001 | 周二胡 | 1975-04-18 | 0    |
| G0002 | 王玉枝 | 1980-09-09 | 1    |
| H0001 | 李加   | NULL       | 0    |
| N0001 | 小小   | 1980-11-23 | 1    |
| T0001 | 王二   | 1980-10-21 | 1    |
+-------+-------+------------+------+
5 rows in set (0.00 sec)
Query OK, 0 rows affected (0.06 sec)
```

我们可以看到的确是将所有的顾客信息都检索出来了。在调用存储过程时，如果出现参数数目不符（多或者少）的情况，将会显示错误信息。因此，即使参数为空字符串的情况下也是不能省略的，根据存储过程 sp_search_customer 的定义，此处将参数指定为 NULL（即[CALL sp_search_customer(NULL)]）也可以检索出所有的顾客信息。

9.3 创建存储过程的要点

在介绍了关于存储过程的基本概念之后，下面我们要讨论一下创建存储过程时必不可少的输出参数以及各种控制语句等知识要点。

9.3.1 定义输出参数

前面已经说过了在存储过程中不仅可以定义接受值的输入参数，还可以定义向调用方返回处理结果用的输出参数。

下面我们将上一节中定义的存储过程 sp_search_customer 进行一下改造，将取得的顾客件数通过输出参数 p_cnt 返回。在此将改造后的存储过程命名为 sp_search_customer2。下面的黑体字部分是 sp_search_customer2 中被修改的部分。

```
mysql> DELIMITER //
mysql> CREATE PROCEDURE sp_search_customer2
    -> (IN p_nam VARCHAR(20),
    ->  OUT p_cnt INT)
    -> BEGIN
    ->  IF p_nam IS NULL OR p_nam = '' THEN
    ->         SELECT * FROM customer;
    ->  ELSE
    ->         SELECT * FROM customer WHERE nam LIKE p_nam;
    ->  END IF;
    ->  SELECT FOUND_ROWS() INTO p_cnt;
    -> END
    -> //
Query OK, 0 rows affected (0.28 sec)

mysql> DELIMITER ;
```

使用 FOUND_ROWS 函数取得前一条 SELECT 语句中检索出的记录件数。FOUND_ROWS 函数取得记录件数后使用 SELECT … INTO 命令将其设置到变量 p_cnt 中。

SELECT … INTO 命令用于将 SELECT 语句中取得的结果设置到指定的变量（存储过程中的变量就像是存储数据的临时容器，输入/输出参数也是变量的一种）中，具体语法如下。

设置检索结果至变量中	SELECT 列名 1,… INTO 变量名 1 ,… FROM 表名 WHERE 语句等…;

上述的 SELECT … INTO 语句语法中除了 INTO 后面的语句是追加的以外，其他的语法规则与普通的 SELECT 语句完全一致。但是，请注意此处的 SELECT 语句必须保证只检索出一条记录或者一个值（也不能设置跨越多行的值）。

存储过程 sp_search_customer2 中我们只抽出了单一的列，设置了一个变量，如果抽出了多个列，如同语法中显示那样，就必须对应准备多个变量。

创建完成了存储过程后，我们可以像下述的例子一样调用它。指定 OUT/OUTIN 类型的参数时，在参数名的头部加上[@]。这时处理结果将保存到 OUT 型变量 num 中，然后使用[SELECT @num]语句显示变量 num 的。

```
mysql> CALL sp_search_customer2( '王%' ,@num);
+-------+--------+------------+------+
| mid   | nam    | birth      | sex  |
+-------+--------+------------+------+
| G0002 | 王玉枝 | 1980-09-09 | 1    |
| T0001 | 王二   | 1980-10-21 | 1    |
+-------+--------+------------+------+
2 rows in set (0.12 sec)

Query OK, 0 rows affected (0.16 sec)

mysql> SELECT @num;
+------+
| @num |
+------+
| 2    |
+------+
1 row in set (0.00 sec)
```

9.3.2 使用 IF 命令实现多重条件分支

在上两节的存储过程 sp_search_customer 与 sp_search_customer2 中我们使用了 IF...ELSE 命令的单一条件分支，其实 IF 命令不仅可以用于这种单一条件的分支的情况，使用 ELSEIF 分支块后，还可以用于实现多重条件分支。

在下面的实例中，我们将输入参数 p_depart 值转换为对应的部门名称来对表 employee 进行检索，例如，参数 p_depart 值为 1 时对应于[研究部]，p_depart 值为 2 时对应于[AC 部]。

```
mysql> DELIMITER //
mysql> CREATE PROCEDURE sp_search_employee(IN p_depart INT)
    -> BEGIN
    ->   IF p_depart = 1 THEN
    ->     SELECT fname, lname ,depart FROM employee WHERE depart = '研究部';
    ->   ELSEIF p_depart = 2 THEN
    ->     SELECT fname, lname ,depart FROM employee WHERE depart = 'AC 部';
    ->   ELSEIF p_depart = 3 THEN
    ->     SELECT fname, lname ,depart FROM employee WHERE depart = 'IT 部';
    ->   ELSEIF p_depart = 4 THEN
    ->     SELECT fname, lname ,depart FROM employee WHERE depart = '人事部';
    ->   ELSE
    ->     SELECT fname, lname ,depart FROM employee WHERE depart = '经理部';
    ->   END IF;
    -> END
    -> //
Query OK, 0 rows affected (0.13 sec)

mysql> DELIMITER ;
```

ELSEIF 分支块可以在[IF]与[END IF]之间根据条件的数目追加多个。对于多重条件分支结构来说，只有第一个为了 TRUE 的条件才会得到执行。例如在下列代码示例中，当 p_depart 为 5 时，尽管所有的条件都为 TRUE，但只有第一个条件[p_depart >= 1]的程序块才得到执行。

以下给出了一段条件设计不合理的代码示例：

```
IF p_depart >= 1 THEN
  ...略
ELSEIF p_depart >= 2 THEN
  ...略
ELSEIF p_depart >= 3 THEN
  ...略
ELSEIF p_depart >= 4 THEN
  ...略
ELSEIF p_depart >= 5 THEN
  ...略
ELSE
  ...略
END IF;
```

理解了上述的讲解后，我们可以使用 CALL 命令来调用创建好的存储过程 sp_search_employee，确认一下是否能正确的实现检索操作，执行结果如下。

```
mysql> CALL sp_search_employee(3);
+-------+-------+--------+
| fname | lname | depart |
+-------+-------+--------+
| 度    | 王    | IT 部  |
| 殊    | 方    | IT 部  |
| 小    | 王    | IT 部  |
| 操    | 曹    | IT 部  |
+-------+-------+--------+
4 rows in set (0.12 sec)

Query OK, 0 rows affected (0.15 sec)
```

9.3.3　使用 CASE 命令使用多重条件分支

上面使用 IF 命令来实现多重条件分支时，每一个分支块开始的地方都要编写条件表达式，比较繁琐。通常在这种以等式表达式作为条件的多重 IF 命令的情况下，优先使用 CASE 命令，其代码显得更简练。

下面的存储过程 sp_search_employee2 是在存储过程 sp_search_employee 的基础上将 IF…ELSEIF … END IF 的控制结构转换为使用 CASE 命令后的结果。参数 p_depart 将于 WHEN 后的值进行比较，第一个满足相等条件的程序块将被执行。例如当参数 p_depart 的值为 1 时，第一个检索语句将被执行。在 CASE 命令中没有找到符合条件的值时，则执行 ELSE 程序块中的内容。

```
mysql> DELIMITER //
mysql> CREATE PROCEDURE sp_search_employee2(IN p_depart INT)
    -> BEGIN
    ->   CASE p_depart
    ->     WHEN 1 THEN
    ->       SELECT fname, lname ,depart FROM employee WHERE depart = '研究部';
    ->     WHEN 2 THEN
    ->       SELECT fname, lname ,depart FROM employee WHERE depart = 'AC 部';
    ->     WHEN 3 THEN
    ->       SELECT fname, lname ,depart FROM employee WHERE depart = 'IT 部';
    ->     WHEN 4 THEN
    ->       SELECT fname, lname ,depart FROM employee WHERE depart = '人事部';
    ->     ELSE
    ->       SELECT fname, lname ,depart FROM employee WHERE depart = '经理部';
    ->   END CASE;
    -> END
    -> //
Query OK, 0 rows affected (0.00 sec)

mysql> DELIMITER ;
```

9.3.4　定义本地变量

我们可以回头看看存储过程 sp_search_employee2 的代码，在各个条件分支程序块中，都是些相似的代码，显然[SELECT fname, lname ,depart FROM employee WHERE depart =]部分是相同的，只有检索条件部分不同。这个时候我们可以将这些相同的部分移动到条件判断外，在条件分支程序块中只有检索条件字符的部分代码。

这个时候我们将检索条件字符存放在称为**本地变量**的变量中，本地变量也被称为**局部变量**，顾名思义只能使用在存储过程中的变量，用于保存存储过程中的临时值。

下面我们使用局部变量将存储过程 sp_search_employee2 稍做修改一下，作为一个新的存储过程 sp_search_employee3。

```
mysql> DELIMITER //
mysql> CREATE PROCEDURE sp_search_employee3(IN p_depart INT)
    -> BEGIN
    ->   DECLARE tmp CHAR(4);
    ->   CASE p_depart
    ->     WHEN 1 THEN
    ->       SET tmp = '研究部';
    ->     WHEN 2 THEN
    ->       SET tmp = 'AC 部';
    ->     WHEN 3 THEN
    ->       SET tmp = 'IT 部';
    ->     WHEN 4 THEN
    ->       SET tmp = '人事部';
    ->     ELSE
    ->       SET tmp = '经理部';
    ->   END CASE;
    ->   SELECT fname, lname ,depart FROM employee WHERE depart = tmp;
    -> END
    -> //
Query OK, 0 rows affected (0.04 sec)

mysql> DELIMITER ;
```

怎么样？上述存储过程 sp_search_employee3 的代码是不是变得整洁多了？

使用局部变量时，必须事先使用 DECLARE 命令进行变量的名称以及数据类型的声明。参见上述执行代码的黑体字部分。

声明局部变量	DECLARE 变量名 数据类型 [初期值];

所谓**声明**就是通知数据库下面要开始使用此变量的手续。在存储过程中，没有事先声明的变量是不能使用的。

给变量赋值时，使用 SET 命令，具体语法如下。

赋值给变量	SET 变量名 = 值;

9.3.5 使用循环语句

在存储过程中可以使用两种类型的循环语句，分别为 WHILE 命令与 REPEAT 命令。

下面的测试程序为计算参数 p_num 的阶乘的存储过程，计算的结果通过输出参数 p_result

返回。

```
mysql> DELIMITER //

mysql> CREATE PROCEDURE sp_factorial(
    ->   IN  p_num INT,
    ->   OUT p_result INT
    -> )
    -> BEGIN
    ->   SET p_result = 1;                    --给输出变量p_result赋初值1
    ->
    ->   WHILE p_num > 1 DO                   --当变量p_num大于1时继续循环处理
    ->     SET p_result = p_result * p_num;   --变量p_result与p_num的乘积存储到p_result中
    ->     SET p_num = p_num - 1;             --p_num的值减1
    ->   END WHILE;
    -> END
    -> //
Query OK, 0 rows affected (0.04 sec)

mysql> DELIMITER ;
```

在变量 p_num 递减的过程中，这里使用 WHILE 命令来计算变量 p_num 与变量 p_result 的乘积，并存储到变量 p_result 中，而最终计算出变量 p_num 的阶乘。当 WHILE 关键字后的表达式为 TRUE 时，继续循环，即当变量 p_num 的值大于 1 时继续循环。

基本理解上述代码后，我们可以测试一下创建完成的存储过程 sp_factorial 了，当输入参数为 5 时，看看结果是否为 120（5×4×3×2×1）。同时当输入参数为 0 时，看看最终的结果是否为 1。

执行结果（测试存储过程 sp_factorial）如下。

```
mysql> CALL sp_factorial(5,@res);
Query OK, 0 rows affected (0.43 sec)

mysql> SELECT @res;
+------+
| @res |
+------+
| 120  |
+------+
1 row in set (0.10 sec)

mysql> CALL sp_factorial(0,@res);
Query OK, 0 rows affected (0.00 sec)

mysql> SELECT @res;
+------+
| @res |
+------+
| 1    |
+------+
1 row in set (0.00 sec)
```

可以看出测试的结果完全符合预期。我们可以回头看看为什么输入参数为 0 时，阶乘结果会是 1。当输入参数为 0 时，WHILE 关键字后的表达式（p_num＞1）的值为 FALSE，这样循环一次都没有被执行，因此结果返回输出参数 p_result 的初值 1。

9.3.6 WHILE 命令与 REPEAT 命令的区别

上述的阶乘存储过程 sp_factorial 也可以使用 REPEAT 命令来实现。下面就是使用了 REPEAT 命令的存储过程 sp_factorial2。

```
mysql> DELIMITER //
mysql>  CREATE PROCEDURE sp_factorial2(
    ->    IN  p_num INT,
    ->    OUT p_result INT
    ->  )
    ->  BEGIN
    ->    SET p_result = 1;                         --给输出变量 p_result 赋初值 1
    ->
    ->    REPEAT
    ->      SET p_result = p_result * p_num;        --变量 p_result 与 p_num 的乘积存储到 p_result 中
    ->      SET p_num = p_num - 1;                  -- p_num 的值减 1
    ->    UNTIL p_num <= 1 END REPEAT;              --当变量 p_num 减少到 1 或 1 以下前继续循环处理
    ->  END
    ->  //
Query OK, 0 rows affected (0.03 sec)

mysql> DELIMITER ;
```

REPEAT 命令的特征是，当 UNTIL 语句中指定的条件表达式为 TRUE 之前一直进行循环处理，即条件表达式为 FALSE 时继续循环处理。而 WHILE 命令是在其条件表达式为 TRUE 时，继续其循环处理的。这是这二者之间的一个区别。在后面的章节中我们还会介绍另一个区别。

在介绍 REPEAT 命令与 WHILE 命令的第二个区别前，我们运行一下刚才创建完成的存储过程 sp_factorial2，同样也计算一下 5 的阶乘以及 0 的阶乘。

```
mysql> CALL sp_factorial2(5,@res);
Query OK, 0 rows affected (0.10 sec)

mysql> SELECT @res;
+------+
| @res |
+------+
| 120  |
+------+
1 row in set (0.00 sec)

mysql> CALL sp_factorial2(0,@res);
Query OK, 0 rows affected (0.00 sec)

mysql> SELECT @res;
+------+
| @res |
+------+
| 0    |
+------+
1 row in set (0.00 sec)
```

我们可以看到使用存储过程 sp_factorial2 计算 5 的阶乘时，得到了正确的值 120，但是计算 0 的阶乘时，正确的结果是 1，而此处得到的结果为 0。原因出在什么地方呢？这正是由 REPEAT 命令与 WHILE 命令的第二个区别造成的。原来使用 REPEAT 命令时，不管 UNTIL 语句后的条件表达式的结果如何，循环程序块最少要被执行一次。当参数 p_num 为 0 时，0 与 p_result（初值 1）的乘积结果为 0，从而将输出参数 p_result 的值变为 0 了。

当然，出现上述问题显然是不合理，这个时候应该使用前置判断的 WHILE 命令了。WHILE 与 REPEAT 命令的语法非常相似，针对上面介绍的区别，使用时请千万注意。图 9-2 是对 WHILE 与 REPEAT 之间区别的形象总结。

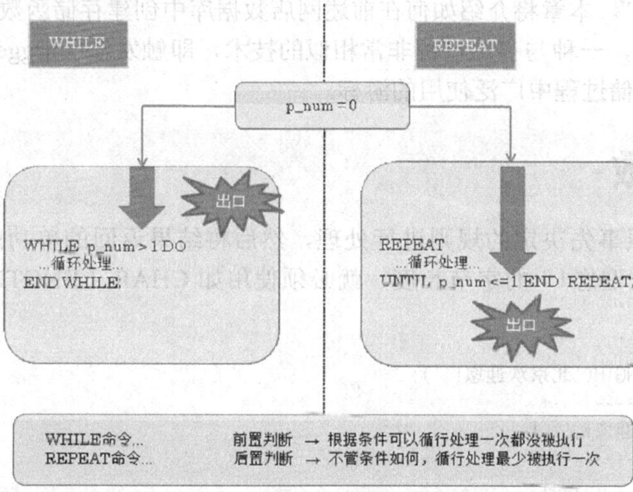

图 9-2　WHILE 与 REPEAT 的区别

第 10 章 使用函数与触发器

除了第 10 章的存储过程外，在数据库开发中还会用到存储函数，存储函数就是用户自定义函数，可以简称为“函数”。本章将介绍如何在前述网店数据库中创建存储函数。本章随后将介绍与数据库的表关系密切的，一种与存储过程非常相似的技术，即触发器（trigger）。本章的最后会详细介绍在存储函数与存储过程中广泛使用的游标。

10.1 存储函数

所谓函数都是按照事先决定的规则进行处理，然后将结果返回的单功能机制。例如，我们要计算字符串“北京欢迎您！”的字节长度，就必须使用如 CHAR_LENGTH 样的字节长度计算函数。

```
mysql> SELECT CHAR_LENGTH('北京欢迎您！');
+---------------------------+
| CHAR_LENGTH('北京欢迎您！') |
+---------------------------+
|                        12 |
+---------------------------+
1 row in set (0.02 sec)
```

即通过将字符串 [北京欢迎您！] 作为输入参数传给函数 CHAR_LENGTH，然后返回执行结果数字 12。这样的函数在使用时非常方便，但是数据库标准提供的函数数量毕竟有限，在使用过程中经常会出现找不到合适函数的情况。这个时候，用户就可以根据需要自定义函数，大多数数据库都提供存储函数的功能，允许用户自己定义函数。

存储函数（Stored Function）顾名思义，就是保存（Stored）在数据库中的函数（Function），定义存储函数的要点几乎与定义存储过程完全相同。

10.1.1 定义存储函数

本节介绍如何定义存储函数，定义存储函数使用 CREATE FUNCTION 命令，具体的语法如下。

定义存储函数	CREATE FUNCTION 函数名(　参数 1　数据类型 1 　　[，参数 2　数据类型 2…]) RETURNS 返回值类型 BEGIN 　任意系列 SQL 语句 　RETURN 返回值; END

以上语法与第 9 章中定义存储过程的语法相似，下面列出了这两者定义时的不同点。

1. 参数只有输入型

存储过程中可以指定 IN（输入）、OUT（输出）、INOUT（输入输出）3 种类型的参数，而在存储函数中不能指定参数的类型。存储函数中指定的参数只能是输入型的，不支持输出/输入输出型的参数。

2. 向调用方返回结果值

尽管存储函数不能指定输出型参数，但是在存储函数中可以通过 RETURN 命令将处理结果返回给调用方。另外，用户必须在参数列表后面的 RETURNS 命令中事先定义返回值的类型。这里可能容易混淆，在参数列表后指定返回值类型时使用[RETURNS]命令，比返回结果值处的[RETURN]多一个字母“S”，请务必注意。

下面我们来看一个具体的存储函数示例，我们将第 9 章的阶乘存储过程 sp_factorial 改造成存储函数，并命名为 fn_factorial。

```
mysql> DELIMITER //
mysql> CREATE FUNCTION fn_factorial(
    ->   p_num INT
    -> ) RETURNS INT
    -> BEGIN
    ->   DECLARE p_result INT DEFAULT 1;        --声明局部变量 p_result 并赋初值 1
    ->
    ->   WHILE p_num > 1 DO                     --当变量 p_num 大于 1 时继续循环处理
    ->     SET p_result = p_result * p_num;     --变量 p_result 与 p_num 的乘积存储到 p_result 中
    ->     SET p_num = p_num - 1;               -- p_num 的值减 1
    ->   END WHILE;
    ->   RETURN p_result;                       --返回最终的处理结果
    -> END
    -> //
Query OK, 0 rows affected (0.47 sec)

mysql> DELIMITER ;
```

计算自然数阶乘的代码与第 9 章中的存储过程 sp_factorial 的代码完全相同，下面我们同样将创建存储过程 sp_factorial 的代码列在下面，可以进行一下比较。

```
DELIMITER //
```

```
CREATE PROCEDURE sp_factorial(
  IN  p_num INT,
  OUT p_result INT
)
BEGIN
  SET p_result = 1;                      --给输出变量 p_result 赋初值 1

  WHILE p_num > 1 DO                     --当变量 p_num 大于 1 时继续循环处理
    SET p_result = p_result * p_num;     --变量 p_result 与 p_num 的乘积存储到 p_result 中
    SET p_num = p_num - 1;               --p_num 的值减 1
  END WHILE;
END
//
DELIMITER ;
```

我们可以发现，除了本节开始列出的两点区别以外，存储过程与存储函数的定义就没有其他的不同了。

最后强调一点为了从名称上容易区分存储过程与存储函数，可以为它们指定不同的名称前缀，例如，本书给存储过程指定［sp_］的前缀，给存储函数指定［fn_］的前缀。

10.1.2 确认创建成功的存储函数

使用 SHOW FUNCTION STATUS 命令确认数据库中已创建完成的全部存储函数，如以下代码所示。SHOW FUNCTION STATUS 命令返回的项目意义与第 9 章中的 SHOW PROCEDURE STATUS 命令的介绍相似，可以参照相关章节的内容。

```
mysql> SHOW FUNCTION STATUS\G
*************************** 1. row ***************************
           Db: home
         Name: fn_factorial
         Type: FUNCTION
      Definer: root@localhost
     Modified: 2010-10-09 18:24:49
      Created: 2010-10-09 18:24:49
Security_type: DEFINER
      Comment:
1 row in set (0.27 sec)
```

还可以使用 SHOW CREATE FUNCTION 命令来查看已经创建完成的存储函数的定义内容，如以下代码所示。

```
mysql> SHOW CREATE FUNCTION fn_factorial\G
*************************** 1. row ***************************
       Function: fn_factorial
       sql_mode: STRICT_TRANS_TABLES,NO_AUTO_CREATE_USER
Create Function: CREATE DEFINER=`root`@`localhost` FUNCTION `fn_factorial`(
  p_num INT
) RETURNS int(11)
BEGIN
  DECLARE p_result INT DEFAULT 1;

  WHILE p_num > 1 DO
    SET p_result = p_result * p_num;
```

```
    SET p_num = p_num - 1;
  END WHILE;
  RETURN p_result;
END
1 row in set (0.10 sec)
```

在确认了存储函数被正确的创建之后，我们可以测试一下创建完成的存储函数了。调用存储函数时，不使用调用存储过程时的 CALL 命令，其使用方法与标准的数据库函数完全相同，直接在 SELECT 语句中使用就可以了。

```
mysql> SELECT fn_factorial(5),fn_factorial(0);
+-----------------+-----------------+
| fn_factorial(5) | fn_factorial(0) |
+-----------------+-----------------+
|             120 |               1 |
+-----------------+-----------------+
1 row in set (0.00 sec)
```

10.2 触发器

触发器（Trigger）的英文原译为“扳机”或者是“触发装置”，而数据库中的触发器即意味着，以针对数据库的操作（“触发装置”）而被调用的特殊存储过程。这些针对数据库的操作，具体是指由数据操作命令（INSERT/UPDATE/DELETE）完成的插入/更新/删除等处理（根据数据库的不同，有的数据库支持在运行 CREATE TABLE 时启动触发器），通常也被称为**事件**。

下面我们来看一个具体的例子。图 10-1 是图书馆图书借出系统的简略模型。这里，在向借出信息表中登记书籍借出信息（插入操作）时，需要给书籍信息管理表中的书籍数目减 1（-1），而如果向借出信息表中登记书籍返还信息（也是插入操作）时，同时需要给书籍信息管理表中的书籍数目加 1（+1）。如果将这些机制用触发器来实现的话，每次不用手动同时更新借出信息表和书籍信息管理表这两个表了。

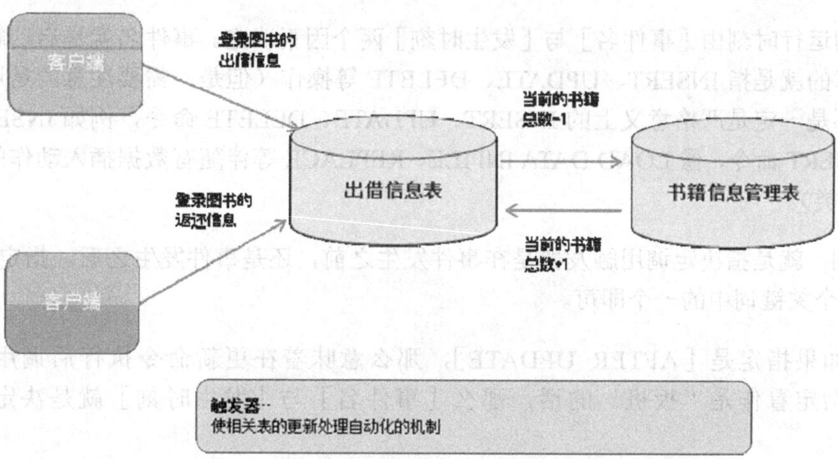

图 10-1　触发器的使用示例

用户（应用程序）在更新借出信息表的时候，由触发器自动完成对书籍信息管理表的更新。使用了触发器后，用户可以不用考虑表间的整合性了。

其他情况（如数据变更/删除时）下，则可以使用触发器将变更/删除前的书籍作为日志保存到别的表中等。

触发器可以说是实现了针对相关表的处理自动化的机制。

10.2.1 触发器的基本语法

理解了触发器的基本概念后，下面开始介绍如何定义触发器。定义触发器使用 CREATE TRIGGER 命令，具体的语法如下。

创建触发器	CREATE TRIGGER 触发器名 发生时刻 事件名 ON 表名 FOR EACH ROW BEGIN 任意系列 SQL 语句 END

与第 9 章介绍的存储过程相似，触发器也有其显著的特点。

1. 指定成为触发器调用方的表名

正如前面介绍的一样，触发器并不是直接被调用运行的，而是在针对具体表的操作时被调用。也就是说在创建触发器时，需要指定针对哪个表的操作才能成为“触发装置”，而这个表就是触发器调用方的表。

2. 决定触发器运行的时刻

触发器的运行时刻由［事件名］与［发生时刻］两个因素决定。事件名就是启动触发器的数据处理名，具体的就是指 INSERT、UPDATE、DELETE 等操作（但是，需要注意的是这些所谓数据操作命名并不是一定是严格意义上的 INSERT、UPDATE、DELETE 命令，例如 INSERT 事件并非必须运行 INSERT 命令，像 LOAD DATA INFILE、REPLACE 等伴随有数据插入动作的处理都属于 INSERT 事件类）。

发生时刻，就是指决定调用触发器是在事件发生之前，还是事件发生之后。指定 BEFORE 或者 AFTER 两个关键词中的一个即可。

例如，如果指定是［AFTER UPDATE］，那么意味着在更新命令执行后调用触发器。如果将表名的指定看作是“扳机”的话，那么［事件名］与［发生时刻］就是决定扣动扳机的时刻。

3. ［FOR EACH ROW］为固定值

［FOR EACH ROW］的意思是触发器是以行单位执行的。也就是说，当用户使用删除命令删除 3 条记录时，与删除动作相关的触发器也会被执行 3 次的。

根据使用的数据库的不同情况会有所不同，但在 MySQL 数据库中，［FOR EACH ROW］是固定的语法，请务必牢记。

另外，在 Oracle 或 PostgreSQL 等数据库中，可以以语句（statement）为单位启动触发器。当以语句（statement）为单位启动触发器的情况下，不管处理影响了多少行数据，触发器只被启动一次。

知识专栏

注意不能滥用触发器

触发器的确是一个非常方便的功能，但是要注意不能使用过度。使用过度时，会出现这样的情况：本来只打算对表 A 执行一次 INSERT 命令，却在不经意之间更新了其他好几个表如图 10-2 所示。可以看出，触发器在其方便用户的同时，也使得数据处理的流程变得难以跟踪。

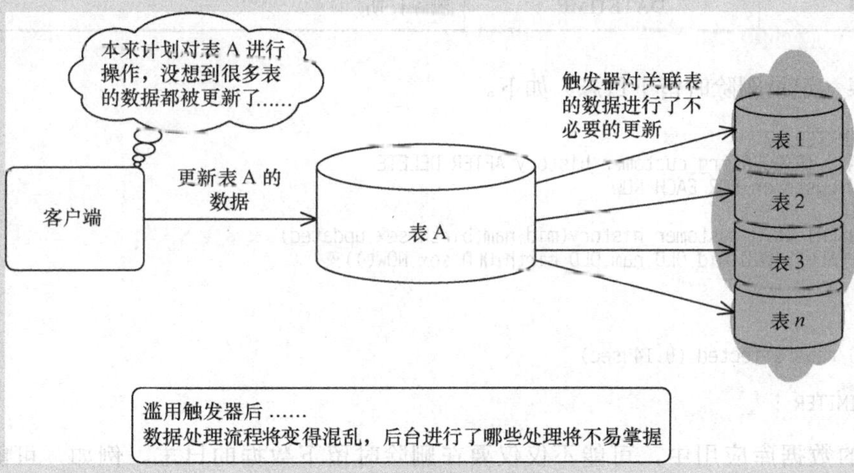

图 10-2　滥用触发器会出现的场景

10.2.2　定义触发器

下面我们实际创建一个触发器。现有一个表 customer（前面的章节已经多次使用到），当我们在删除表 customer 的数据时，我们想通过触发器将被删除的数据备份到另一个表 customer_history（表 customer 已经使用到了，在创建触发器前，我们需要先创建表 customer_history）中。两张表的结构分别如表 10-1 和表 10-2 所示。

表 10-1　　表 customer 的成员域名

域　名	数据类型	说　明
mid	CHAR(5)	用户 ID（主键）
nam	VARCHAR(20)	用户名
birth	DATE	生日
sex	CHAR(1)	性别（0:男，1:女。默认为 0）

表 10-2　　表 customer_history 的结构

域　名	数据类型	说　明
id	INT	日志 ID（主键）
mid	CHAR(5)	用户 ID
nam	VARCHAR(20)	用户名
birth	DATE	生日
sex	CHAR(1)	性别（0:男，1:女。默认为 0）
updated	DATETIME	删除日期

执行结果（记录删除时留下日志）如下。

```
mysql> DELIMITER //
mysql> CREATE TRIGGER trg_customer_history AFTER DELETE
    ->   ON customer FOR EACH ROW
    -> BEGIN
    ->   INSERT INTO customer_history(mid,nam,birth,sex,updated)
    ->     VALUES(OLD,mid,OLD.nam,OLD.birth,OLD.sex,NOW());
    ->
    -> END
    -> //
Query OK, 0 rows affected (0.14 sec)

mysql> DELIMITER ;
```

在实际的数据库应用中，可能不仅仅要在删除时留下数据的日志，例如，可能要在数据插入或更新时留下原来数据的日志。有兴趣的读者可以自行完成在数据插入，或更新时的触发器定义。

可以清楚地看到，以上代码的编写要点与 CREATE FUNCTION/CREATE PROCEDURE 命令几乎相同。但是有一点是触发器特有的特征，那就是可以在触发器定义中使用 OLD/NEW 关键字，具体可参照变更前后的数据记录（如果发生时刻定义为 BEFORE 时，则使用［NEW.列名］)。例如，在［OLD.mid］的情况下，表示从表 customer 中删除的记录的成员 ID。

另外，根据对象事件的不同，可以使用的关键词也不同，如表 10-3 所示。例如，INSERT 事件就不能使用 OLD 关键词，相反 DELETE 事件也不能使用 NEW 关键词。

表 10-3　　可使用的关键词与事件的关系

事　件	可使用的关键词
INSERT	NEW
UPDATE	OLD 和 NEW
DELETE	OLD

10.2.3　确认创建完成的触发器

使用 CREATE TRIGGER 命令创建完成触发器后，可以使用 SHOW TRIGGERS 确认数据库中所有的已创建完成的触发器列表。SHOW TRIGGERS 命令返回的结果信息的相关项目意义如表 10-4 所示。

```
mysql> SHOW TRIGGERS\G
*************************** 1. row ***************************
  Trigger: trg_customer_history
    Event: DELETE
    Table: customer
Statement: BEGIN
  INSERT INTO customer_history(mid,nam,birth,sex,updated)
    VALUES(OLD.mid,OLD.nam,OLD.birth,OLD.sex,NOW());

END
   Timing: AFTER
  Created: NULL
 sql_mode: STRICT_TRANS_TABLES,NO_AUTO_CREATE_USER,NO_ENGINE_SUBSTITUTION
  Definer: root@localhost
1 row in set (0.80 sec)
```

表 10-4　　SHOW TRIGGERS 命令的项目说明

项　目	说　明
Trigger	触发器名
Event	启动触发器的事件名（INSERT|UPDATE|DELETE）
Table	触发器启动对象表名
Statement	触发器启动时执行的命令（触发器定义主体）
Timing	启动时刻（BEFORE|AFTER）
Created	未使用项目（始终为 NULL）
sql_mode	触发器执行时的 SQL 模式
Definer	触发器作者
character_set_client	从客户端传送过来的查询的字符编码
collation_connection	当前连接中使用的对照顺序
Database Collation	数据库的对照顺序

与存储过程/存储函数不同的是，对触发器使用 SHOW TRIGGERS 命令时会显示执行的 SQL 命令信息（Statement 项目），而在 SHOW CREATE PROCEDURE/SHOW CREATE FUNCTION 命令中则不会显示这样的信息。

要删除已存在的触发器，具体语法如下。

删除触发器	DROP TRIGGER 触发器名;

10.2.4 测试触发器

创建好了触发器，我们试着运行一下它。触发器不能直接调用，我们要创造触发器被执行的条件。上一节中的触发器 trg_customer_history 被执行的条件是表 customer 中的数据被删除。因此，下面我们先对表 customer 进行记录删除的动作，然后查看一下表 customer_history 中是否增加了新记录，如果增加了，则说明触发器得到正确的执行了。

```
mysql> SELECT * FROM customer_history;
Empty set (0.00 sec)

mysql> DELETE FROM customer WHERE mid = 'T0001';
Query OK, 1 row affected (0.14 sec)

mysql> SELECT * FROM customer_history;
+----+-------+------+------------+------+---------------------+
| id | mid   | nam  | birth      | sex  | updated             |
+----+-------+------+------------+------+---------------------+
|  1 | T0001 | 王二 | 1980-10-21 | 1    | 2010-10-11 15:43:31 |
+----+-------+------+------------+------+---------------------+
1 row in set (0.00 sec)
```

10.3 游标

在创建存储过程、存储函数以及触发器时，我们还必须掌握一种称为**游标**的功能。游标就是对 SELECT 语句取得的结果进行一件一件处理的功能。

SQL 语言基本上可以说是“面向集合（SET）”的语句，也就是说 SQL 语言擅长将多个记录集中到一起进行处理，而不擅长那种对多个记录进行一件件的单独处理。但是，往往很多时候需要这种对记录进行一件件的，区别对待的单独处理。这样的处理方式正是 SQL 非常不擅长的地方，这种场合要发挥 SQL 的威力就必须要使用到游标了。

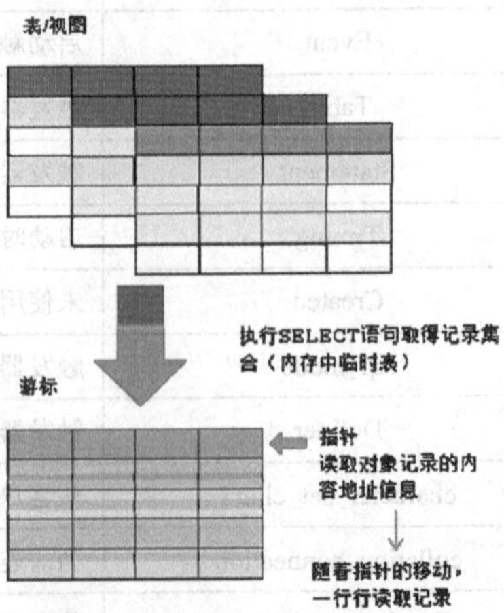

图 10-3 游标

使用游标时，先将由 SELECT 语句检索出的记录集合临时保存到内存中，如图 10-3 所示，然后游标对这些保存在内存中的记录集合，按顺序依次取出进行处理。

另外，在使用游标前需要理解**指针**这个概念。指针是确定当前记录的信息，可以理解为内存中保存此记录的“地址”，在游标处理中，通过移动指针来进行逐行的数据处理。

下面我们通过一个实例来学习一下游标的具体用法，在这个例子中我们要在定义存储过程时使用游标。下面的存储过程 sp_cursor 需要完成的是，将表 employee 中包含的所有部署名称全部取出，并以逗号分隔的字符串形式输出。

执行结果如下。

```
mysql> DELIMITER //
mysql> CREATE PROCEDURE sp_cursor(
    ->   OUT p_result TEXT
    -> )
    -> BEGIN
    ->   --定义标志变量 flag（判断是否所有的记录都被取出）
    ->   DECLARE flag BIT DEFAULT 0;
    ->   --定义存储当前行的部署名的变量 tmp
    ->   DECLARE tmp VARCHAR(20);
    ->   --声明游标 -①
    ->   DECLARE cur CURSOR FOR SELECT DISTINCT depart FROM employee;
    ->   --定义取出游标中所有记录时的处理-④
    ->   DECLARE CONTINUE HANDLER FOR NOT FOUND SET flag = 1;
    ->   --打开游标-②
    ->   OPEN cur;
    ->   --从游标中一行行取出数据
    ->   WHILE flag != 1 DO
    ->     FETCH cur INTO tmp;    --将当前行中的内容保存到本地变量中-③
    ->     --标志变量 flag 非 1 时进行如下的处理
    ->     IF flag !=1 THEN
    ->       --将变量 tmp 以逗号分隔的字符串的形式保存到输出参数 p_result 中
    ->       SET p_result = CONCAT_WS(',',p_result,tmp);
    ->     END IF;
    ->   END WHILE;        --标志变量 flag 变为 1 后结束循环
    ->   --关闭游标-⑤
    ->   CLOSE cur;
    -> END
    -> //
Query OK, 0 rows affected (0.04 sec)

mysql> DELIMITER ;
```

上面的存储过程 sp_cursor 的代码看起来可能显得比较复杂，其实都是使用游标的存储过程中的一些固定形式的代码。顺着代码的流程，下面对一些关键的地方一一给出说明。

（1）声明游标。

使用游标前，首先要进行游标的声明。游标的声明就是定义游标的处理对象，即取得记录集合用的 SELECT 语句。声明游标时使用 DECLARE...CURSOR 命令，具体语法如下。

声明游标	DECLARE　游标名　CURSOR FOR　SELECT 语句;

在上面的例子中，将从表 employee 中取得非重复的部署名（depart 列）作为游标 cur 的定义。

（2）打开游标。

DECLARE…CURSOR 命令执行后，取得游标用的 SELECT 语句已经被定义了，但是，SELECT 语句并没有实际的被执行。使用游标时，必须执行声明过的游标，取得具体的记录集合，即需要打开游标。打开游标时使用 OPEN 命令，具体语法如下：

打开游标	OPEN 游标名;

（3）从指针中取得记录数据。

从打开的游标中取得下一条记录，并将数据保存到指定的变量中时，使用 FETCH…INTO 命令，具体语法如下。

保存指针数据到变量中	FETCH 游标名 INTO 变量名,…;

上面的例子中，游标 cur 里只含有一个列 depart，［变量名,…］部分只指定了一个变量 tmp。如果游标中含有多个列的情况下，可以像［tmp1,tmp2,…］一样以逗号分隔的方式指定多个变量。

打开游标后，指针指向第一条记录开始的位置，后面顺序依次取得下一条数据，直至最后一行这样完成数据的循环读取，如图 10-4 所示。

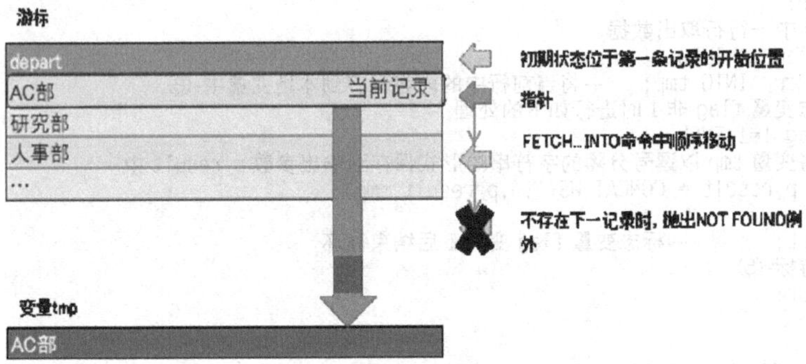

图 10-4　游标与指针

（4）读取了所有游标记录后的处理。

使用循环处理读取游标内容是，需要决定循环结束的条件。循环结束的条件一般为［指针到达最后一行］或［不能读取下一行了］等。

FETCH…INTO 命令执行时，如果指针不能读取下一行的情况下，会抛出 NOT FOUND 列外。例外发生时的处理使用 DECLARE…HANDLER FOR 命令，具体语法如下。

例外处理	DECLARE 处理种类 HANDLER FOR 例外的种类 例外发生时的处理;

本节的例子中，事先定义当 NOT FOUND 例外发生时，将标志变量 flag 设置为 1。标志变量

flag 为判断 WHILE 循环是否能继续的标志，当标志变量 flag 的值为 0 时循环继续，当变量 flag 的值为 1 时循环结束。这样就能从游标中读取从第一行到最后一行的数据。

另外，[处理种类] 决定完成 [例外发生时的处理] 后应该如何动作，可以指定 EXIT（立即结束处理）或 CONTINUE（继续下面的处理）。本节指定为 CONTINUE，例外发生后继续例外发生点后的处理，即 FETCH ... INTO 命令后的处理还会得到执行。

这里有一个小地方需要补充说明一下，FETCH ... INTO 命令发生例外后，因为变量 tmp 没有得到正确的赋值，因此原来紧接着此语句的 [SET p_result = CONCAT_WS(',',p_result,tmp);] 语句是不应该被执行的，为避免此种情况，我们在 [SET p_result = CONCAT_WS(',',p_result,tmp);] 语句前加了一判断语句 [IF flag !=1 THEN]。

（5）关闭游标。

游标使用完成后，需要一一关闭它。关闭游标的具体语法如下。

关闭游标	CLOSE 游标名;

理解了以上关于游标的知识，下面我们可以测试一下存储过程 sp_cursor。

```
mysql> CALL sp_cursor(@p_result);
Query OK, 0 rows affected (0.08 sec)

mysql> SELECT @p_result;
+------------------+
| @p_result        |
+------------------+
| IT 部,研究部,AC 部|
+------------------+
1 row in set (0.00 sec)
```

第 11 章　数据库管理中文件的使用

像在 MySQL 监视器这样的基于 CUI（文字界面）的环境中，执行复杂的 SQL 语句或者插入大量数据时，是有限制的。这里集中介绍使用文件进行数据库操作的方法。

11.1 从文本文件中读取数据（import）

当要向表中输入大量的数据时，如果从 MySQL 监视器上一条一条地通过键盘来输入数据记录的话，那么会非常费时费力的。通常在输入的数据记录数超过几千、几万条的时候，就会用到称为 CSV（Comma Separated Values）的文本文件，而向数据库中导入这种文件就称为导入（import）

11.1.1　CSV 文件与数据导入

CSV 直接翻译过来就是以逗号分隔的数值，其文件的内容是逗号作为分隔符来组织起来的文本数据。CSV 文件的形式如图 11-1 所示。

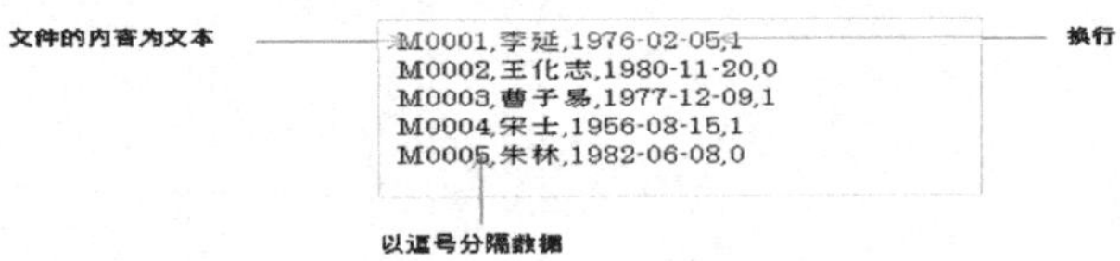

图 11-1　CSV 文件的形式

使用 MySQL 中提供的命令将上述 CSV 文件导入到对应的表中。CSV 文件的每一行数据中包含的数据项目（以逗号分隔）与表的列名一一对应，CSV 文件中的一行数据导入到表中后，就成为表中的一条记录，其导入机制如图 11-2 所示。

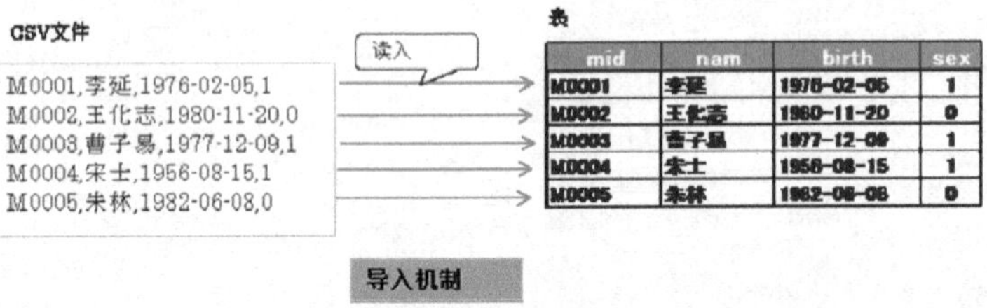

图 11-2　导入机制

11.1.2 导入数据文件

使用 LOAD DATA INFILE 命令来进行导入数据文件，其语法语法如下。

向数据库中导入数据文件	LOAD DATA INFILE 文件名 INTO TABLE 表名 选项;

除了 CSV 以外，还可以导入其他不以逗号作为分隔符的文本文件。可以指定［数据间的分隔符］、［换行字符］以及［从哪一行开始读取］等选项。指定选项部分的语法如下。

指定 LOAD DATA INFILE 命令中的数据形式的选项	FIELDS TERMINATED BY 分隔字符（默认为［\t］,即 tab 字符）
	LINES TERMINATED BY 换行字符（默认为［\n］）
	IGNORE 最初跳过的行 LINES(默认为 0)

现在我们为表 customer 准备了如表 11-1 所示的数据形式，这里因为是 CSV 文件，使用的是逗号［,］作为分隔符，因此最后的选项为［FIELDS TERMINATED BY ','］。

表 11-1　　CSV 文件 t.CSV

```
M0001,李延,1976-02-05,1
M0002,王化志,1980-11 20,0
M0003,曹子易,1977-12-09,1
M0004,宋十,1956-08-15,1
M0005,朱林,1982-06-08,0
```

另外，不管是在 Windows 操作系统中，还是在 UNIX 类型的操作系统中，数据文件的路径一律用［/］会更好。此时导入数据文件的 SQL 语句如下所示。

```
LOAD DATA INFILE 'C:/data/t.CSV' INTO TABLE customer FIELDS TERMINATED BY ',';
```

下面我们来看看具体的执行结果，首先在导入数据前检索一下表 customer 中的数据，导入命令执行完成后再检索一次，查看一下 CSV 数据文件的内容是否真的导入到表中。

```
mysql> select * from customer;
+-------+--------+------------+------+
| mid   | nam    | birth      | sex  |
+-------+--------+------------+------+
| G0001 | 周二胡 | 1975-04-18 | 0    |
| G0002 | 王玉枝 | 1980-09-09 | 1    |
| H0001 | 李加   | NULL       | 0    |
| N0001 | 小小   | 1980-11-23 | 1    |
| T0001 | 王二   | 1980-10-21 | 1    |
+-------+--------+------------+------+
5 rows in set (0.00 sec)
mysql> LOAD DATA INFILE 'C:/data/t.csv' INTO TABLE customer FIELDS TERMINATED BY
  ',';
Query OK, 5 rows affected (0.04 sec)
Records: 5  Deleted: 0  Skipped: 0  Warnings: 0
```

```
mysql> select * from customer;
+-------+--------+------------+------+
| mid   | nam    | birth      | sex  |
+-------+--------+------------+------+
| G0001 | 周二胡 | 1975-04-18 | 0    |
| G0002 | 王玉枝 | 1980-09-09 | 1    |
| H0001 | 李加   | NULL       | 0    |
| M0001 | 李延   | 1976-02-05 | 1    |
| M0002 | 王化志 | 1980-11-20 | 0    |
| M0003 | 曹子易 | 1977-12-09 | 1    |
| M0004 | 宋士   | 1956-08-15 | 1    |
| M0005 | 朱林   | 1982-06-08 | 0    |
| N0001 | 小小   | 1980-11-23 | 1    |
| T0001 | 王二   | 1980-10-21 | 1    |
+-------+--------+------------+------+
10 rows in set (0.00 sec)
```

我们可以清楚地看到文件 t.csv 中的数据已经成功地导入到表 customer 中。

将 CSV 文件导入到数据库中的技术，在不同种类的数据库中都是可以应用的，因此，掌握导入 CSV 文件的相关知识对使用数据库是很有好处的。

11.2 将表中数据以文本文件形式导出（export）

用户也可以将表中的数据以文本文件的形式提取出来。与导入数据相反，像这样将数据库表中的数据提取出来的动作，被称为导出（Export），如图 11-3 所示。

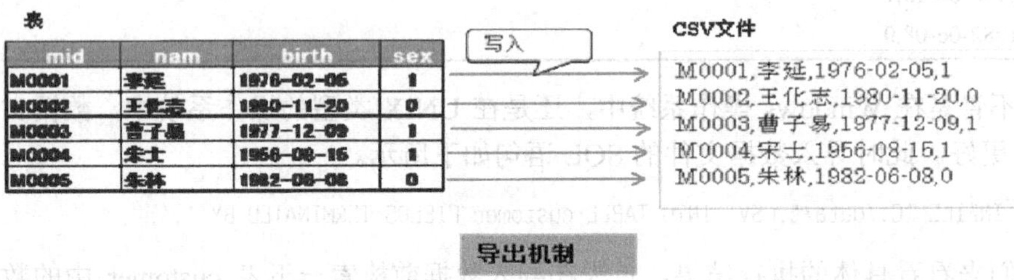

图 11-3 导出（Export）

导出的数据文件可以用到其他的数据库或系统中，或者可以作为必要时表数据的备份。导出数据的语法如下。

以文本文件的形式导出数据	SELECT * INTO OUTFILE 文件名 选项 FROM 表名;

其中［选项］部分定义导出文本的形式，与 11.1.2 中的语法完全相同，可以参照上文。

下面我们演示一下将表 customer 中的数据导出到目录［C:/data］下的文件 out.csv 中，具体的 SQL 语句如下。

```
SELECT * INTO OUTFILE 'C:/data/out.csv' FIELDS TERMINATED BY ',' FROM customer;
```

现在表 customer 中的数据如表 11-2 所示。

表 11-2　　表 customer 中的数据

mid	nam	birth	sex
G0001	周二胡	1975/4/18	0
G0002	王玉枝	1980/9/9	1
H0001	李加		0
N0001	小小	1980/11/23	1
T0001	王二	1980/10/21	1

执行结果如下。

```
mysql> select * from customer;
+-------+--------+------------+------+
| mid   | nam    | birth      | sex  |
+-------+--------+------------+------+
| G0001 | 周二胡 | 1975-04-18 | 0    |
| G0002 | 王玉枝 | 1980-09-09 | 1    |
| H0001 | 李加   | NULL       | 0    |
| N0001 | 小小   | 1980-11-23 | 1    |
| T0001 | 王二   | 1980-10-21 | 1    |
+-------+--------+------------+------+
5 rows in set (0.00 sec)
mysql> SELECT * INTO OUTFILE 'C:/data/out.csv' FIELDS TERMINATED BY ',' FROM cus
tomer;
Query OK, 5 rows affected (0.32 sec)
```

最后，我们查看一下目录［C:/data］中的文件 out.csv，如果文件 out.csv 的内容如表 11-3 所示，就意味着数据导出成功。

表 11-3　　导出文件 out.csv 中的数据

G0001,周二胡,1975-04-18,0
G0002,王玉枝,1980-09-09,1
H0001,李加　,\N　　,0
N0001,小小　,1980-11-23,1
T0001,王二　,1980-10-21,1

11.3 执行文件中保存的 SQL 命令系列

MySQL 提供了执行保存在文本文件中的系列 SQL 命令的功能。有了此功能，用户可事先在文本编辑器中编辑系列 SQL 命令，然后一次性执行，避免了在 MySQL 监视器窗口中逐行输入的麻烦。

11.3.1 在 MySQL 监视器中执行文件中保存的 SQL 命令系列

执行复杂又长的 SQL 语句时，一个字符一个字符地从键盘中输入的话，会很费时费力。遇到这种情况时，先将这些要执行的 SQL 语句按照顺序保存在文本文件中，然后一次性地在 MySQL 监视器窗口中执行，这样就能大大提高作业的效率。MySQL 数据库提供了一些语句，使得用户可以直接执行这些文件，并执行其中的系列命令。当然用户也可以一次性地从文件中复制出所有的 SQL 语句，然后再在 MySQL 监视器中执行它们。

用户可以在记事本等文本编辑器中编辑好所有的 SQL 命令，然后使用 SOURCE 命令执行它，具体的语法如下。

运行保存了 SQL 系列语句的文件	SOURCE　文本文件名

下面我们将［use home;］、［SELECT * FROM user;］、［SELECT * FROM product;］这 3 个命令保存到文件［C:\data\sql.txt］中，然后运行这个文件，具体的命令如下。

```
SOUCE C:\data\sql.txt;
```

执行结果如下。

```
mysql> SOURCE C:\data\sql.txt
Database changed
+-------+--------+------------------+--------+
| uid   | zip    | address          | name   |
+-------+--------+------------------+--------+
| u0001 | 210021 | 上海市古北区 112 弄| 李小明 |
| u0002 | 210041 | 上海市黄浦区 123 弄| 牛二   |
| u0011 | 210001 | 上海市黄浦区 215 号| 宋林   |
+-------+--------+------------------+--------+
3 rows in set (0.00 sec)

+-------+---------+--------+
| pid   | pname   | price  |
+-------+---------+--------+
| P0001 | 反光镜  |  305.0 |
| P0002 | 灯罩    |   32.0 |
| P0003 | 真皮后坐 | 3000.0 |
| P0004 | 胎      |  400.0 |
| P0005 | 充气筒  |   35.5 |
| P0006 | 蒙皮    |   49.9 |
| P0007 | 自行车  | 1000.0 |
| P0008 | 助力车  | 5000.0 |
| P0010 | 柴油    |   34.0 |
| P0011 | 1 号柴油 |   40.0 |
+-------+---------+--------+
10 rows in set (0.00 sec)
```

请注意 SOURCE 并非 SQL 命令，因此在命令行的最后不能以逗号［;］结束。

11.3.2　在命令行窗口中执行文件中保存的 SQL 命令系列

上一节中我们介绍了在 MySQL 监视器中运行保存了系列 SQL 命令的文件，其实我们完全不用启动 MySQL 监视器，可以直接在命令行窗口中运行这个保存了系列 SQL 命令的文本文件。

下面介绍如何在命令行窗口中不启动 MySQL 监视器而直接运行 SQL 文本文件的命令，具体的语法如下。

在命令行窗口中执行文件中保存的 SQL 命令系列	mysql 数据库名–u 用户名–p 密码–e "MySQL 监视器的命令"

使用了 [-e] 选项后，其后的命令需要使用双引号（""）括起来（而非单引号）。这里的"MySQL 监视器的命令"指的是可在 MySQL 监视器中运行的命令，这里指要运行保存了系列 SQL 命令的文本文件，具体的内容就是 [SOURCE C:\data\sql.txt]。另外，请注意在 [–p 密码] [–e] ["MySQL 监视器的命令"] 之间加入空格。

下面我们来运行上一节生成的文本文件 [C:\data\sql.txt]，因为在文件中已经有了 [USE home;] 命令了，可以省略上述命令中的 [数据库名]，执行结果如下。

```
C:\Users\user>mysql -uroot -p518 -e "SOURCE C:\data\sql.txt"
+-------+--------+----------------------+---------+
| uid   | zip    | address              | name    |
+-------+--------+----------------------+---------+
| u0001 | 210021 | 上海市古北区 112 弄  | 李小明  |
| u0002 | 210041 | 上海市黄浦区 123 弄  | 牛二    |
| u0011 | 210001 | 上海市黄浦区 215 号  | 宋林    |
+-------+--------+----------------------+---------+
+-------+------------+---------+
| pid   | pname      | price   |
+-------+------------+---------+
| P0001 | 反光镜     |  305.0  |
| P0002 | 灯罩       |   32.0  |
| P0003 | 真皮后坐   | 3000.0  |
| P0004 | 胎         |  400.0  |
| P0005 | 充气筒     |   35.5  |
| P0006 | 蒙皮       |   49.9  |
| P0007 | 自行车     | 1000.0  |
| P0008 | 助力车     | 5000.0  |
| P0010 | 柴油       |   34.0  |
| P0011 | 1 号柴油   |   40.0  |
+-------+------------+---------+

C:\Users\user>
```

知识专栏

将 SQL 命令以批处理方式运行

在 Windows 环境中，将在命令行窗口运行的命令，保存在扩展名为 [.bat] 的批处理（batch）文件中，然后再执行时会很方便。因为不用启动命令行窗口了，只要设置了指向保存了 MySQL 的可执行文件的路径（ ...MySQL Server 5.x\bin），在任何地方都能通过批处理文件对 MySQL 进行操作。

例如，对于上一节中将表数据保存为文本文件的操作来说，如果我们制作了批处理文件，只用在双击一下批处理文件，我们随时都可以将表中的数据保存下来。

将数据库 [home] 中的表 customer 中的数据保存到文本文件 [C:\data\out.csv] 中的批处理文件 [out_file.bat] 的具体内容如下（命令不可换行）。

mysql　home　–uroot　–p518　–e　"SELECT　*　INTO　OUTFILE　'C:/data/out.csv'　FIELDS TERMINATED BY ',' FROM customer"

11.4 文件中保存 SQL 的执行结果

在 MySQL 监视器中既可以显示输入的命令，又可将执行结果显示出来。所以，用户可以从界面中显示的执行结果中获得信息，如果想再次使用这些执行结果，可以以数据的形式保存到文件中。本节介绍两种将 SQL 的执行结果保存到文件中的方法，即［在 MySQL 监视器中使用 tee 命令］以及［使用重定向，将结果输出到文件中］。

11.4.1 使用重定向将 SQL 语句的执行结果输出到文本文件中

在计算机中，通常是输入一些数据后，然后将处理结果输出。这个时候，通常键盘作为输入设备，而显示器会作为输出设备。像键盘这样的输入设备被称为**标准输入**，相应的显示器被称为**标准输出**。

这个［标准输入］以及［标准输出］设备是可以变更的，这个变更操作就是重定向（redirect）。重定向是 Windows 以及 Linux 等 OS 具有的功能，进行重定向时，将改变输入输出的设备时，使用［>］等符号。

例如，Windows 命令行中的［dir］（Linux 环境中为 ls）命令显示当前目录下的所有文件及目录。

```
C:\Users\user 的目录

2010/05/24  14:38    <DIR>          .
2010/05/24  14:38    <DIR>          ..
2010/07/23  10:13    <DIR>          Contacts
2010/09/06  22:18    <DIR>          Desktop
2010/08/12  17:34    <DIR>          Documents
2010/08/28  11:07    <DIR>          Downloads
2010/09/08  12:11    <DIR>          Favorites
2009/10/22  00:46    <DIR>          Library
2009/07/24  16:37    <DIR>          Links
2009/08/12  15:34    <DIR>          Music
2010/06/21  10:36    <DIR>          Pictures
2006/12/09  14:20    <DIR>          Saved Games
2009/07/24  16:37    <DIR>          Searches
2010/09/27  11:02    <DIR>          Tracing
2009/09/10  14:20    <DIR>          Videos
2009/12/27  22:02    <DIR>          workspace
2010/05/24  14:38    <DIR>          YouTubeTo3GP.files
2010/05/24  14:38             4,562 YouTubeTo3GP.htm
```

```
        1 个文件              4,562 字节
       17 个目录  11,568,164,864 可用字节
```

上面是将［dir］命令的结果输出到显示器这个标准输出中，这里使用重定向可将结果输出到非标准输出即文件［out.txt］中，具体命令如下。

```
dir > out.txt
```

执行结果如下。

```
C:\Users\user>dir > out.txt
```

我们可以使用［TYPE］命令（即 TYPE out.txt）查看一下 out.txt 文件中的内容，看一看 out.txt 文件中保存的内容是否与标准输出设备中显示的内容相符。

```
C:\Users\user>TYPE out.txt
…
C:\Users\user 的目录

2010/05/24  14:38    <DIR>          .
2010/05/24  14:38    <DIR>          ..
2010/07/23  10:13    <DIR>          Contacts
2010/09/06  22:18    <DIR>          Desktop
2010/08/12  17:34    <DIR>          Documents
2010/08/28  11:07    <DIR>          Downloads
2010/09/08  12:11    <DIR>          Favorites
2009/10/22  00:46    <DIR>          Library
2009/07/24  16:37    <DIR>          Links
2009/08/12  15:34    <DIR>          Music
2010/06/21  10:36    <DIR>          Pictures
2006/12/09  14:20    <DIR>          Saved Games
2009/07/24  16:37    <DIR>          Searches
2010/09/27  11:02    <DIR>          Tracing
2009/09/10  14:20    <DIR>          Videos
2009/12/27  22:02    <DIR>          workspace
2010/05/24  14:38    <DIR>          YouTubeTo3GP.files
2010/05/24  14:38             4,562 YouTubeTo3GP.htm
               1 个文件          4,562 字节
              17 个目录  11,568,164,864 可用字节
```

下面我们介绍一下在 MySQL 监视器中使用重定向的方法。通常我们使用以下命令来启动 MySQL 监视器。

```
mysql -u root -p518
```

可以将上述命令转化为使用重定向，从而将执行结果保存到文件中。具体我们可以使用以下命令。

```
mysql -u root -p518 > log.txt
```

这样在启动 MySQL 监视器后，SQL 语句的执行结果就不会显示在界面中，都输出到重定向时指定的文件 log.txt 中。因为界面上没有任何显示，所示最好不要运行结果不可预测的 SQL 语句。

下面我们一次性执行以下 3 个 SQL 语句，最后使用［TYPE］命令来查看一下 log.txt 文件中的

内容。

```
USE home;
SELECT * FROM customer;
EXIT
```

执行结果如下。

```
C:\Users\user>mysql -u root -p518 > log.txt
USE home;
SELECT * FROM customer;
EXIT

C:\Users\user>TYPE log.txt
mid     nam     birth   sex
G0001   周二胡  1975-04-18      0
G0002   王玉枝  1980-09-09      1
H0001   李加    NULL    0
N0001   小小    1980-11-23      1
T0001   王二    1980-10-21      1
```

尽管因为界面上不显示任何结果信息，操作起来不是很方便，但是，我们可以通过这种方式将 SQL 语句的执行结果保存到文本文件中。

如果不习惯这种不能显示任何结果信息的操作方式，也可以采取将系列 SQL 语句写入文件的方式来一次性运行。例如，我们将上面的 3 个 SQL 语句保存到文件 sql.txt 中，然后执行如下命令，也可以到达相同的效果。

```
mysql -u root -p518 -e "SOURCE C:/data/sql.txt" > log.txt
```

11.4.2 使用 tee 命令将 SQL 语句的执行结果保存到文件中

在 MySQL 监视器中使用 tee 命令，也可以将 SQL 语句的执行结果保存到文本文件中。在 MySQL 监视器中执行 tee 命令的具体语法如下。

将执行结果保存到文件中	tee 输出的文件名;

例如，要将执行结果保存到文件 log1.txt 中，具体的命令如下。

```
tee log1.txt;
```

下面运行与上一节相同的 SQL 语句，最后查看一下文件 log1.txt 中是否已经保存了所有的执行结果。

```
mysql> tee log1.txt;
Logging to file 'log1.txt'
mysql> USE home;
Database changed
mysql> SELECT * FROM customer;
+-------+--------+------------+------+
| mid   | nam    | birth      | sex  |
+-------+--------+------------+------+
```

```
| G0001 | 周二胡 | 1975-04-18 | 0    |
| G0002 | 王玉枝 | 1980-09-09 | 1    |
| H0001 | 李加   | NULL       | 0    |
| N0001 | 小小   | 1980-11-23 | 1    |
| T0001 | 王二   | 1980-10-21 | 1    |
+-------+--------+------------+------+
5 rows in set (0.66 sec)

mysql> notee
Outfile disabled.
mysql> EXIT
Bye

C:\Users\user>TYPE log1.txt
mysql> USE home;
Database changed
mysql> SELECT * FROM customer;
+-------+--------+------------+------+
| mid   | nam    | birth      | sex  |
+-------+--------+------------+------+
| G0001 | 周二胡 | 1975-04-18 | 0    |
| G0002 | 王玉枝 | 1980-09-09 | 1    |
| H0001 | 李加   | NULL       | 0    |
| N0001 | 小小   | 1980-11-23 | 1    |
| T0001 | 王二   | 1980-10-21 | 1    |
+-------+--------+------------+------+
5 rows in set (0.66 sec)

mysql> notee
```

这样，我们就可以将 tee 与 notee 命令之间执行的 SQL 语句的执行结果一字不漏地保存到文件 log1.txt 中。然后，我们可以从保存好的文本文件中选择需要的信息，复制并应用到其他系统或者应用程序中。

11.5 数据库整体的备份与恢复

为了保证数据库的安全，通常需要定时对数据库进行备份。一旦数据库出现故障，就可以利用最新的备份将数据库恢复到故障前的状态。本节将介绍数据库整体备份与恢复的方法。

11.5.1 备份与恢复的方法

数据库的设置、表与列的定义以及数据等，所有的数据库信息都可以输出到文件中。将数据库整体保存到文件中的操作被称为**转储**（dump）。使用转储文件，可以在其他的服务器中构建从结构到数据完全相同的数据库，也可以作为以防原数据库出现问题时的备份。

图 11-4 显示了转储文件使用的原理。先将数据库 1 转储到转储文件中，然后可使用此转储文件复制到数据库 2 中；当数据库 1 出现故障需要恢复时，就可以使用转储文件恢复数据库 1。

对 MySQL 数据库进行转储操作时，可以在命令行窗口中使用 mysqldump 命令。mysqldump 命令会将数据库结构与数据都以 SQL 语句的形式输出到文件中。也就是说，在输出的文件中会出现［CREATE TABLE］这样的创建表语句，以及［INSERT INTO］这样的数据插入语句。

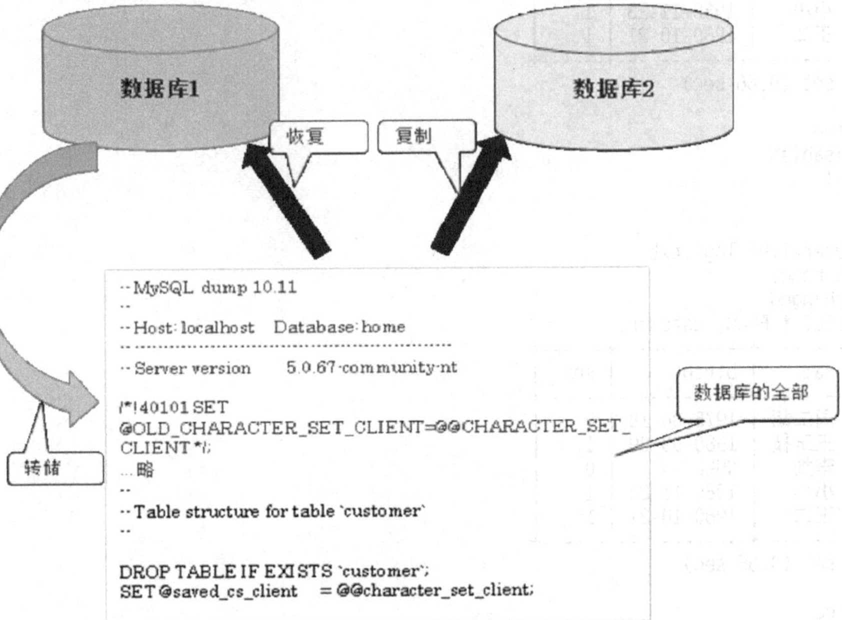

图 11-4 转储

由转储操作生成的信息，都是些单纯的 SQL 语句组成的文本，从这些文本中可以读取数据库所有的信息，可以说转储的输出就是数据库本身，因此在使用及保存这些转储文件时要十分慎重。

相反，将转储文本文件还原成数据库的操作被称为**恢复**（restore）。恢复意味着从零开始创建数据库，使用转储文件的方法很简单，其实前面已经学习过了。就是将这些集合了 SQL 语句的文本文件重定向到 mysql 命令中，详见后面章节的内容。

11.5.2 使用 mysqldump 命令对数据库进行转储

下面我们介绍一下如何使用 mysqldump 命令将数据库 home 转储到文件中。在这里我们通过将 mysqldump 命令的执行结果重定向到文件中来实现转储，具体的语法如下。

转储数据库	mysqldump –u 用户名 –p 密码 数据库名 > 输出文件名

实际将数据库 home 转储到文件 home_out.txt 中的命令如下。

```
mysqldump -u root -p518 home > home_out.txt
```

执行此命令时多少会花费一定的时间，最后我们可以使用文本编辑器或者使用［TYPE home_out.txt］来查看一下生成的转储文件。

```
C:\tiger>mysqldump -u root -p518 home > home_out.txt

C:\tiger>TYPE home_out.txt
-- MySQL dump 10.11
--
-- Host: localhost    Database: home
-- ------------------------------------------------------
-- Server version      5.0.67-community-nt

/*!40101 SET @OLD_CHARACTER_SET_CLIENT=@@CHARACTER_SET_CLIENT */;
......
--
-- Table structure for table `customer`
--

DROP TABLE IF EXISTS `customer`;
SET @saved_cs_client     = @@character_set_client;
SET character_set_client = utf8;
…略
```

文件的开始有以［--］开始的行，或者有［/*］与［*/］包括起来的行，这些都是转储文件的注释部分，而［DROP TABLE］或者［CREATE TABLE］才是正文。

如果出现了转储失败的情况，请尝试一下在命令的最后加上［--default-character-set=utf8］这样的字符编码选项，这样原来的命令就变为［mysqldump -u root -p518 home > home_out.txt --default-character-set=utf8］。

11.5.3　使用转储文件进行数据库恢复

在命令行窗口中，我们使用重定向命令来将转储文本文件恢复到数据库中。使用转储文件进行数据库恢复操作时，必须事先存在接受数据信息的数据库。因此，在其他的服务器中恢复数据库之前，必须要首先创建数据库。

下面我们演示一下如何将数据库 home 完全复制到数据库 home1 中。我们首先要使用 mysqladmin 命令来创建数据库 home1，其次对 mysql 命令使用输入重定向来恢复数据库，具体的命令如下。

```
mysqladmin -u root -p518 CREATE home1
mysql -u root -p518 home1 < home_out.txt
```

执行结果如下。

```
C:\tiger>mysqladmin -u root -p518 CREATE home1

C:\tiger>mysql -u root -p518 home1 < home_out.txt

C:\tiger>mysql -u root -p
Enter password: ***
Welcome to the MySQL monitor.  Commands end with ; or \g.
Your MySQL connection id is 7
Server version: 5.0.67-community-nt MySQL Community Edition (GPL)
```

```
Type 'help;' or '\h' for help. Type '\c' to clear the buffer.

mysql> USE home1
Database changed
mysql> SELECT * FROM employee\G
*************************** 1. row ***************************
         eid: 1
       fname: 度
       lname: 王
fname_pinyin: du
lname_pinyin: wang
      depart: IT部
       birth: 1982-10-11 00:00:00
         sex: 1
……
```

最后我们使用检索语句查看了其中一个表 employee 的数据，可以确认数据库已经被成功复制。

如果在数据库复制或恢复过程出现了错误，那么字符编码不匹配可能是主要的原因之一，这时候，建议用户最好在转储操作以及恢复操作时都加上字符编码选项，即相关命令将变成以下形式（此处使用的 UFT8，请仔细确认您所使用的环境的字符编码）。

```
mysqladmin -u root -p518 home > home_out.txt --default-character-set=utf8

mysqladmin -u root -p518 CREATE home1

mysql -u root -p518 home1 < home_out.txt --default-character-set=utf8
```

第 3 部分 实例篇

在这一部分中，我们首先介绍了 MySQL+PHP 的运行环境，PHP 被认为是最适合与 MySQL 数据库结合开发应用程序的程序语言，然后介绍了两个使用 PHP 语言编写的综合实例，让您实际体会一下如何利用 MySQL 数据库开发应用程序。其中第 15 章使用大量的篇幅介绍了如何使用 MySQL 数据库开发如 Facebook、mixi 一样的 SNS 网站（社交网站）。详细讨论了如何进行 SNS 网站的系统设计、数据库设计，并分析和说明了主要功能的源代码（源代码中贯穿了详细的文字解说）。

第 12 章　MySQL+PHP 的运行环境

上文中我们已经介绍了 MySQL 数据库的配置，而本章则要介绍一下 PHP 运行环境的配置，结合起来就构成了下一章网络留言社区的运行环境了。

具体的安装方法和配置步骤，将按照 Linux 与 Windows 操作系统分别进行说明。

12.1 Linux 环境中的基本配置

本书所用的 Linux 环境是以 Red Hat Enterprise Linux AS（2.6.9-42.EL）为基础的，当采用不同的版本时，步骤与文件的路径可能会有不同，请务必注意。

12.1.1 Apache 服务器的安装方法

Apache 服务器的安装可以分为用 RPM 包进行安装和用源代码进行安装这两种安装形式，这里仅介绍用源代码进行安装的步骤。

1. 下载 Apache 的源代码 httpd-2.2.15.tar.gz

最新的源代码可以从 http://httpd.apache.org/download.cgi 下载。Apache 经常进行版本的升级，进行环境配置前建议下载其最新的版本。

假设将所有安装文件放置在/downloads 目录下（下同），可以进入此目录后，执行下载命令下载最新的版本。下面列出了从建立/downloads 目录到最后下载的命令。

建立/downloads 目录，给目录赋予合适的权限：

```
shell> mkdir /downloads
shell> chown -R root:root /downloads
shell> chmod -R 774 /downloads
```

下载最新的 Apache 源代码：

```
shell> cd /downloads
shell> wget http://www.meisei-u.ac.jp/mirror/apache/dist/httpd/httpd-2.2.15.tar.gz
```

2. 编译与安装

使用 tar 命令进行包 httpd-2.2.15.tar.gz 的解压缩。

```
shell> tar zxvf httpd-2.2.15.tar.gz
```

解压后，会根据版本号创建相应的目录，移动到代码目录，设定编译条件。

```
shell> cd httpd-2.2.15/
shell> ./configure --prefix=/usr/local/apache --enable-so --enable-rewrite
```

注意：apache 1.3.* 与 apache 2.*.* 不同，可以用./configure --help 进行查看。

其中--prefix 选项是设置 Apache 的安装目录。“--enable-so”与“--enable-rewrite”选项的作用是，分别将 DSO 扩展模块、Rewrite 引擎设置为有效。

configure 命令成功后，就可以以管理者权限来进行安装作业了。

```
shell> make
shell> su
shell> make install
```

根据环境的不同，安装过程可能要花费几分钟到十几分钟。如果到处理结束都没有出现错误的话，那么说明 Apache 服务器成功安装了。

3. 启动 Apache

使用下述 apachectl 命令启动 Apache 服务器：

```
shell> /usr/local/apache/bin/apachectl start
```

但是，这个时候，请一定要确认 80 端口是否已被其他 Web 服务占用。如果已被占用，则 Apache 服务器将无法正确启动。

4. Apache 服务器的动作确认

在进行 Apache 服务器的动作确认的同时，要在浏览器显示一下 Apache 默认的首页。Apache 的默认首页中可以使用 http：//（主机名或 IP 地址）/或 http：//localhost/来进行确认。

正常安装的情况下，会显示如图 12-1 所示的网页。

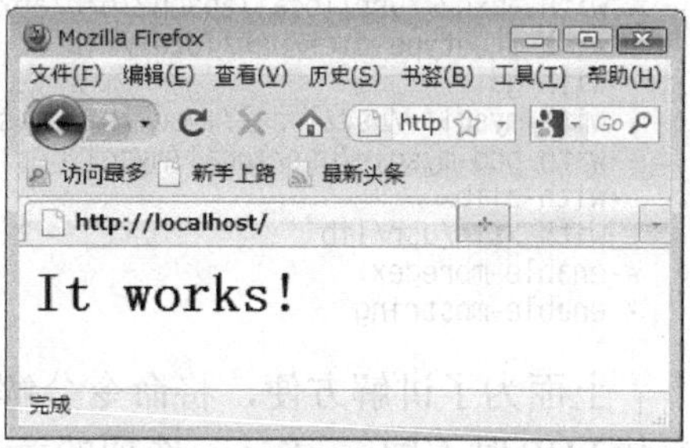

图 12-1　设置成功后显示的网页

另外，想中止 Apache 服务器或想重新启动 Apache 服务器时，请使用如下的命令。后面，在进行修改配置文件 httpd.conf 或 php.ini 时，请务必重新启动 Apache 服务器。

```
shell> /usr/local/apache/bin/apachectl restart     重新启动
shell> /usr/local/apache/bin/apachectl stop        停止
```

12.1.2 PHP 的安装方法

对 PHP 来说，有在安装时静态地组装必要的扩展模块的方法，也有安装后动态地组装模块的方法。后者是从 PHP 4 开始才提供的功能，能将动作模块限制在最小范围，在扩展功能时不用再编译 PHP 等优点。但是，本书中已经选定了从最初开始就需要的模块，并在安装时静态地组装这些模块。

- 下载 PHP 的源代码 php-5.2.9.tar.gz。

可以在浏览器的地址栏中输入地址 http://www.php.net/downloads.php，然后点击网页中的下载链接直接下载最新的源代码。PHP 经常会进行版本的升级，建议用户在进行环境配置前下载最新的 PHP 版本。

- 下载 PHP 源代码。在这种下载方式中，我们使用了 Linux 中的下载工具 wget 进行下载，关于 wget 工具可以参考 Linux/UNIX 的相关文档。

```
shell> cd /downloads
shell>wget http://cn2.php.net/get/php-5.2.9.tar.gz/from/cn.php.net/mirror
```

1. 编译与安装

使用 tar 命令对 php-5.2.9.tar.gz 包进行解压缩。

```
shell> tar zxvf php-5.2.9.tar.gz
```

解压后，会根据版本号创建相应的目录，移动到代码目录，再设定编译条件。

```
shell> cd php-5.2.9
shell> ./configure
--with-apxs2=/usr/local/apach2/bin/apxs
--with-freetype-dir=/usr/local/lib
--with-gd
--with-mysqli=/usr/local/mysql/bin/mysql_config
--with-pdo-mysql=/usr/local/mysql
--with-zlib
--with-xsl=/usr/lib
--enable-mbregex
--enable-mbstring
```

上面为了讲解方便，将命令分解成多行，在执行时必须作为一行来执行。表 12-1 说明了安装 PHP 时不同 configure 选项的意义。

表 12-1　PHP 安装时的 configure 选项

选　　项	说　　明
--with-apxs2=[FILE]	构筑 Apache 的共有模块
--with-freetype-dir=[DIR]	使 freeType2 有效

续表

选　项	说　明
--with-gd	使 GD 支持有效
--with-mysqli=[DIR]	使 MySQLi 支持有效
--with-pdo-mysql=[DIR]	使 PDO 的 MySQLi 支持有效
--with-zlib=[DIR]	使 Zlib 支持有效
--with-xsl=[DIR]	使 XSL 支持有效
--enable-mbregex	使多字节正则表达支持有效
--enable-mbstring	使多字节文字支持有效

configure 命令成功后，利用管理者权限进行安装作业。

```
shell> make
shell> su
shell> make install
```

根据环境的不同，安装过程可能要花费几分钟到十几分钟。如果到处理结束都没有出现错误的话，则说明 PHP 被成功安装了。

2. 编辑设置文件 php.ini

复制 PHP 配置文件。

```
shell> cp php.ini-dist /usr/local/lib/php.ini
```

下面设置运行本书实例所必需的参数。如果设置了不同的参数，应用程序可能不能正常运行，请务必注意。

```
doc_root ="/usr/local/apache2/htdocs"        （文档的根目录）
extension_dir ="/usr/local/lib/php/ext"        （扩展模块的保存目录）
include_path = ".:/usr/local/include/php:/usr/local/lib/php"   （包含文件路径）
output_buffering = On                          （将 buffering 功能设置为 ON）
output_handler =mb_output_handler              （设置输出 handler）
default_charset = UTF-8                        （设置输出的文字代码）
iconv.internal_encoding = UTF-8                （iconv 中使用的内部文字代码）
mbstring.language = Chinese                    （默认语言）
mbstring.internal_encoding = UTF-8             （mbstring 中使用的内部文字代码）
mbstring.http_input = auto                     （HTTP 的输入文字代码）
mbstring.http_output = UTF-8                   （HTTP 的输出文字代码）
mbstring.encoding_translation = On             （使输入文字代码的变换有效）
mbstring.detect_order = auto                   （检测文字代码的优先顺）
mbstring.substitute_character = auto           （代替文字）
mbstring.strict_encoding = UTF-8               （源代码的文字代码）
```

注意：php.ini 可以从本书支持网站中下载，文件名为 php-linux.ini。

根据设定项目的不同，在配置文件中有的使用“;”将其注释掉了。在实际编辑时，使用编辑器的检索功能，解除注释，编辑后面的值。

知识专栏

参考 php.ini 模板

在 PHP 中，除了 php.ini-dist 外，还准备了有名为 php.ini-recommended 的 php.ini 模板。正如文件名称所示，是被推荐（recommended）在实际运用时使用的模板，因其是重视安全的设置文件，不适合在开发/学习阶段使用。在开发阶段使用 php.ini-dist，然后在掌握了其中大部分设置后，再在运用环境中使用 php.ini-recommended。

3. 编辑 Apache 服务器的设置文件 httpd.conf

修改/usr/local/apache2/httpd.conf（行号只是大概，根据使用的 PHP 版本的不同会有所不同）。

```
336 AddType application/x-httpd-php .php
```

这样就可以在 Apache 服务器上使用 PHP 了。修改 httpd.conf 后请务必重启 Apache 服务器。

4. 启动（再启动）Apache

php.ini 和 httpd.conf 被修改后，必须重新启动 Apache 服务器。

```
shell> /usr/local/apache2/bin/apachectl restart
```

5. 在浏览器中确认 PHP 的动作

要确认 Apache 与 PHP 的整合效果，可以在 Apache 的公开目录（/usr/local/apache2/htdocs）中准备如下的脚本、文件名等，后缀必须是[.php]，此处命名为 phpinfo.php。

```
<?php phpinfo(); ?>
```

phpinfo 是确认 PHP 状态（设置状况）时使用的命令。可以用于确认 php.ini 的设置内容是否被认识、扩展模块是否变为有效等。例如，在确认本地设置状况时，访问网址 http://localhost/phpinfo.php 即可。

图 12-2 是网页所显示的内容。

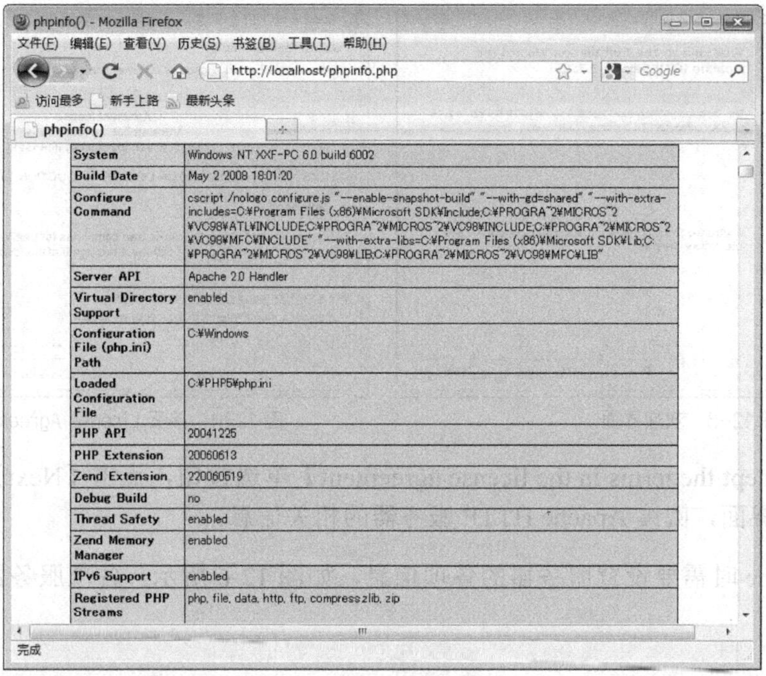

图 12-2　显示结果

12.2 Windows 环境中的基本配置

本节以 Windows Vista 环境为前提来介绍 PHP+MySQL 环境设置的详细步骤。由于 Windows 版本的不同时，设置步骤或路径亦或有所不同，请务必注意。

12.2.1　安装 Apache 服务器

在 Windows 操作系统中，通常使用【Microsoft Windows Installer】(后缀为.msi) 进行 Apache 服务器的安装。

1. 下载 Apache 的安装程序 httpd-2.2.15-win32-x86-no_ssl.msi

首先可以从 http://httpd.apache.org/网站下载最新版本的安装程序。Apache 经常进行版本的升级，建议用户在进行环境配置前下载最新的版本。

2. 执行安装程序

双击下载的安装程序，打开如图 12-3 所示的欢迎界面。点击【Next】按钮，显示如图 12-4 所示的 License Agreement 界面。

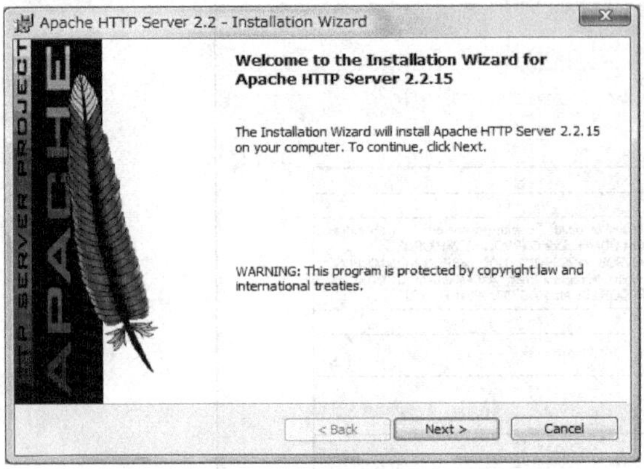

图 12-3 欢迎界面

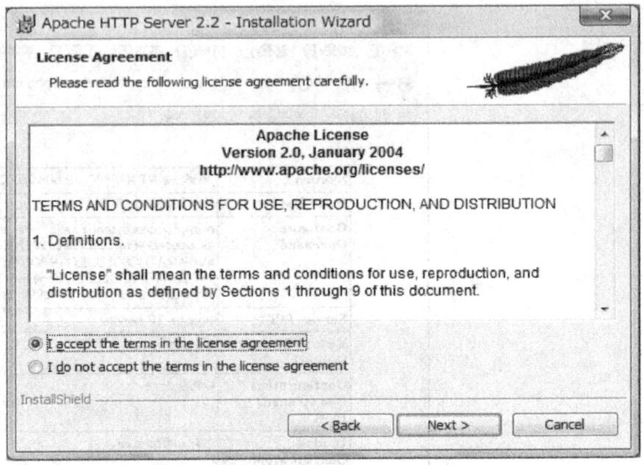

图 12-4 接受 License Agreement 中的条款

选择【I accept the terms in the license agreement】单选按钮，点击【Next】按钮，显示如图 12-4 所示的界面，阅读 Apache HTTP 服务器的相关信息。

安装 Apache 时需要设置服务器的各项信息，如图 12-6 所示，各项服务器信息的说明如表 12-2 所示。

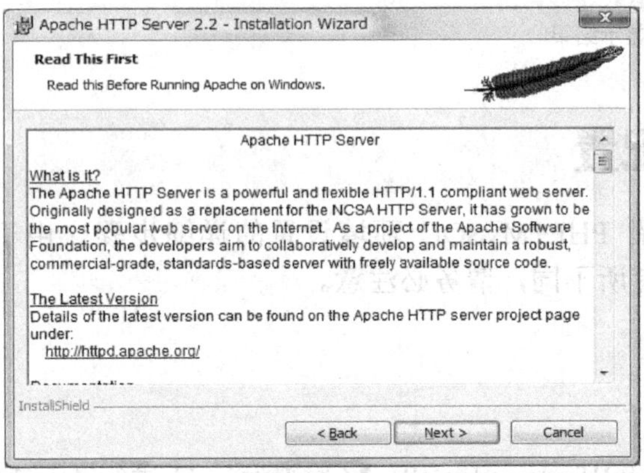

图 12-5 Apache HTTP 服务器信息

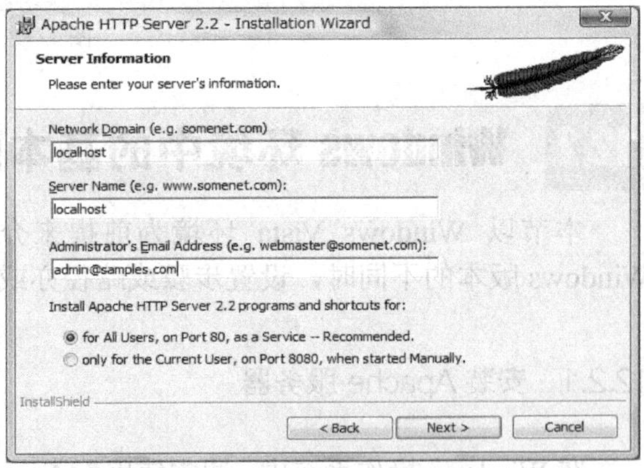

图 12-6 设置服务器各项信息

表 12-2 安装 Apache 时的设置服务器信息

服务器信息	说　明
Network Domain	服务器的 domain 名
Server Name	www 服务器名
Administrator's Email Address	管理者的邮件地址
Install Apache httpd Server programs and shortcuts for	Apache 是以服务的形式常驻

如果不公开使用的服务器主机，没有 domain 名的情况下，将 Domain 与 Server Name 设置为[localhost]，其中[localhost]表示本地的 PC。

此时，安装 Apache 时需要选择如表 12-3 所示的安装类型，如图 12-7 所示。

表 12-3　　安装 Apache 时选择安装类型

安装类型	说　明
Typical	典型安装。安装基本的模块（推荐）
Custom	定制安装。可自由的选择各个模块

选择安装目录，默认的安装目录为[C:\Program Files\Apache Software Foundation\Apache 2.2]，如图 12-8 所示，根据环境的不同，可以自由地变更。点击【Next】按钮，打开如图 12-9 所示的界面，点击【Install】按钮开始进行安装，安装完成后显示如图 12-10 所示的界面。

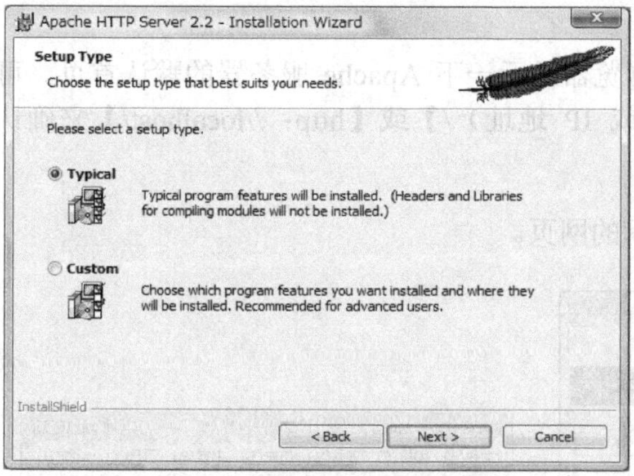

图 12-7　选择安装类型

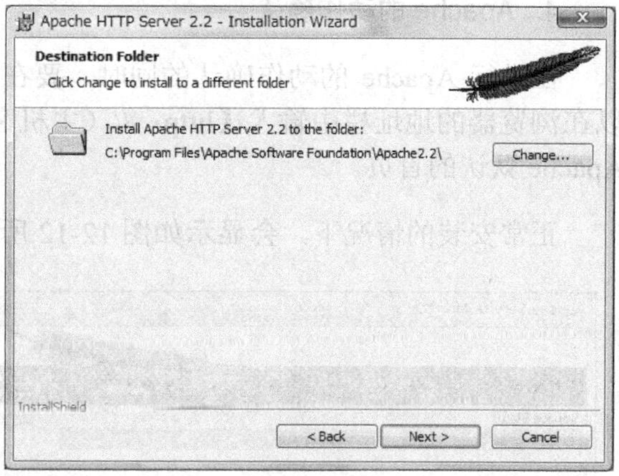

图 12-8　选择安装目录

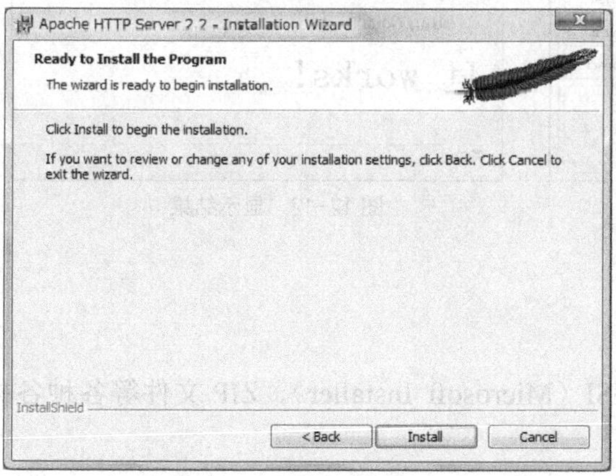

图 12-9　准备进行安装

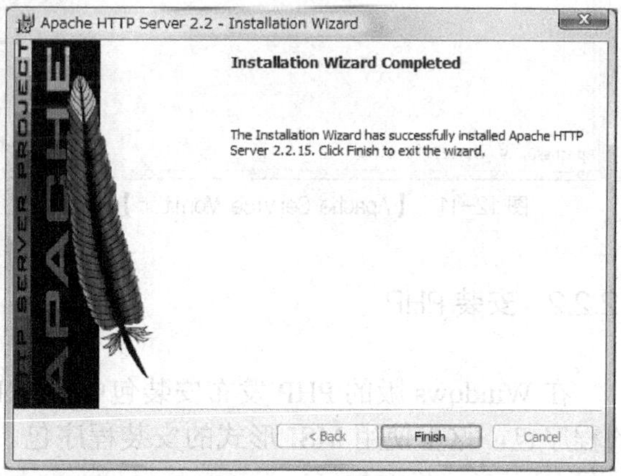

图 12-10　完成安装

3. 启动 Apache 服务器

安装完成后，在屏幕的右下方任务条中已经启动了【Apache Service Monitor】，请确认绿色的按钮是否高亮显示。双击任务条中的绿色按钮，就会打开如图 12-11 所示的【Apache Service Monitor】对话框。

如果显示的是红色按钮，则点击【Start】按钮即可启动 Apache 服务器。如果后面修改了设置文件 httpd.conf 或 php.ini，点击【Restart】按钮就可以重新启动 Apache 服务器。点击【Stop】按钮停止 Apache 服务器。

另外，如果【Apache Service Monitor】没有启动，可以在【开始】菜单中选择【应用程序】→【Apache HTTP Service 2.2】→【Apache Service Monitor】启动它。如果启动了 Windows 标准的 Web 服务器 IIS（Internet Information Services）的情况下，需要事先停止它。

4. Apache 的动作确认

在进行 Apache 的动作确认的同时，要在浏览器显示一下 Apache 服务器的默认首页。可以在浏览器的地址栏中输入【http：//（主机名或 IP 地址）/】或【http：//localhost/】来确认 Apache 默认的首页。

正常安装的情况下，会显示如图 12-12 所示的网页。

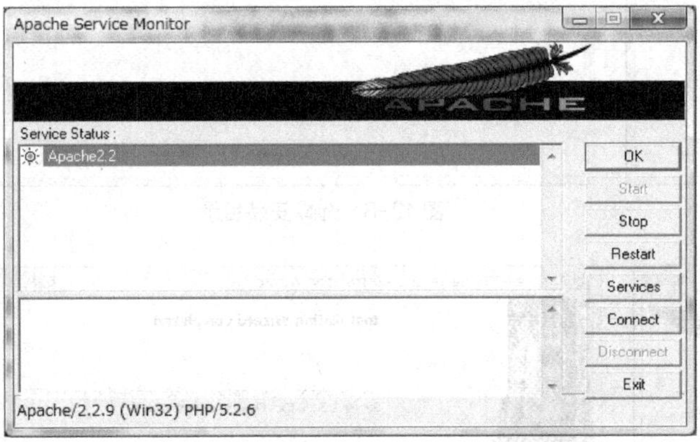

图 12-11 【Apache Service Monitor】对话框

图 12-12 显示结果

12.2.2 安装 PHP

在 Windows 版的 PHP 发布安装包中，有 MSI（Microsoft Installer）、ZIP 文件等各种各样的程序包，这里使用 MSI 形式的安装程序包。

1. 下载 PHP 的二进制文件 php-5.2.13-win32-installer.msi

可以从 http：//www.php.net/downloads.php 下载最新的安装程序。MySQL 经常进行版本的升级，进行环境配置前建议下载其最新的版本。

2. 执行安装 PHP 程序

双击已下载的安装程序，打开如图 12-13 所示的欢迎安装界面。点击【Next】按钮，进入如图 12-14 所示的界面，选中【I accept the terms in the License Agreement】复选框，点击【Next】按钮。

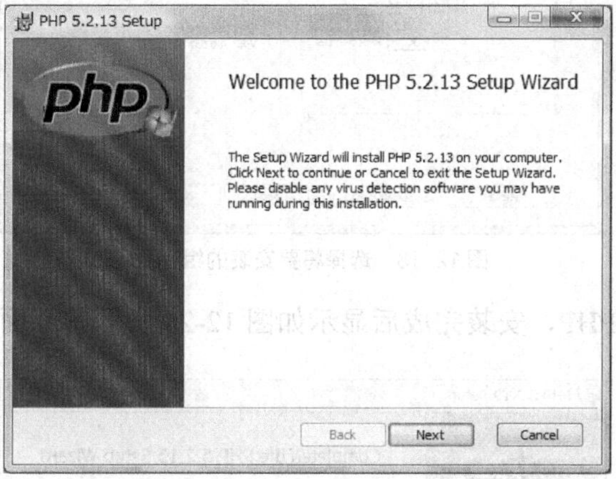

图 12-13　PHP 安装的欢迎界面

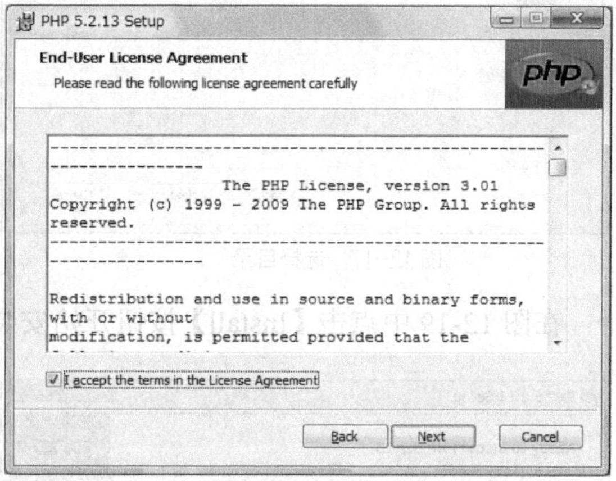

图 12-14　接受 License Agreement 中的条款

进入如图 12-15 所示的界面，可以根据用户自己的环境选择安装目录，这里将安装目录改为【C:\PHP5\】。点击【Next】按钮，进入如图 12 16 所示的界面，这里可以选择使用的 Apache 服务器的版本。

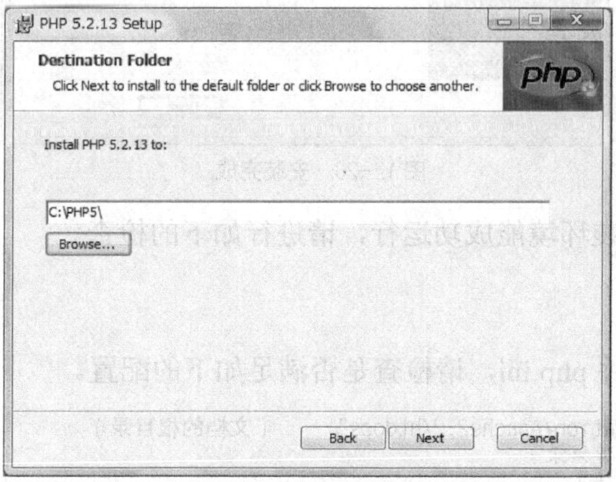

图 12-15　选择安装目录

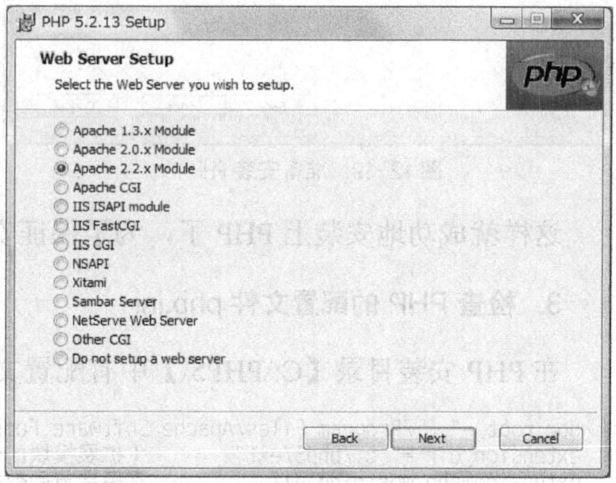

图 12-16　选择要设置的 Web 服务器

点击【Next】按钮，进入如图 12-17 所示的界面，这里可以选择选择 Apache 服务器的配置文件所在的目录，点击【Next】按钮，进入如图 12-18 所示的界面，在此处选择需要安装的组件。

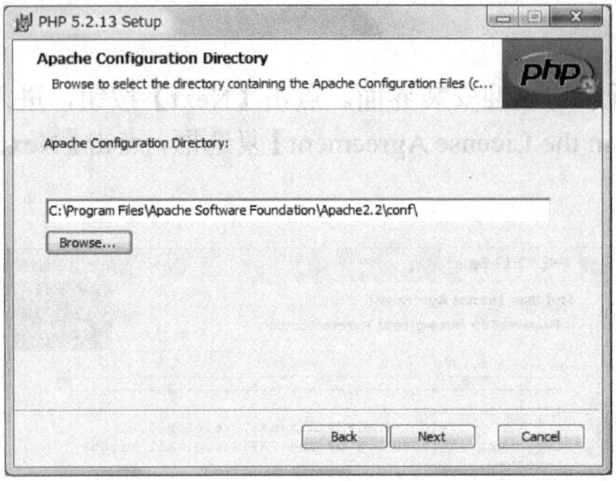

图 12-17　选择目录

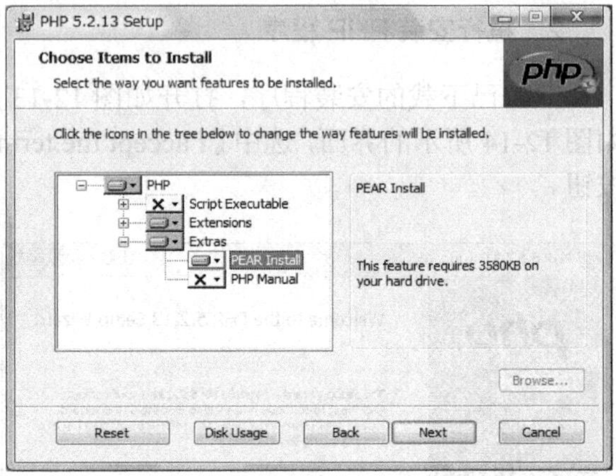

图 12-18　选择将要安装的组件

在图 12-19 中点击【Install】按钮开始安装 PHP，安装完成后显示如图 12-20 所示的界面。

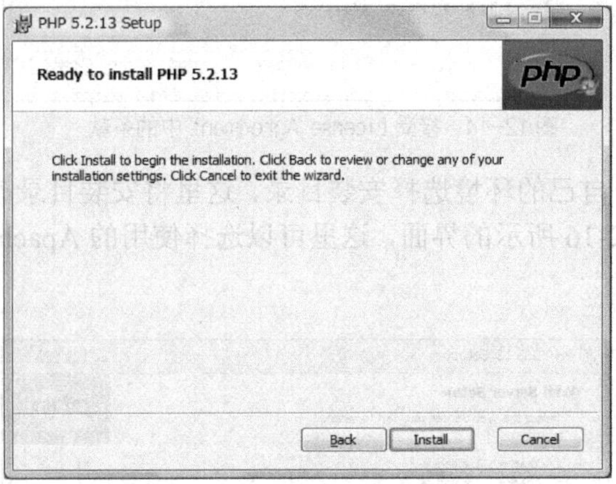

图 12-19　准备安装 PHP

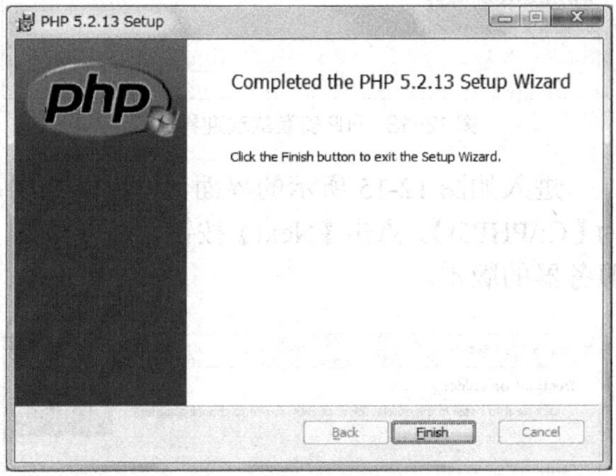

图 12-20　安装完成

这样就成功地安装上 PHP 了，为了保证安装环境能成功运行，请进行如下的检查。

3. 检查 PHP 的配置文件 php.ini

在 PHP 安装目录【C:\PHP5\】中有配置文件 php.ini，请检查是否满足如下的配置。

```
doc_root =" C:/Program Files/Apache Software Foundation/Apache2.2/htdocs"     （文档的根目录）
extension_dir =" c:/php5/ext"          （扩展模块的保存目录）
extension=php_mbstring.dll             （多字节函数模块）
extension=php_mysql.dll                （MySQL 函数模块）
extension=php_gd2.dll                  （绘图函数模块）
extension=php_mysqli.dll               （MySQLi 函数模块）
extension=php_pdo.dll                  （PDO 函数模块）
extension=php_pdo_mysql.dll            （PDO MySQL 函数模块）
extension=php_xsl.dll                  （XSL 函数模块）
include_path = ".:c:/php5/includes: c:/php5/PEAR"   （包含文件路径）
output_buffering = On                               （将 buffering 功能设置为 ON）
```

```
output_handler =mb_output_handler              (设置输出 handler)
default_charset = UTF-8                        (设置输出的文字代码)
iconv.internal_encoding = UTF-8                (iconv 中使用的内部文字代码)
mbstring.language = Chinese                    (默认语言)
mbstring.internal_encoding = UTF-8             (mbstring 中使用的内部文字代码)
mbstring.http_input = auto                     (HTTP 的输入文字代码)
mbstring.http_output = UTF-8                   (HTTP 的输出文字代码)
mbstring.encoding_translation = On             (使输入文字代码的变换有效)
mbstring.detect_order = auto                   (检测文字代码的优先顺)
mbstring.substitute_character = auto           (代替文字)
mbstring.strict_encoding = UTF-8               (源代码的文字代码)
```

根据设定项目的不同，在配置文件中有的以【;】将其注释掉了。在实际编辑时，使用编辑器的检索功能，解除注释编辑后面的值。

4. 修改 Apache 的配置文件 httpd.conf

在 Apache 服务器的安装目录【C:/Program Files/Apache Software Foundation/Apache2.2/conf】中，有 Apache 的配置文件 httpd.conf，修改 httpd.conf（行号只是大概，根据使用的 PHP 版本的不同会有所不同）中的如下配置。

```
406  AddType application/x-httpd-php .php
```

5. 启动（再启动）Apache

如果修改了 php.ini 或 httpd.conf，就必须重新启动 Apache 服务器。双击任务条中的 Apache 的绿色按钮，启动 Apache Service Monitor，点击【Restart】按钮就可以重新启动 Apache 服务器了，如图 12-21 所示。

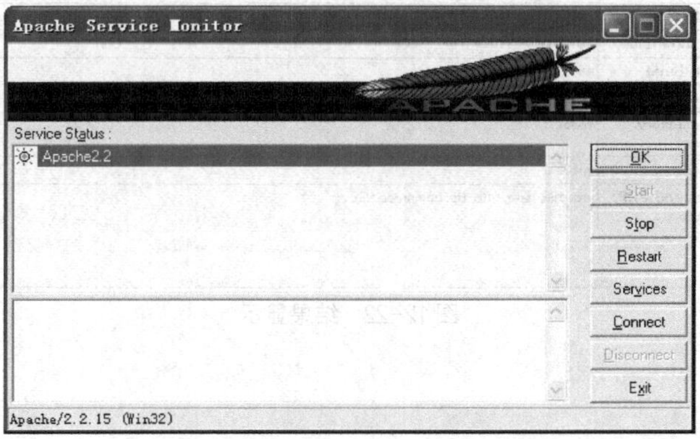

图 12-21　Apache Service Monitor

如果 Apache Service Monitor 没有启动，可以在【开始】菜单中选择【应用程序】→【Apache HTTP Service 2.2】→【Apache Service Monitor】启动它。

6. 在浏览器上确认 PHP 的动作

要确认 Apache 与 PHP 的整合效果，可以在 Apache 的公开目录（C:/Program Files/Apache

Software Foundation/Apache2.2/htdocs）中准备如下的脚本、文件名什么都可以，后缀必须是[.php]。此处命名为 phpinfo.php。

```
<?php phpinfo(); ?>
```

其中 phpinfo 是确认 PHP 状态（设置状况）时使用的命令。可以用于确认 php.ini 的设置内容是否被认识、扩展模块是否变为有效等。

在浏览器的地址栏中输入 http://localhost/phpinfo.php 调出 phpinfo.php 页面，图 12-22 就是该网页所显示的内容。

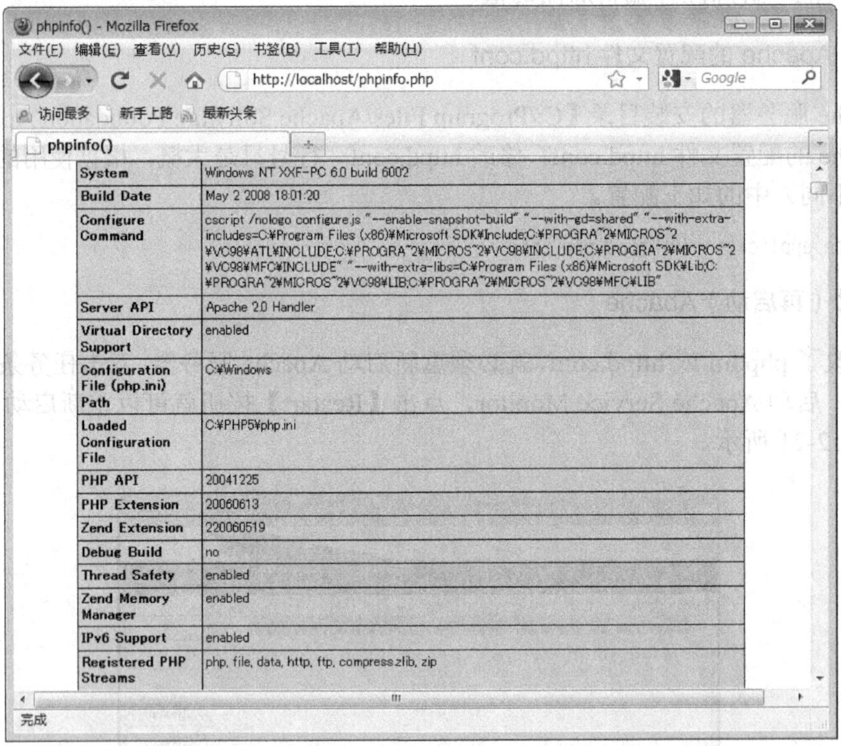

图 12-22　结果显示

第 13 章　使用 PHP+MySQL 构建网络留言社区

本章将实践一下如何开发 MySQL 数据库应用程序，学习如何从界面设计中归纳出具体的数据库表的结构，以及在 PHP 应用程序中如何使用 MySQL 数据库。

13.1 网络留言社区的系统概要

参照一些网络上流行的网络留言社区（或者称为网络留言板），本章需要制作的网络留言社区主要具有 3 个功能：

- 显示全部主题及创建主题；
- 显示每一个主题的留言及写留言的功能；
- 留言搜索功能（为了简化讲解，省略了用户注册以及登录/认证的相关功能，可以参照关于用户注册/登录方面的其他资料）。

这 3 个功能分别对应着 3 个不同的界面，界面的设计分别如图 13-1～图 13-3 所示。

图 13-1　主题列表及创建主题界面

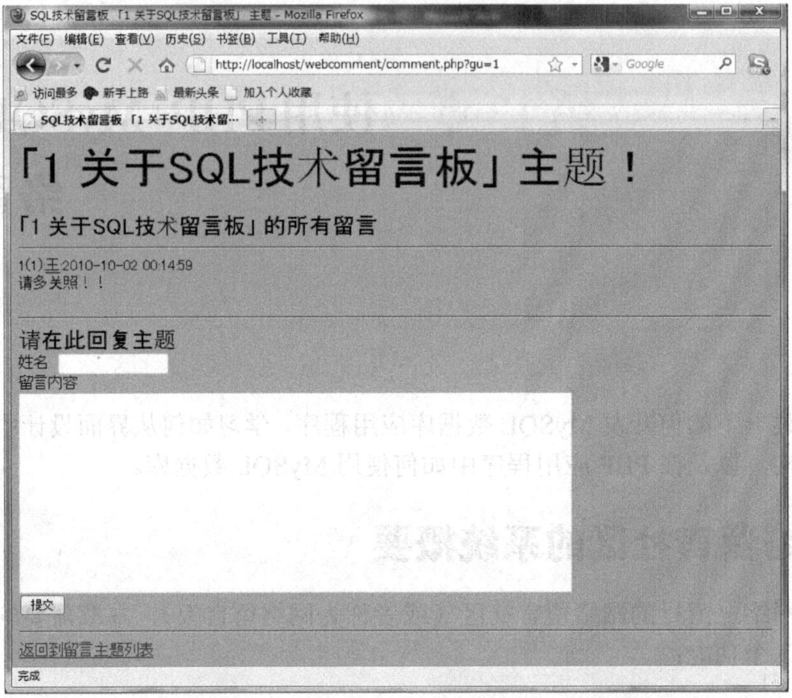

图 13-2　留言界面（显示同一主题的全部留言及写留言）

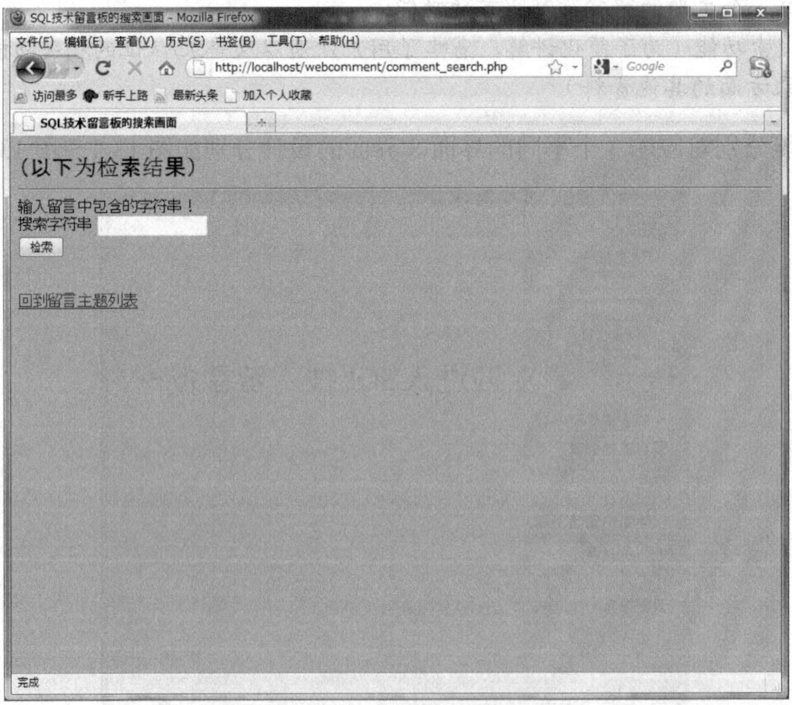

图 13-3　留言搜索界面

有了以上 3 个功能就已经具有网络留言社区的基本框架了，为了使用方便，还另外增加了一个初始化功能，但这个功能没有对应的界面，一旦用户执行此功能时，就可以初始化所有的表。

13.2 数据库表设计以及程序设计

分析系统需要什么功能一般都在概要设计阶段（有的称为系统分析阶段），而设计具体界面外观在整个开发流程中一般属于基本设计阶段。根据设计出的界面，进行具体的数据库表设计也是属于基本设计阶段（关于系统设计的相关论述，可以参考其他的资料）。

13.2.1　表设计

首先我们可以留言主题与具体的留言信息是父子关系，即一个主题下会有多个留言。因此我们可以判断本系统需要有个保存主题信息的表格，还需要有个保存留言信息的表格，这个两个表之间是一对多的关系。

其次，我们再看看是否还需要其他的表。留言搜索就是对具体留言内容进行检索，有个留言表后就可以完成所有的功能，结论是不再需要其他的表了。

下面可以具体设计这两个表（留言主题信息及留言信息），留言主题信息表和留言信息表的主键都可以是一个整数型自增类型，因为是一对多的关系，所以留言信息表中应该包含有留言主题信息表的主键，作为其外键。将留言主题信息表的英文名称定为 theme，留言信息表的英文名称定为 comments，下面一并给出全部数据库表的设计，如表 13-1 和表 13-2 所示。

表 13-1　留言主题信息表（theme）的结构

数据类型	说明
INT	留言主题 ID（主键）
VARCHAR(30)	主题标题
DATETIME	主题创建日期
VARCHAR(20)	留言提交客户端 IP 地址

表 13-2　留言信息表（comments）的结构

数据类型	说明
INT	留言 ID（主键）
VARCHAR(30)	留言者姓名
TEXT	留言内容
DATETIME	留言创建日期
INT	留言主题 ID
VARCHAR(20)	留言提交客户端 IP 地址

为方便管理，通常在网络留言社区中都会留下留言者（客户端）的 IP 地址，因此在两个表中都追加了客户端 IP 地址这一项。

13.2.2 程序设计

完成了界面设计与数据库表设计（本章只使用了两个表，因此使用默认的数据库，省去了数据库设计）后，下一步就是应用程序的详细设计了。具体的就是如何组织代码，如果使用了如 Zend Framework 一样的框架，那么就要决定具体如何组织子系统模块，如何设计 MVC（Model：模型组件，View：视图，Controller：控制）等。

对于本章的实例来说，其实很简单。因为我们没有使用任何框架，现在有 3 个界面，3 个界面对应于 3 个程序，最后初始化功能对应一个程序。另外，因为我们将使用一个非常简单的连接数据库的函数——mysql_connect 函数，在此函数中将会使用到数据库服务器名、用户名、密码、数据库名等信息，而且上述 4 个程序中都会用到这些数据库连接信息，因此，决定将这些数据库连接信息单独放在一个文件中管理起来，也方便今后对其进行的维护。图 13-4 是最后的程序结构图。

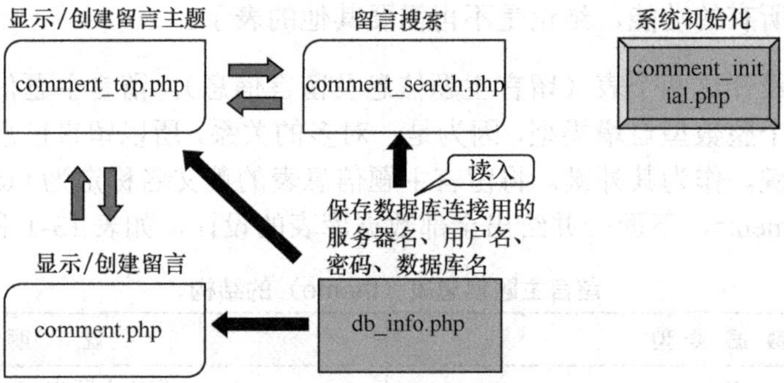

图 13-4 网络留言社区程序结构图

网络留言社区所有应用程序的目录结构如下。

```
C:\Apache2.2
    \htdocs
        \webcomment
            comment_top_.php          留言主题列表界面（首页）
            comment.php               留言界面
            comment_search.php        留言搜索界面
            comment_initial.php       初始化界面
            \data
                db_info.php       数据库连接信息
            \pic
                oya.gif           Logo 图片
```

13.3 程序详细代码及详解

本节详细介绍了 5 个 PHP 程序的所有代码，为方便大家理解，所有的注释都穿插于代码段之中。

程序 13-1　db_info.php

```
<?php
```

定义连接数据库的各个变量，方便在其他程序中的使用。包括数据库服务器名$SERV、用户名$USER、密码$PASS、数据库名$DBNM。像这样在 PHP 程序中定义连接数据库变量的形式，从安全性的角度来说，是非常不合理的，但本书是为了讲解便利才如此处理的。在进行实际的系统构筑时，这些信息应该放置在系统使用者不可能访问的地方。

```
$SERV="localhost";
$USER="root";
$PASS="518";
$DBNM="home";
```

程序 13-2　comment_top.php

```
<?php
```

导入数据库连接信息等。

```
require_once("data/db_info.php");

```

成功连接数据库后，选择数据库。

```
$s=mysql_connect($SERV,$USER,$PASS) or die("连接失败");
mysql_select_db($DBNM);

```

定义页面字符代码（uft-8）、标题、显示图片等。

```
    print <<<eot1
<HTML>
   <HEAD>
           <META http-equiv="Content-Type" content="text/html;charset=utf-8">
           <TITLE>SQL 技术留言板</TITLE>
       </HEAD>
       <BODY BGCOLOR="lightsteelblue">
           <IMG SRC="pic/oya.gif">
           <FONT SIZE="7" COLOR="indigo">
               欢迎进入 SQL 技术留言板～
           </FONT>
           <BR><BR>
               点击您想了解的留言主题
           <HR>
           <FONT SIZE="5">
               （留言主题列表）
           </FONT>
           <BR>
    eot1;
```

取得客户端 IP 地址。

```
$ip=getenv("REMOTE_ADDR");

```

如果输入了新的留言主题，则插入到表 theme 中。使用 mysql_query 函数进行表的更新或查询。关于 htmlspecialchars 函数本节最后有补充介绍。

```
$su_d=htmlspecialchars($_GET["su"]);
if($su_d<>""){
mysql_query("INSERT INTO theme (title,cdat,aipi) VALUES ('$su_d',now(),'$ip')");
}

```

检索出表 theme 中的所有数据后，并以列表的形式显示在界面中。

```
$re=mysql_query("SELECT * FROM theme");
while($result=mysql_fetch_array($re)){
print <<<eot2
     <A HREF="comment.php?gu=$result[0]">$result[0]  $result[1]</A>
     <BR>
     $result[2]作成<BR><BR>
eot2;
}

```

切断数据库连接。

```
mysql_close($s);

```

创建留言主题输入框以及指向搜索界面的链接。

```
print <<<eot3
          <HR>
          <FONT size="5">
            (创建新的留言主题)
          </FONT>
          <BR>
            请在此处创建新的留言主题!
          <BR>
          <FORM METHOD="GET" ACTION="comment_top.php">
              新留言主题的标题
            <INPUT TYPE='text' NAME='su' SIZE='50'>
            <BR>
            <INPUT TYPE="submit" VALUE="创建">
          </FORM>
          <HR>
          <FONT SIZE="5">
            (留言搜索)
          </FONT>
          <A HREF="comment_search.php">需要检索留言时请点击进入留言搜索界面</a>
        <HR>
        </BODY>
      </HTML>
eot3;
```

程序 13-3　comment.php

```
<?php
```

导入数据库连接信息等。

```
require_once("data/db_info.php");

```

成功连接数据库后，选择数据库。

```
$s=mysql_connect($SERV,$USER,$PASS) or die("连接失败");
mysql_select_db($DBNM);

```

取得留言主题序号（gu），并将其保存到变量$gu_d 中。

```
$gu_d=$_GET["gu"];

```

如果变量$gu_d 中含有数字以外的字符，则处理结束。

```
if(preg_match("/[^0-9]/",$gu_d)){
print <<<eot1
        含有非法字符<BR>
        <A HREF="comment_top.php">点击此处返回留言主题列表</A>
eot1;

```

如果变量$gu_d 不含有数字以外的字符时，进行正常的处理。

```
}elseif(preg_match("/[0-9]/",$gu_d)){

```

取得姓名及留言内容，并使用 htmlspecialchars 函数进行字符串转换，关于 htmlspecialchars 函数可以参考下文中的详细介绍。

```
$na_d= htmlspecialchars($_GET["na"]);
$me_d= htmlspecialchars($_GET["me"]);

```

取得客户端 IP 地址。

```
$ip=getenv("REMOTE_ADDR");

```

使用 mysql_query 函数检索出与留言主题序号一致的记录中的主题标题。

```
$re=mysql_query("SELECT title FROM theme WHERE tid=$gu_d");
$result=mysql_fetch_array($re);

```

合成留言主题（包括序号及主题）的字符串。

```
$title_com="「".$gu_d." ".$result[0]."」";


```

定义页面字符代码（uft-8）、标题等。

```
print <<<eot2
  <HTML>
      <HEAD>
         <META http-equiv="Content-Type" content="text/html;charset=utf-8">
         <TITLE>SQL 技术留言板 $title_com 主题</TITLE>
      </HEAD>
      <BODY BGCOLOR="darkgray">
         <FONT SIZE="7" COLOR="indigo">
            $title_com 主题!
         </FONT>
         <BR><BR>
         <FONT SIZE="5">
         $title_com 的所有留言
         </FONT>
         <BR>
eot2;
```

如果留言者姓名及留言内容非空，则向表 comments 中插入新留言。

```
if($na_d<>""){
   mysql_query("INSERT INTO comments VALUES (0,'$na_d','$me_d',now(),$gu_d,'$ip')");
}
```

显示水平分隔线。

```
print "<HR>";
```

按日期顺序抽出留言信息，并显示在界面中。

```
$re=mysql_query("SELECT * FROM comments WHERE tid=$gu_d ORDER BY cdat");


$i=1;
while($result=mysql_fetch_array($re)){

print "$i($result[0]):<U>$result[1]</U>:$result[3] <BR>";
print nl2br($result[2]);
print "<BR><BR>";
      $i++;
}
```

切断数据库连接。

```
mysql_close($s);
```

定义回复主题用的界面。

```
print <<<eot3
   <HR>
   <FONT SIZE="5">
      请在此回复主题
   </FONT>
```

```
    <FORM METHOD="GET" ACTION="comment.php">
        姓名  <INPUT TYPE="text" NAME="na"><BR>
        留言内容<BR>
      <TEXTAREA NAME="me" ROWS="10" COLS="70"></TEXTAREA>
        <BR>
      <INPUT TYPE="hidden" NAME="gu" VALUE=$gu_d>
      <INPUT TYPE="submit" VALUE="提交">
    </FORM>
      <HR>
    <A HREF="comment_top.php">返回到留言主题列表</A>
    </BODY>
    </HTML>
eot3;

```

当变量$gu_d 为空时的处理内容。

```
}else{
    print "请选择一个留言主题。<BR>";
    print "<A HREF='comment_top.php'>点击此处返回留言主题列表</A>";
}
```

程序 13-4 comment_search

```
<?php
```

导入数据库连接信息等。

```
require_once("data/db_info.php");

```

成功连接数据库后，选择数据库。

```
$s=mysql_connect($SERV,$USER,$PASS) or die("连接失败");
mysql_select_db($DBNM);

```

定义页面字符代码（UTF-8）、标题。

```
print <<<eot1
   <HTML>
     <HEAD>
       <META http-equiv="Content-Type" content="text/html;charset=utf-8">
         <TITLE>SQL 技术留言板的搜索界面</TITLE>
     </HEAD>
     <BODY BGCOLOR="orange">
        <HR>
        <FONT SIZE="5">
            （以下为检索结果）
        </FONT>
        <BR>
eot1;

```

取得搜索字符串，同时使用 htmlspecialchars 函数进行预定义字符转换。

```
$se_d=htmlspecialchars($_GET["se"]);

```

如果搜索字符串非空，则进行检索处理。

```
if($se_d<>""){

```

定义检索用 SQL 语句，让表 theme 与表 comments 间进行连接。

```
$str=<<<eot2
    SELECT comments.cid,comments.nam,comments.mess,theme.title
        FROM comments
    JOIN theme
    ON
        comments.tid=theme.tid
    WHERE comments.mess LIKE "%$se_d%"
eot2;

```

运行检索查询语句。

```
    $re=mysql_query($str);
    while($result=mysql_fetch_array($re)){
        print " $result[0] : $result[1] : $result[2] ( $result[3] )";
        print "<BR><BR>";
    }
}

```

切断数据库连接。

```
mysql_close($s);

```

定义检索字符串输入框以及返回到首页的链接。

```
print <<<eot3
    <HR>
        输入留言中包含的字符串!
    <BR>
        <FORM METHOD="GET" ACTION="comment_search.php">
                检索字符串
            <INPUT TYPE="text" NAME="se">
            <BR>
            <INPUT TYPE="submit" VALUE="检索">
        </FORM>
    <BR>
        <A HREF="comment_top.php">
            回到留言主题列表
        </A>
    </BODY>
    </HTML>
eot3;
```

程序 13-5　comment_initial.php

```
<?php
```

读入数据库连接信息等。

```
require_once("data/db_info.php");
```

成功连接数据库后，选择数据库。

```
$s=mysql_connect($SERV,$USER,$PASS) or die("连接失败");

mysql_select_db($DBNM);

```

删除表 theme 以及表 comments 中的数据。

```
mysql_query("DELETE FROM theme");
mysql_query("DELETE FROM comments");
```

将表 theme 以及表 comments 中的自增变量初始化。

```
mysql_query("ALTER TABLE theme AUTO_INCREMENT=0");
mysql_query("ALTER TABLE comments AUTO_INCREMENT=0");

print "成功初始化了 SQL 技术留言板的相关表";

```

最后切断数据库连接。

```
mysql_close($s);
```

13.4 关于函数 htmlspecialchars

程序中多处使用到了 HTML 字符转换函数 htmlspecialchars，下面详细解释一下此函数。

htmlspecialchars() 函数可以把一些预定义的字符转换为 HTML 实体。

预定义的字符包括以下几类：

- & （和号） 成为 &
- " （双引号） 成为 "
- ' （单引号） 成为 '
- < （小于） 成为 <
- > （大于） 成为 >

具体语法如下：

```
htmlspecialchars(string,quotestyle,character-set)
```

对其中的参数进行说明，如表 13-3 所示。

表 13-3　htmlspecialchars 函数的参数及其说明

参　数	描　述
string	必须。规定要转换的字符串
quotestyle	可选。规定如何编码单引号和双引号。 ● ENT_COMPAT：默认，仅编码双引号 ● ENT_QUOTES：编码双引号和单引号 ● ENT_NOQUOTES：不编码任何引号

续表

参　数	描　述
character-set	可选。字符串值，规定要使用的字符集。 ● ISO-8859-1：默认，西欧 ● ISO-8859-15：西欧（增加 Euro 符号以及法语、芬兰语字母） ● UTF-8：ASCII 兼容多字节 8 比特 Unicode ● cp866：DOS 专用 Cyrillic 字符集 ● cp1251：Windows 专用 Cyrillic 字符集 ● cp1252：Windows 专用西欧字符集 ● KOI8-R：俄语 ● GB2312：简体中文，国家标准字符集 ● BIG5 ：繁体中文 ● BIG5-HKSCS：Big5 香港扩展 ● Shift_JIS：日语 ● EUC-JP：日语

注意：无法被识别的字符集将被忽略，并由 ISO-8859-1 代替。

第 14 章　使用 MySQL+PHP 构筑 SNS 网站

SNS（Social Networking Services）网站（或直接称为社交网站）是现在比较热门的话题。大家应该听说过美国的 Facebook 网站，或者日本的 Mixi 网站吧。这都是 SNS 网站中的杰出代表了。本章将介绍如何使用 MySQL 数据库结合 PHP 语言来开发 SNS 网站。

14.1　SNS 网站概要

本章要开发的 SNS 网站以日本的 Mixi 网站为蓝本，是一个网络虚拟社区（姑且命名为 Tobu 社区），用户通过以自己的留言地址作为自己的注册 ID，同时考虑到在手机上使用本网站，用户注册时必须提供手机号码。

14.1.1　功能简介

本 SNS 网站包括［我的社交圈］、［博客］、［微博］、［日程］等功能，网站设想包括的具体功能如表 14-1 所示。

表 14-1　SNS 网站主要功能

NO	子功能名称	说　明
1	个人简介	包括自己各种可公开的个人信息，提供关于个人信息的维护功能，以及公开程度的权限控制
2	我的社交圈	管理自己的网络虚拟社交圈，了解朋友的最新动态，可及时确认朋友的博客、微博、日程等信息
3	我的博客	可自由的撰写自己的博客，并控制博客的公开权限，与个人简介处的权限一样有 6 级权限控制
4	我的日程	登记自己未来一段时间的日程安排，可公开、对特定对象公开或者隐藏。公开的情况下，通过此平台协调朋友间的安排
5	照片	管理自己上传的照片，可自由的创建相册，方便朋友间的交流
6	视频	管理自己上传的视频，可以允许其他用户在别的地方引用这些视频，当然也可不公开，或者对特定对象公开
7	站内留言	网站用户可以利用此功能相互留言，此功能提供与 Web 留言系统类似的留言管理模式。系统会自动向接受到留言的用户，发送提示留言
8	访问统计	显示被其他用户访问过的记录统计，以及访问其他用户的记录统计。通过查看统计信息也可以结交新朋友
9	社区设置	集中管理网站的各种设置功能

续表

NO	子功能名称	说　明
10	微博	创建并管理自己的微博，与朋友分享信息、心情
11	朋友检索	界面名称为搜索朋友，系统提供各种搜索朋友的模式，如通过留言地址、学校名称、公司名称等
12	发邀请	向还没有加入网站的朋友发送邀请，注册成功后，自然扩展了自己的社交圈
13	网游/工具	提供各种网络游戏，以及实用网络工具的注册、管理、反馈功能
14	社群	创建属于自己的社群，组织社群的活动，话题谈论等。社群可以是私密性的，也可以是公开的。同时还可以加入其他公开的社群，参加他们组织的活动，发表个人言论等

注：表 14-1 中尽管罗列出了 SNS 网站系统与业务相关的主要功能（其他还有如网站管理、用户管理、信息发布管理等后台管理子系统），但因系统的规模较大，本章仅提供其中部分功能的实现方式。

SNS 网站中一般每个用户都拥有自己的个性化用户界面，本 SNS 网站也不例外。本 SNS 网站的最大的特点是，用户在本网站中，不仅可以自由扩展自己的虚拟交友范围（即扩大自己的虚拟社交圈），而且还可以创建属于自己的社群，吸收现实中认识的朋友，或者不认识的朋友参加自己的社群，组织社群的集会活动，发起话题谈论等。当然还有微博、网络游戏、视频等当下比较热门的主题。

14.1.2　界面概况

我们首先看看首页的情况，图 14-1 是用户登录后显示的首页。界面分为上下两个部分，上部为菜单，下部为网页内容。菜单其实也分成了 3 个部分，A：主菜单，B：功能 1 菜单，C：功能 2 菜单。

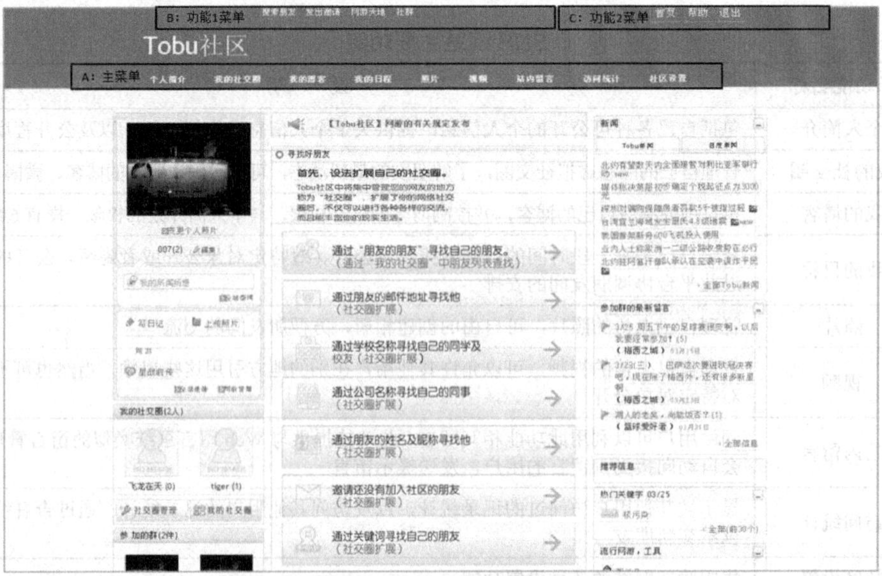

图 14-1　登录后的首页

1. 菜单设计

功能 2 菜单只有 3 个项目：［首页］（单击后返回登录用户首页）、［帮助］（SNS 网站帮助文档首页）和［退出］。功能 1 菜单区的 4 个项目是系统的子功能，依次分别是［搜索朋友］、［发出邀请］、［网游天地］和［社群］。

主菜单区的项目都是与社区使用相关的功能，包括个人简介、我的社交圈、我的博客等（如图 14-1 所示）。用户在社区中是可以访问任意用户的，当用户进入另一用户的空间时，可以浏览用户公开的信息。此时主菜单的项目将发生变化，而且主菜单项目随着与此用户（空间所有者）关系的不同而不同。当此用户已经是您的朋友时，主菜单项目依次为［个人简介］、［我的社交圈］、［我的博客］、［我的日程］、［照片］、［视频］、［写留言］、［社交圈管理］，如图 14-2 所示。而如果此用户还没有成为您的朋友时，主菜单项目依次为［个人简介］、［我的社交圈］、［我的博客］、［我的日程］、［照片］、［视频］、［写留言］、［加为朋友］，如图 14-3 所示。即与前一种情况的区别在最后一项变成了［加为朋友］，单击此链接时，可以将此用户加入到自己的社交圈中。后面的 14.2.4 小节会介绍系统主菜单的实现方式。

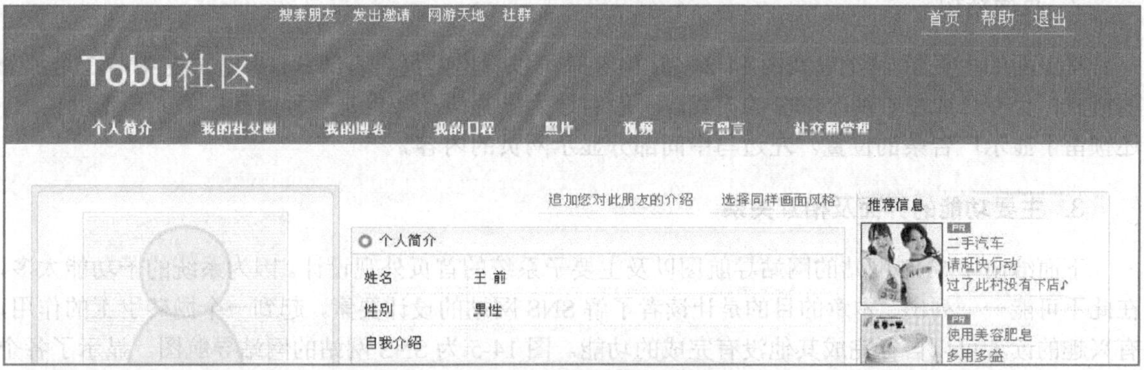

图 14–2　访问朋友的网页

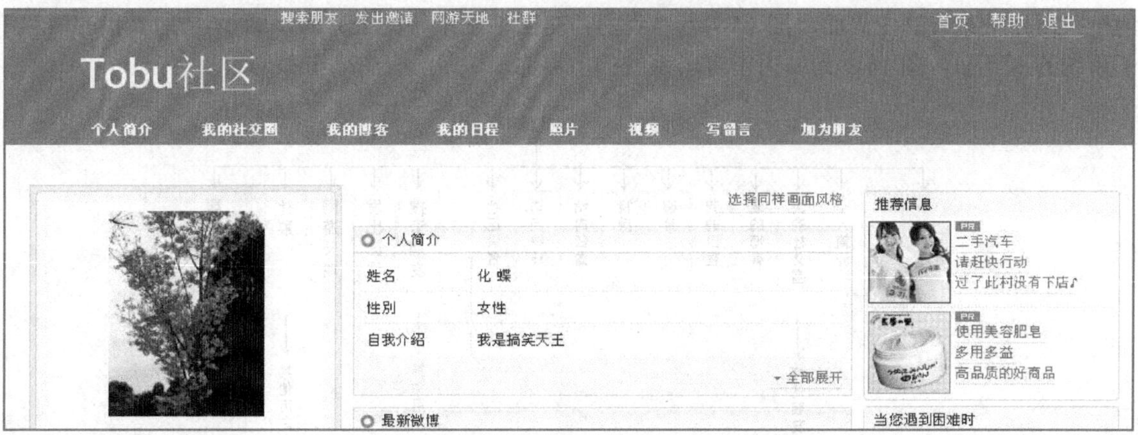

图 14–3　访问非朋友的网页

上述图 14-1 显示的为用户登录（login）后的首页，而用户登录前的主页效果如图 14-4 所示，没有功能菜单，只有主菜单，依次为［首页］、［关于 Tobu 社区］、［我要注册］、［运营公司］、［帮助］、［我要登录］。单击［我要登录］后，可以完成登录，如果还没有注册的话，可以单击［我要注册]按钮，进入注册界面完成注册。

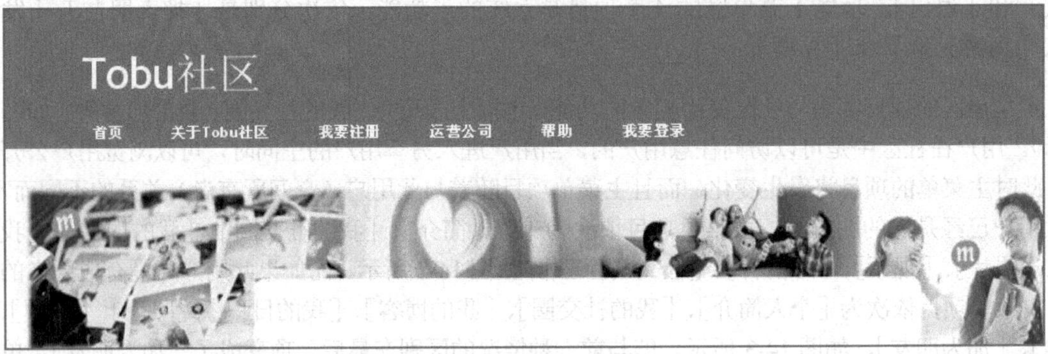

图 14-4　登录前的主页

2. 页面结构

从上面的主页图 14-1 以及图 14-2、图 14-3 等可以看出网页内容部分，有分成左中右 3 个部分的模式，也有分成左右两个部分的模式。一般右边为推荐信息（也是一种商品广告）与帮助信息，还预留了显示广告条的位置。左边与中间部分显示网页的内容。

3. 主要功能的界面及相互关系

下面给出了 SNS 网站的网站导航图以及主要子系统的首页外观设计。因为系统的子功能太多，在此不可能一一列出，本章的目的是让读者了解 SNS 网站的设计要素，起到一个抛砖引玉的作用，有兴趣的读者可以自行完成其他没有完成的功能。图 14-5 为 SNS 网站的网站导航图，显示了各个主要功能页的层次关系。图 14-6 至图 14-9 所示的子系统会在随后的章节中分别介绍。其中图 14-6 为个人简介子系统的主界面，图 14-7 为“我的社交圈”子系统的主界面，图 14-8 为“我的博客”子系统的主界面，图 14-9 为站内留言子系统的主界面。

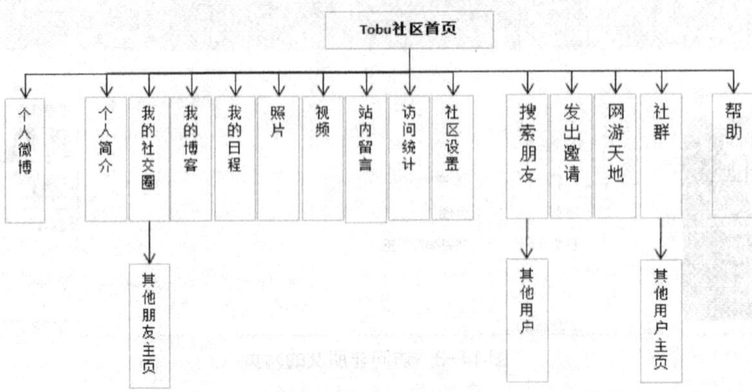

图 14-5　网站导航

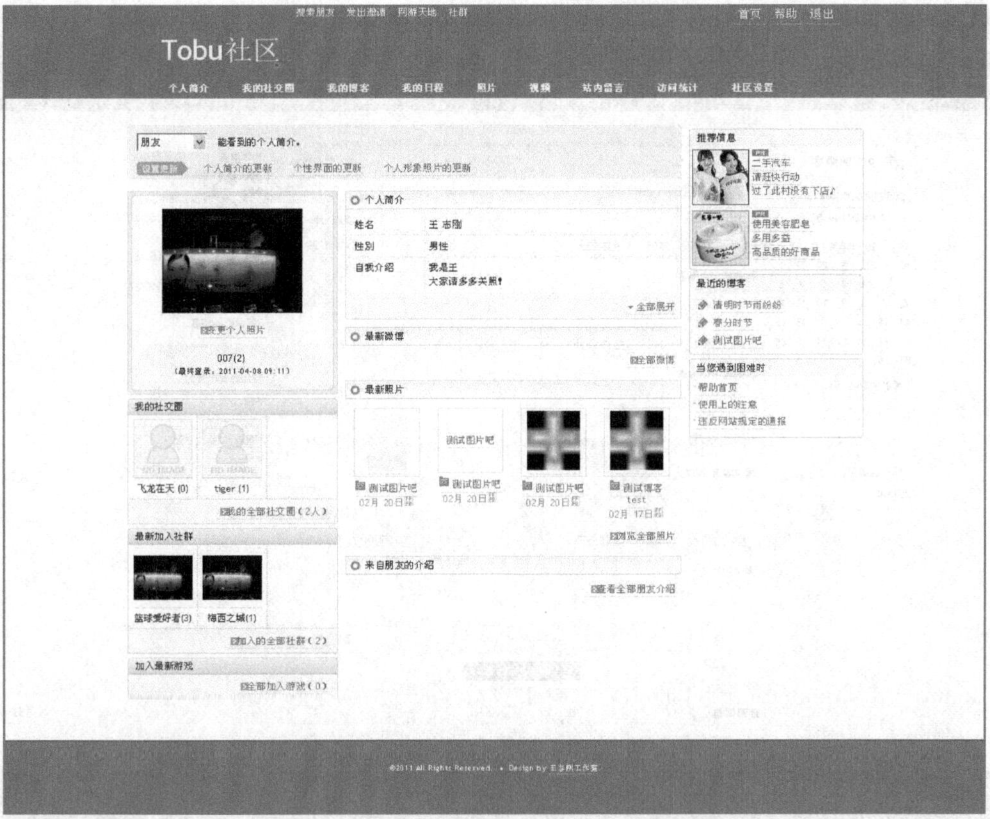

图 14-6　个人简介

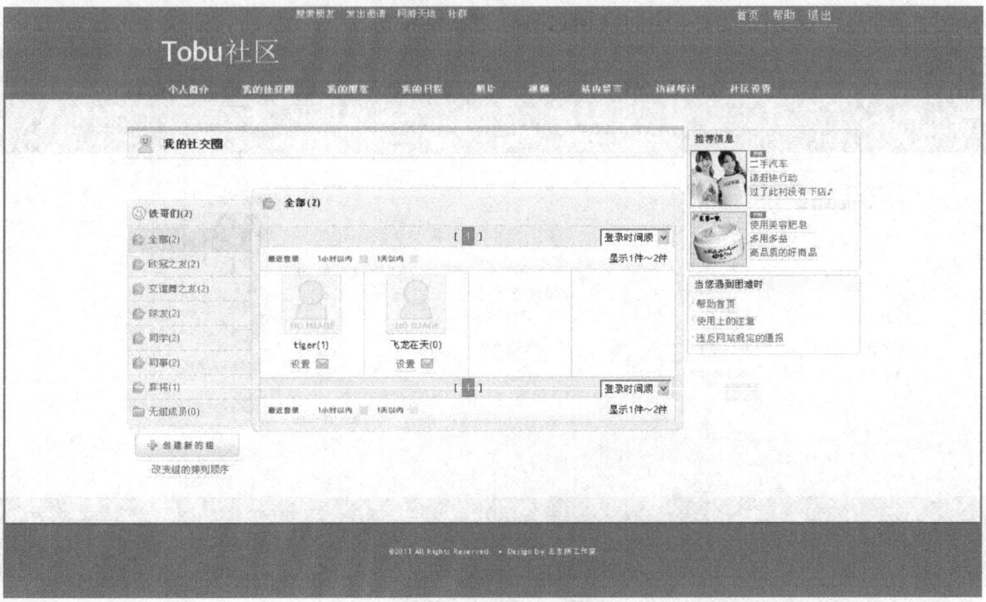

图 14-7　我的社交圈

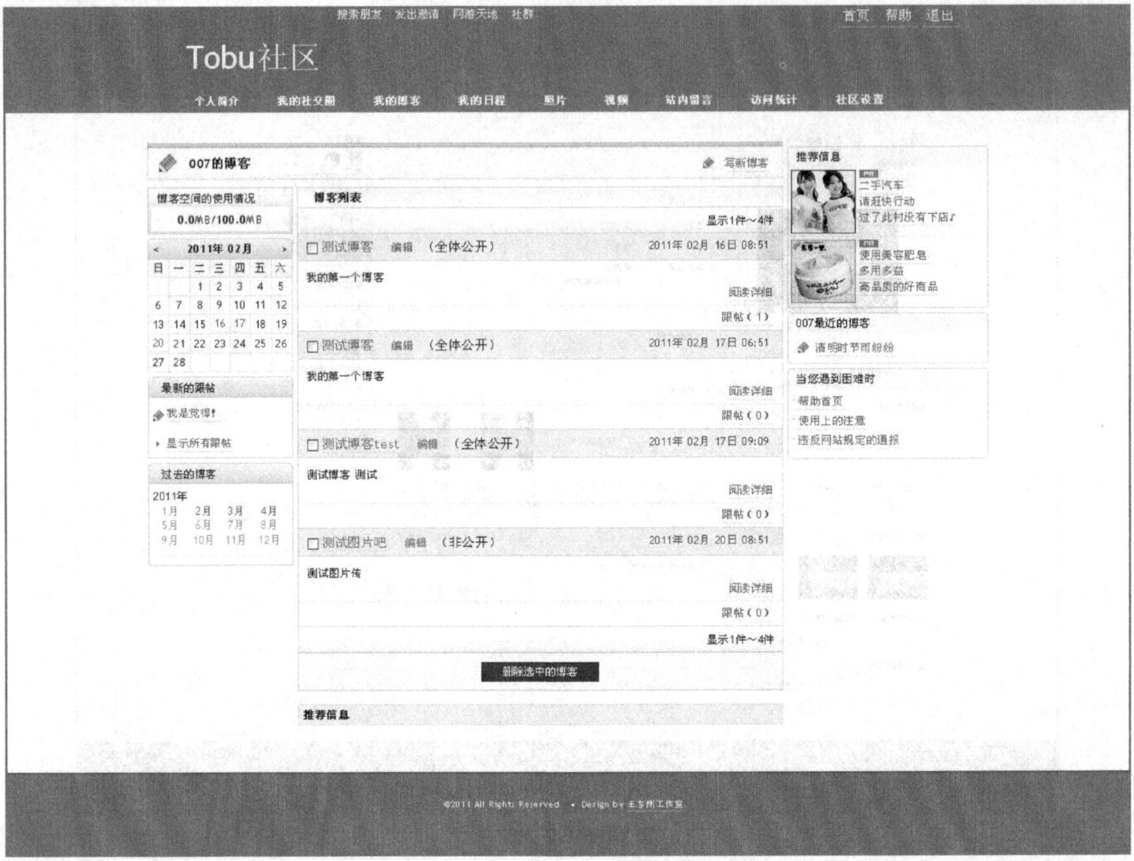

图 14-8 我的博客

图 14-9 站内留言

14.2 框架选择及子系统设计

由于现在系统的复杂程度越来越高，为了提高开发效率，通常在确定选择某一种语言进行系统开发后，我们需要为系统选择一种框架（Framework），或者干脆重新为系统开发出一种框架。各种开发语言都有与之对应的框架产品，例如 Java 语言有 Struts、Spring 等框架，PHP 语言也有 Zend 以及 CakePHP 等框架。

在进行本 SNS 网站的开发时，我们选择了 Zend Framework，Zend Framework 与 Smarty 库进行结合能提供其他框架所不具备的优点。

14.2.1　选择 Zend Framework&Smarty 的理由

上面已经提到了 PHP 的框架中除了 Zend 框架外，还有 CakePHP 等框架可供使用，那为什么没有选择 CakePHP 等框架呢？笔者以为 CakePHP 等框架确实是集成度很高的框架产品，提供的功能也很强大。但是与 Zend 框架比较起来，因为 Zend 框架有更强的 MVC 模式特色（关于 MVC 开发模式的基本概念请参考笔者的《PHP 5 应用实例详解：使用 Zend Framework & Smarty 构筑真正的 MVC 模式应用》一书）。

且当 Zend 框架与 Smarty 结合后尤其如此，由 Smarty 负责实现 View（图形界面外观）的部分，界面的可扩展性大大增强，同时业务逻辑都其中在 Model 类（即 MVC 的 M）中，界面控制在 Controller 类中。方便彻底实现开发作业的分工合作，例如由擅长界面设计的美工人员进行界面外观的开发，然后由开发技能一般的程序员负责 Controller 类的开发，最后将 Model 类交给业务精通、技术能力高的程序员或者系统工程师（SE，System Engineer）。这样能大大提供开发队伍的工作效率，而且方便测试，其中 Model 类还可以在各个子系统之间实现功能共享，提高代码的利用效率。

14.2.2　系统分析——子系统设计

表 14-1 中已经列出了本章的 SNS 网站包含 14 个主要的子系统。如果将所有这 14 个子系统的设计需求分析都一一讲解清楚的话，需要很长的篇幅，显然超出了本书的范围。此处以数据库设计为着眼点，重点分析其中的［个人简介］(包含用户注册功能)、［我的社交圈］、［我的博客］、［站内留言］这 4 个有代表性的子系统。

1. 个人简介的需求分析

个人简介与用户注册子系统有如下的特殊需求。

（1）本 SNS 网站以个人的留言地址作为登录的 ID，因此首先会让用户输入自己的留言地址，然后会受到一封确认留言，上面有注册用的 URL，从而保证用户留言地址的正确性。

（2）要求用户登记各种法律许可的个人信息，用户可对特定的信息设置不同的阅读权限，可供选择的权限有 6 种，即非公开、全体公开、向朋友公开、向铁哥们公开、向特定的朋友公开、向特定的组公开、公开至朋友的朋友。

（3）用户不仅可自由的编辑自己的形象图片，各种个人信息，还能自由的改变界面的显示风格。

（4）个人简介界面是浏览其他用户界面时所显示的首页。

综合上述特殊需求，个人简介子系统具有如下的功能或者界面。

- 用户个人信息输入系列界面（留言地址输入界面与其他基本信息输入界面分开）；
- 留言发送登录 URL；
- 个人简介信息针对不同用户的显示；
- 个人简介信息的更新；
- 个人形象图片的更新；
- 个人界面样式（CSS）的选择。

2. 个人简介的界面设计

由于篇幅限制，下面只介绍了与数据库设计（主要指是表的业务逻辑设计）关系密切的用户注册系列界面、个人简介显示、个人简介更新界面等。个人形象图片更新以及个人界面样式选择等界面在此省略。

（1）用户注册系列界面。

图 14-10 为注册用户邮件地址输入界面，图 14-11 为注册用户个人信息输入界面，图 14-12 为注册的第三步——注册用户手机号码输入界面。

其中当用户提交了正确的留言地址后，系统通过该地址自动给用户回复。包含注册 URL 的留言内容如图 14-13 所示。

（2）个人简介更新界面。

（3）个人简介显示界面。

- 用户本人查看时。
- 他人查看时。

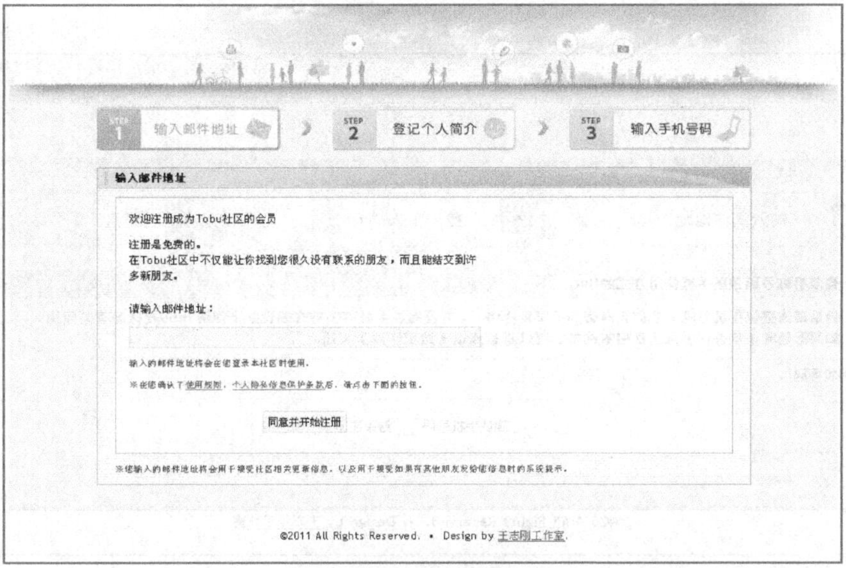

图 14-10　邮件地址输入

图 14-11　用户个人基本信息输入

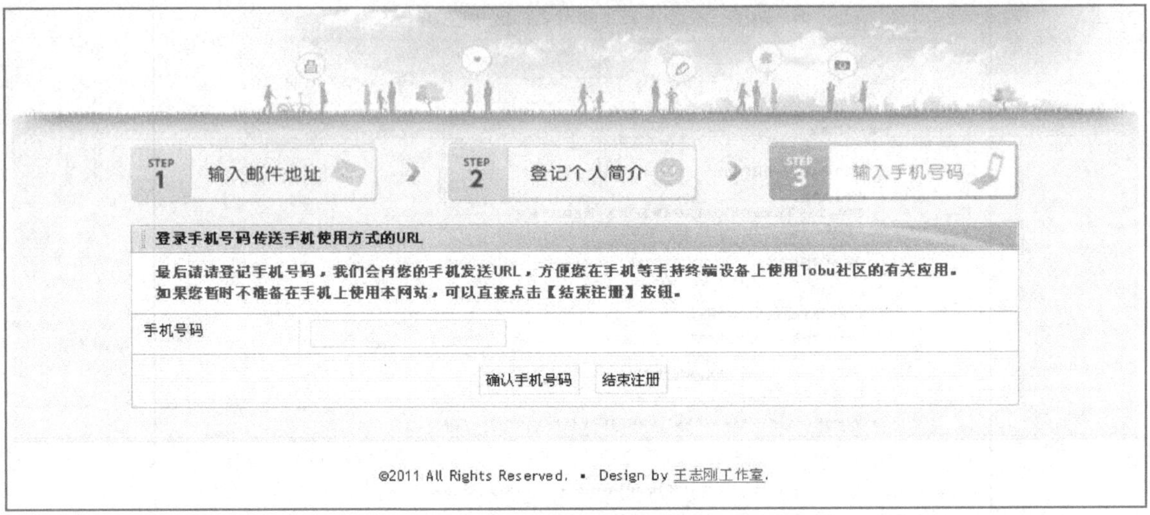

图 14-12　手机号码输入

Tobu 社区（Tobu）注册导航

我们是 Tobu 社区运营商。

请进入下面的 URL 中完成个人信息的登记。
http://www.tobu.com/register1?c=f71fa28feb6cec647162b2cd36898ed0

※此 URL 的有效期限是 24 小时。

※如果您不记得与此邮件相关的事情，有可能是我们误发，不好意思，麻烦您删除此邮件。
※该邮件是不接受回复的。

图 14-13　注册确认邮件内容

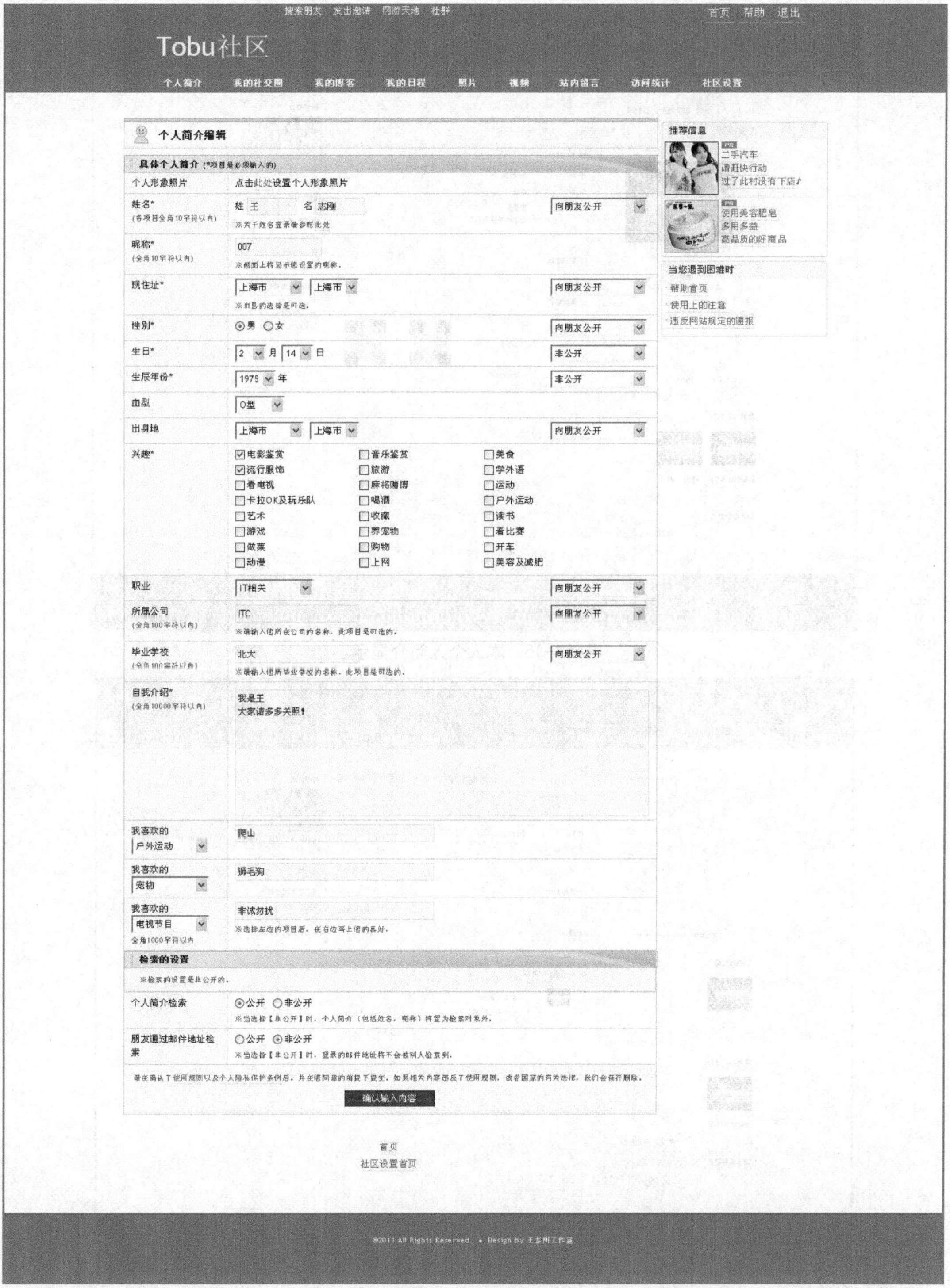

图 14-14　个人简介更新

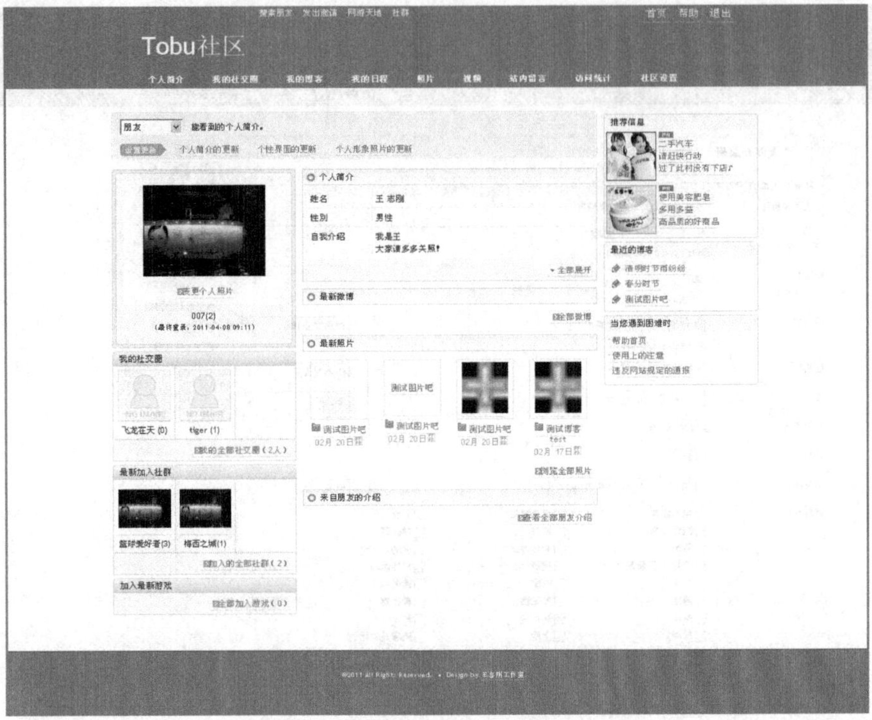

图 14-15　本人个人简介显示

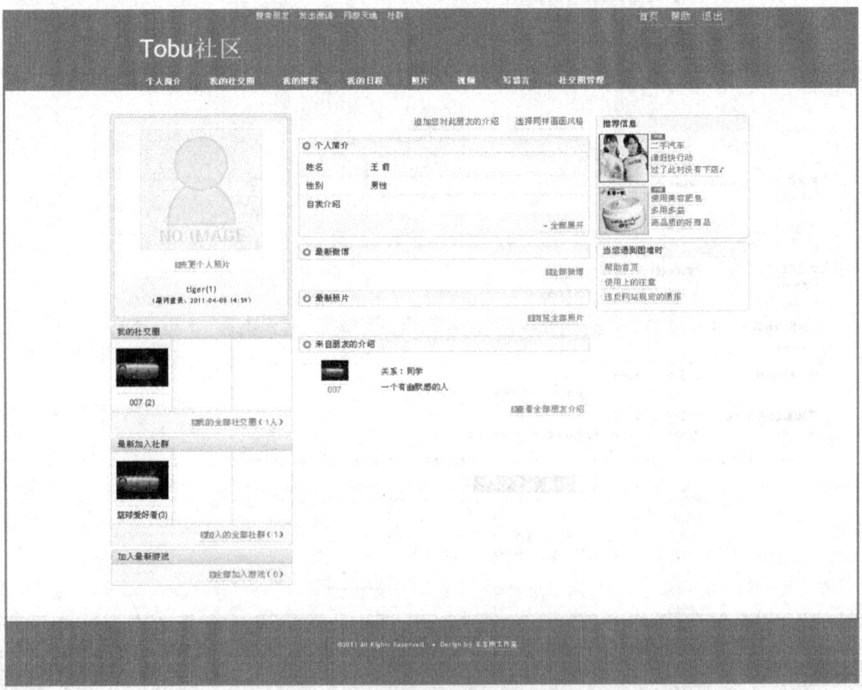

图 14-16　显示他人个人简介

3. 个人简介的数据库设计

（1）表设计

与个人简介相关的表有如下 5 个，即用户信息、用户预注册信息、用户兴趣、用户兴趣种类管理和用户嗜好。用户信息表如表 14-2 所示。用户预注册信息表（如表 14-3 所示）用来保存用户预注册时输入的留言地址，当用户输入了正确的留言地址，并在 24 小时内进行注册操作的话，此表中的信息将保留（将有效标志更新为有效），否则将被数据库管理员定时删除。用户兴趣表（如表 14-4 所示）与用户嗜好表（如表 14-6 所示）用于存储用户的选择信息，因为可多选，必须将选择的信息保存在用户信息表（如表 14-2 所示）之外的表中。用户兴趣种类管理表（如表 14-5 所示）纯粹是为了界面显示的需要，将兴趣种类通过表格管理起来也便于系统的维护。

表 14-2　　　　用户信息（user）

序号	列　名	类　型	制　约			备　注
			NOT NULL	默认值	主键	
1	uid	int(11)	YES			用户号码
2	mail	varchar(255)			主键	留言地址
3	nick_name	varchar(40)	YES			用户别名
4	first_name	varchar(40)	YES			用户名
5	last_name	varchar(40)	YES			用户姓
6	name_level	int(1)	YES			用户姓名公开权限
7	mobile	varchar(11)				手机号码
8	province	int(2)				所属省份
9	city	int(4)				所属县市
10	location_level	int(1)	YES			地域公开权限
11	bornprovince	int(2)				籍贯省份
12	borncity	int(4)				籍贯县市
13	bornlocation_level	int(1)				籍贯地域公开权限
14	passwd	varchar(32)	YES			密码
15	appeal	text				用户介绍
16	sex	int(1)	YES			性别
17	sex_level	int(1)	YES			性别公开权限
18	blandtype	int(1)				血型

续表

序号	列　名	类　型	制　约			备　注
			NOT NULL	默认值	主键	
19	occupy	int(2)				职业
20	occupy_levle	int(1)				职业公开权限
21	company	varchar(200)				所属公司
22	company_levle	int(1)				所属公司公开权限
23	school	varchar(200)				所属学校或毕业学校
24	school_levle	int(1)				学校公开权限
25	year	int(4)	YES			出生年
26	age_levle	int(1)	YES			年龄公开权限
27	month	int(1)	YES			出生月
28	day	int(1)	YES			出生日
29	birthday_level	int(1)	YES			生日公开权限
30	birthday	datetime				生日
31	smallimg	varchar(255)				用户小图标
32	img	varchar(255)				用户标准图标
33	largeimg	varchar(255)				用户大图标
34	lastlogin	datetime				最后登录时间
35	validflg	int(1)		0		有效标志（0：无效，1：有效）
36	roles	varchar(50)				角色
37	csstype	varchar(50)		gray		界面样式
38	bak	varchar(50)				备份
39	bak1	varchar(50)				备份 1
40	mark	int(5)				积分
41	level	int(2)				级别
42	profile_search_flg	int(1)		0		简介搜索许可否（0：不可，1：许可）
43	mail_search_flg	int(1)		0		留言搜索许可否（0：不可，1：许可）
44	udate	datetime	YES			更新时间
45	cdate	datetime	YES			创建时间

表 14-3　　用户预注册信息（tempuser）

序号	列　名	类　型	制　约			备　注
			NOT NULL	默认值	主键	
1	mail	varchar(255)			主键	留言地址
2	md5_mail	varchar(32)	YES			留言地址 MD5 编码
3	validflg	int(1)		0		有效标志（0：无效，1：有效）
4	cdate	datetime	YES			创建时间

表 14-4　　用户兴趣（interest）

序号	列　名	类　型	制　约			备　注
			NOT NULL	默认值	主键	
1	uid	int(11)	YES		主键	用户号码
2	movie	int(1)				电影鉴赏
3	music	int(1)				音乐鉴赏
4	gourmet	int(1)				美食
5	fashion	int(1)				流行服饰
6	trip	int(1)				旅游
7	foreignlanguage	int(1)				学外语
8	television	int(1)				看电视
9	gamble	int(1)				麻将赌博
10	sports	int(1)				运动
11	karaok	int(1)				卡拉 OK 及玩乐队
12	drink	int(1)				喝酒
13	outdoor	int(1)				户外运动
14	art	int(1)				艺术
15	artowner	int(1)				收藏
16	read	int(1)		0		读书
17	game	int(1)				游戏
18	bet	int(1)				养宠物
19	sportslook	int(1)				看比赛
20	cooking	int(1)				做菜
21	shopping	int(1)				购物
22	drive	int(1)				开车
23	manga	int(1)				动漫

续表

序号	列名	类型	制约			备注
			NOT NULL	默认值	主键	
24	internet	int(1)				上网
25	diet	int(1)				美容及减肥
26	udat	datetime	YES			更新时间
27	cdat	datetime	YES			创建时间

表 14-5 用户兴趣种类管理（interest_master）

序号	列名	类型	制约			备注
			NOT NULL	默认值	主键	
1	no	int(2)	YES		主键	ID
2	ename	varchar（40）	YES			英文名称
3	cname	varchar（40）	YES			中文名称
4	cdat	datetime	YES			创建时间

表 14-6 用户嗜好（hobby）

序号	列名	类型	制约			备注
			NOT NULL	默认值	主键	
1	hid	int(11)	YES		主键	ID
2	uid	int(11)	YES			用户号码
3	type	int(2)	YES			兴趣种类
4	hobby	varchar(200)	YES			内容
5	cdat	datetime	YES			创建时间

其中用户兴趣种类管理中存储的数据如表 14-7 所示。

表 14-7 用户兴趣种类

ID	英文名称	中文名称
1	movie	电影鉴赏
2	music	音乐鉴赏
3	gourmet	美食
4	fashion	流行服饰
5	trip	旅游
6	foreignlanguage	学外语

续表

ID	英 文 名 称	中 文 名 称
7	television	看电视
8	gamble	麻将赌博
9	sports	运动
10	karaok	卡拉 OK 及玩乐队
11	drink	喝酒
12	outdoor	户外运动
13	art	艺术
14	artowner	收藏
15	read	读书
16	game	游戏
17	bet	养宠物
18	sportslook	看比赛
19	cooking	做菜
20	shopping	购物
21	drive	开车
22	manga	动漫
23	internet	上网
24	diet	美容及减肥

注：与用户兴趣（interest）表中的列名一一对应。

知识专栏

追加备份列

细心的读者一定会发现我们在很多表格的设计中都追加了列名为 bak*的所谓备份项目，读者朋友肯定会问，这些备份项目有什么必要呢？这其实是笔者在进行数据库设计时的一点心得。

我们知道系统设计是一个不断完善的过程，而一个成功的系统是在［设计→编程→测试→修改］这样的过程中不断完善的。数据库设计也是一样，设计阶段很难将所有的可能情况都考虑到。因此一旦完成了设计（包括数据库设计），进入具体编程、测试阶段后，如果发现数据库设计错误，例如，发现某一列长度不够，或者缺少某几列时，就很麻烦了。通常必须重新修改数据库设计，这样肯定要影响编程人员的工作进度，最终会影响到这个项目的工作进度。

如果此时我们已经提前在表中预留了一定的备份列，使用这个备份列就能解决问题。数据库设计人员只需要修改数据库设计文档即可，至于追加有明确定义的新列的数据库设计修改，则可以留给下一次系统升级时一起完成。通常这样的情况，在开发阶段往往会有可能出现多处。所以如果感觉设计还没有最终确定，或者说还存在变动的可能时，不妨在表中预留几个备份列。

（2）索引设计。

由于程序处理的需要，留言地址没有设计为用户信息表的主键，而用户登录时使用留言地址作为登录 ID，为了提高数据库检索速度，在用户信息表中创建留言地址的索引，其命令如下。

```
CREATE INDEX user_idx1 ON blog_master(mail);
```

同理，也必须为用户预注册信息表中的留言地址 MD5 编码项目创建如下的索引。

```
CREATE INDEX tempuser_idx1 ON blog_master(md5_mail);
```

4. 我的社交圈的需求分析

[我的社交圈] 的特殊需求如下。

（1）提供以分组的形式来管理自己的网络虚拟社交圈，但是有一个特殊的“组”，即可以将社交圈的朋友设置为自己的“铁哥们”，“铁哥们”不是真正的组而是一个标识。

（2）可以自由地追加或删除社交圈里的成员，且对对方保密。

（3）可以为自己关系好的朋友撰写介绍，此介绍将作为其个人简介的补充，显示在朋友的个人简介中。

（4）可以对界面中自己追加的组进行排序。

因此相应的有如下的界面或者功能：

- 社交圈朋友列表界面（主界面）;
- 创建新组及组信息更新界面;
- 朋友设置更新界面;
- 组排序功能;
- 朋友追加功能。

5. 我的社交圈的界面设计

[我的社交圈]中的主要界面如图 14-17 至图 14-20 所示。图 14-17 所示为社交圈朋友列表界面，图 14-18 所示为新组创建界面，图 14-19 所示为组信息更新界面，图 14-20 所示为朋友设置更新弹出界面。

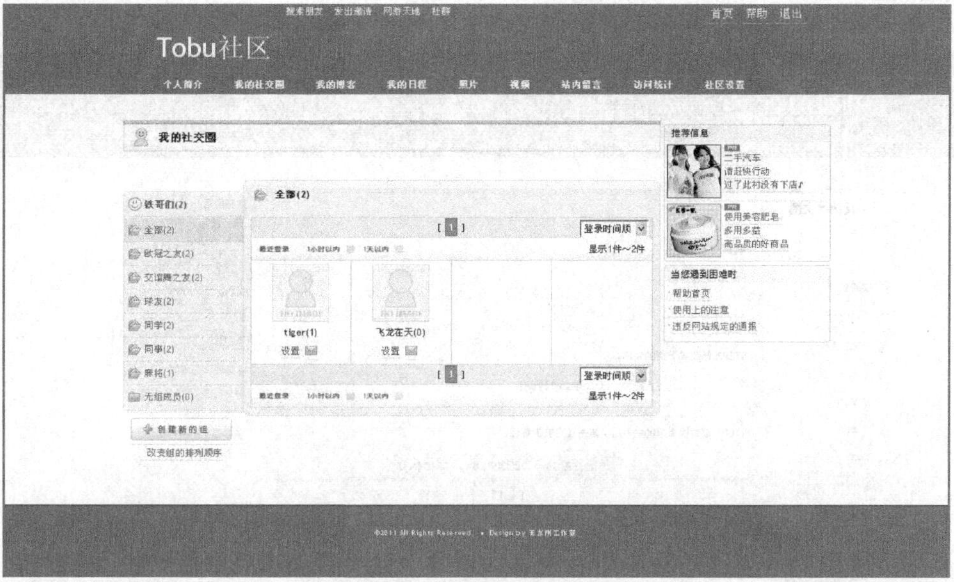

图 14-17　社交圈朋友列表

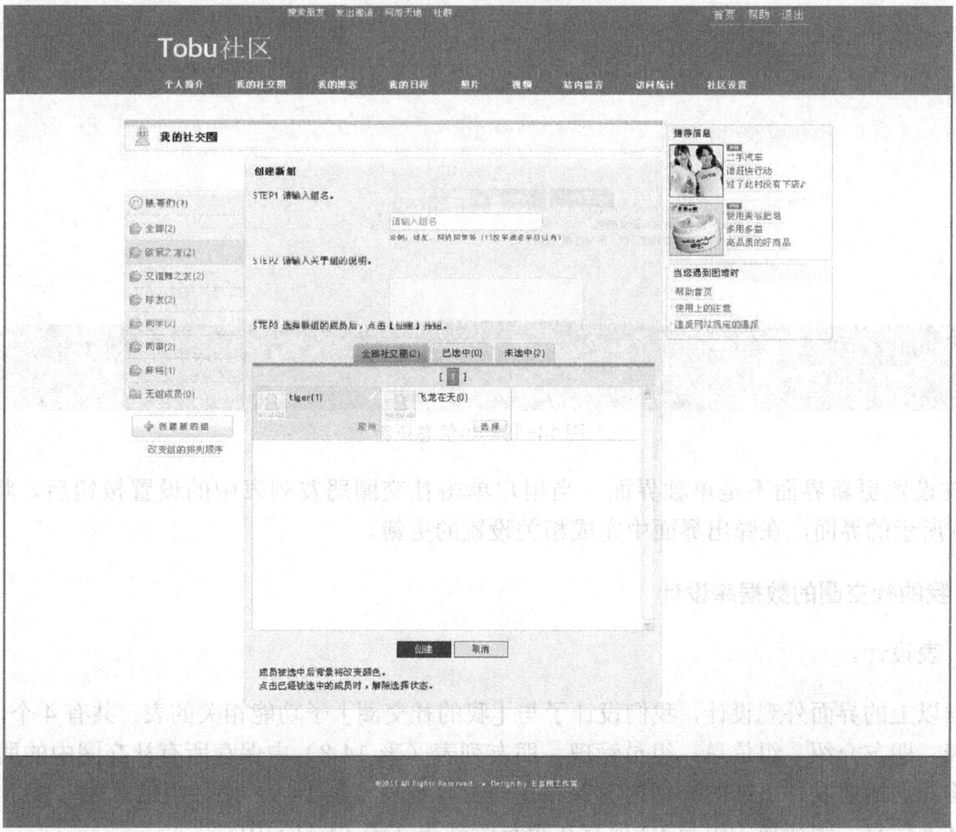

图 14-18　创建新组

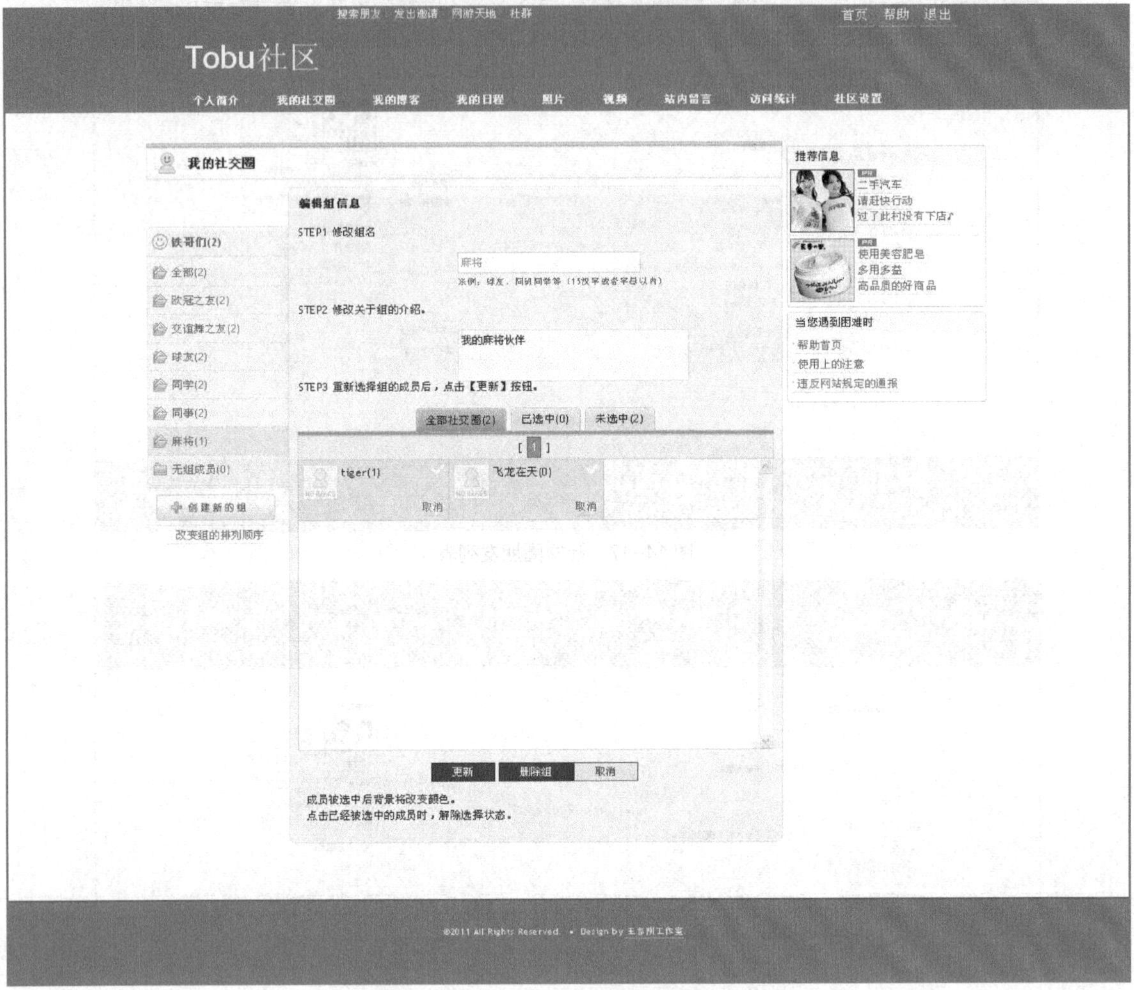

图 14-19　组信息更新

朋友设置更新界面不是单独界面。当用户单击社交圈朋友列表中的设置按钮后，将弹出如图 14-20 所示的界面，在弹出界面中完成相关设置的更新。

6. 我的社交圈的数据库设计

（1）表设计。

根据以上的界面外观设计，我们设计了与［我的社交圈］子功能相关的表，共有 4 个，依次为朋友列表、朋友介绍、组信息、组员管理。朋友列表（表 14-8）中保存所有社交圈中的朋友 ID，向他人推介您的朋友、追加的介绍内容保存在朋友介绍表（表 14-9）中，组信息表（表 14-10）保存组的基本信息，组所属的组员 ID 保存在组员管理表（表 14-11）中。

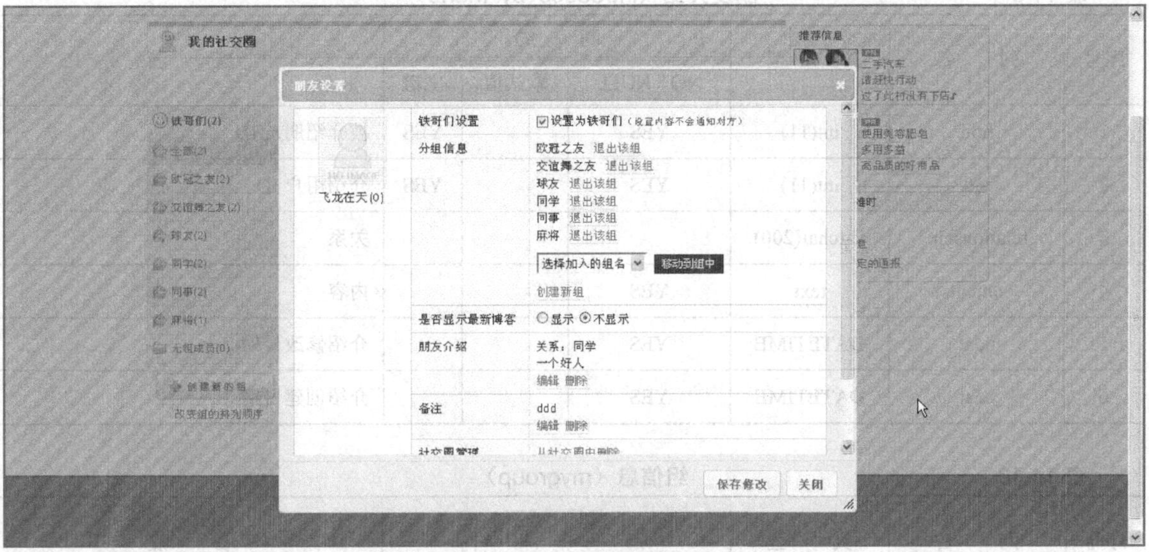

图 14-20　朋友设置更新

表 14-8　　朋友列表（friend）

序号	列　名	类　型	制　约			备　注
			NOT NULL	默认值	主键	
1	uid	int(11)			YES	所属用户 ID
2	fuid	int(11)			YES	朋友用户 ID
3	fflg	int(1)		0		铁哥们标志（1：铁哥们，0：一般朋友）
4	grpflg	int(1)		0		分组标志
5	refuse_type	int(1)		0		博客阅览类型
6	refuse_year	int(4)				许可起始年
7	refuse_month	int(2)				许可起始月
8	memo	text				备注信息
9	bak	varchar(50)				备份
10	bak1	varchar(50)				备份 1
11	udat	datetime	YES			修改时间
12	cdat	datetime	YES			创建时间

表 14-9　　朋友介绍（introduce_by_friend）

序号	列　名	类　型	制　约			备　注
			NOT NULL	默认值	主键	
1	fuid	int(11)	YES		YES	被介绍朋友 ID
2	uid	int(11)	YES		YES	介绍用户 ID
3	relationship	varchar(200)				关系
4	contents	text	YES			内容
5	udat	DATETIME	YES			介绍修改日期
6	cdat	DATETIME	YES			介绍创建日期

表 14-10　　组信息（mygroup）

序号	列　名	类　型	制　约			备　注
			NOT NULL	默认值	主键	
1	gid	int(11)			主键	组号
2	gname	varchar(100)	YES			组名
3	introduce	text				介绍
4	uid	int(11)	YES			所属用户
5	sort	int(11)	YES			排序
6	bak	varchar(100)				备份
7	bak1	varchar(100)				备份 1
8	udat	datetime	YES			修改时间
9	cdat	datetime	YES			创建日期

表 14-11　　组员管理（groupuser）

序号	列　名	类　型	制　约			备　注
			NOT NULL	默认值	主键	
1	gid	int(11)	YES		主键	组号
2	uid	int(11)	YES		主键	组员
3	udat	datetime	YES			修改时间
4	cdat	datetime	YES			创建日期

（2）索引设计。

针对朋友列表（friend）这张表来说，可能要经常搜索特定用户的朋友信息，因此有必要追加用户 ID 的索引，以提高检索速度。

```
CREATE INDEX open_friend_list_idx1 ON open_friend_list(uid);
```

与上述理由相同，组信息（mygroup）与组员管理（groupuser）两个表中也追加了针对 uid 列的索引。创建索引的 SQL 语句如下。

```
CREATE INDEX mygroup_idx1 ON mygroup(uid);
CREATE INDEX groupuser_idx1 ON groupuser(uid);
```

7. 我的博客的需求分析

所有提供博客功能的网站，都是按照时间的顺序来管理用户博客的。本 SNS 网站也不例外，在［我的博客］界面的左侧也提供了日历功能，且当某一天中撰写博客时，此日期上将追加链接，并显示不同的颜色以区别与其他没有博客的日期。除此之外，［我的博客］的基本需求如下。

- 博客列表显示；
- 创建新博客，博客主人自由赋予博客可被阅览的权限种类；
- 维护博客（包括编辑，删除功能）；
- 追加跟帖；
- 维护跟帖（系统可赋予博客所有者删除跟帖的权限，但必须在达到一定等级后）。

上述需求反映在相应的界面上。我们给系统设计了如下界面

（1）博客列表显示界面（为［我的博客］子系统的主界面）。

此界面中根据博客主人设置的阅览权限以及登录者的身份显示相应的博客列表，提供进一步阅读博客详细内容的链接，以及博客主人删除博客的功能，进入博客修改界面的链接。

（2）博客创建界面。

撰写博客以及上传最多 3 张与博客相关的照片，同时可以设置博客被阅览的权限。

（3）博客阅览界面。

阅览博客详细信息以及博客相关的照片，同时显示所有博客的跟帖，任何可阅览的用户可以及时跟帖。并为具有一定等级的用户提供了自由删除跟帖的功能。

详细的界面设计请见下一节的界面设计。

8. 我的博客的界面设计

［我的博客］子系统的主要界面外观如下。其中图 14-21 为博客列表界面，图 14-22 为新博客创建界面，图 14-23 为博客阅览界面。

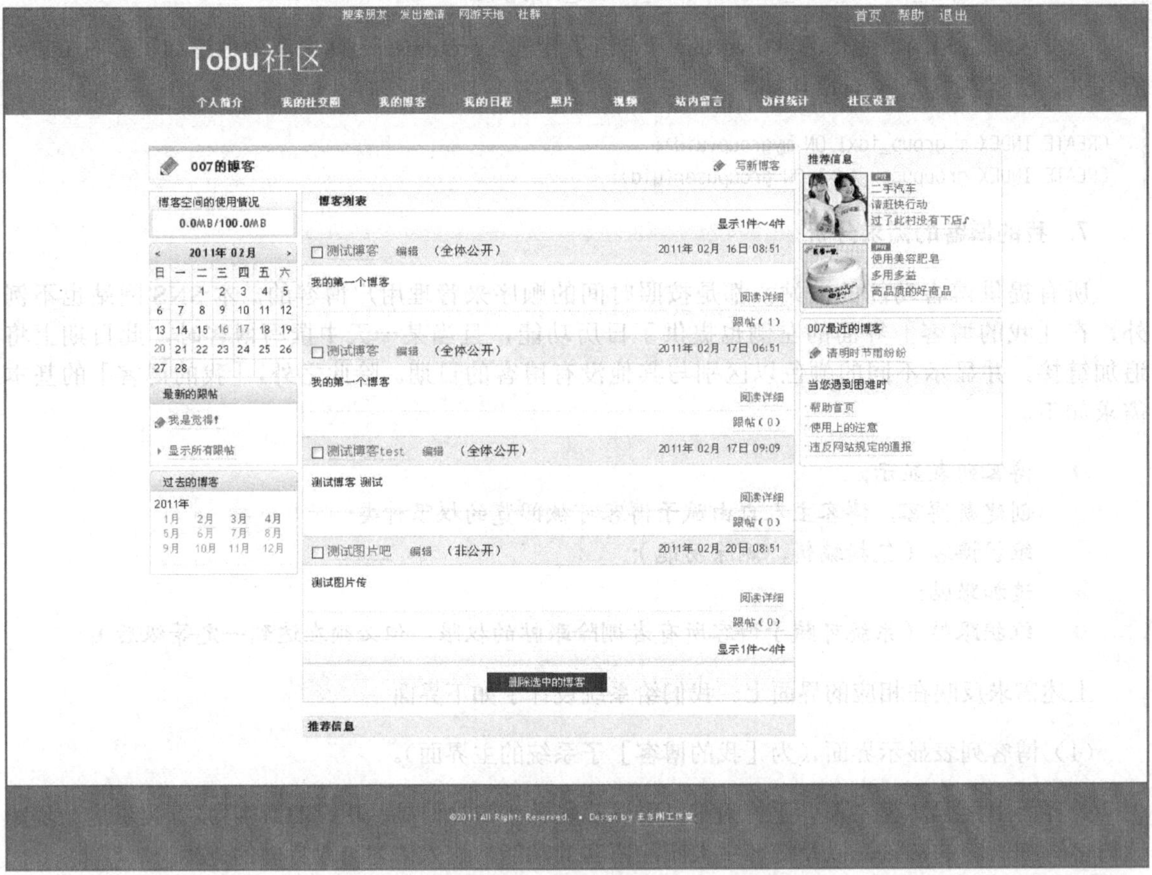

图 14-21　博客列表（［我的博客］子系统主界面）

9. 我的博客的数据库设计

根据以上的界面外观设计，我们为［我的博客］子系统设计了 3 个相关表，依次为博客信息管理、博客跟帖管理和照片管理（照片管理其实为照片子系统所使用的表，由于设计让撰写博客时上传的照片由系统进行统一的管理，需要用到此表）。

搜索朋友　发出邀请　网游天地　社群
首页　帮助　退出
Tobu社区
个人简介　我的社交圈　我的博客　我的日程　照片　视频　站内留言　访问统计　社区设置
写新博客
博客空间的使用情况
0.0MB/100.0MB
2011年 04月
日 一 二 三 四 五 六
最新的跟帖
我是觉得!
显示所有跟帖
过去的博客
2011年
1月 2月 3月 4月
5月 6月 7月 8月
9月 10月 11月 12月
博客内容
标题*
(100字符以内)
正文*
(10000字符以内)
照片
第1枚　浏览…
第2枚　浏览…
第3枚　浏览…
日记的公开范围
标准的公开设置
全部公开
个别公开设置
向铁哥们公开
向朋友公开
选择特定朋友公开
选择组
公开至朋友的朋友
非公开
确认输入内容
推荐信息
二手汽车
请赶快行动
过了此村没有下店♪
使用美容肥皂
多用多益
高品质的好商品
最近的博客
当您遇到困难时
帮助首页
使用上的注意
违反网站规定的通报

图 14-22　创建新博客

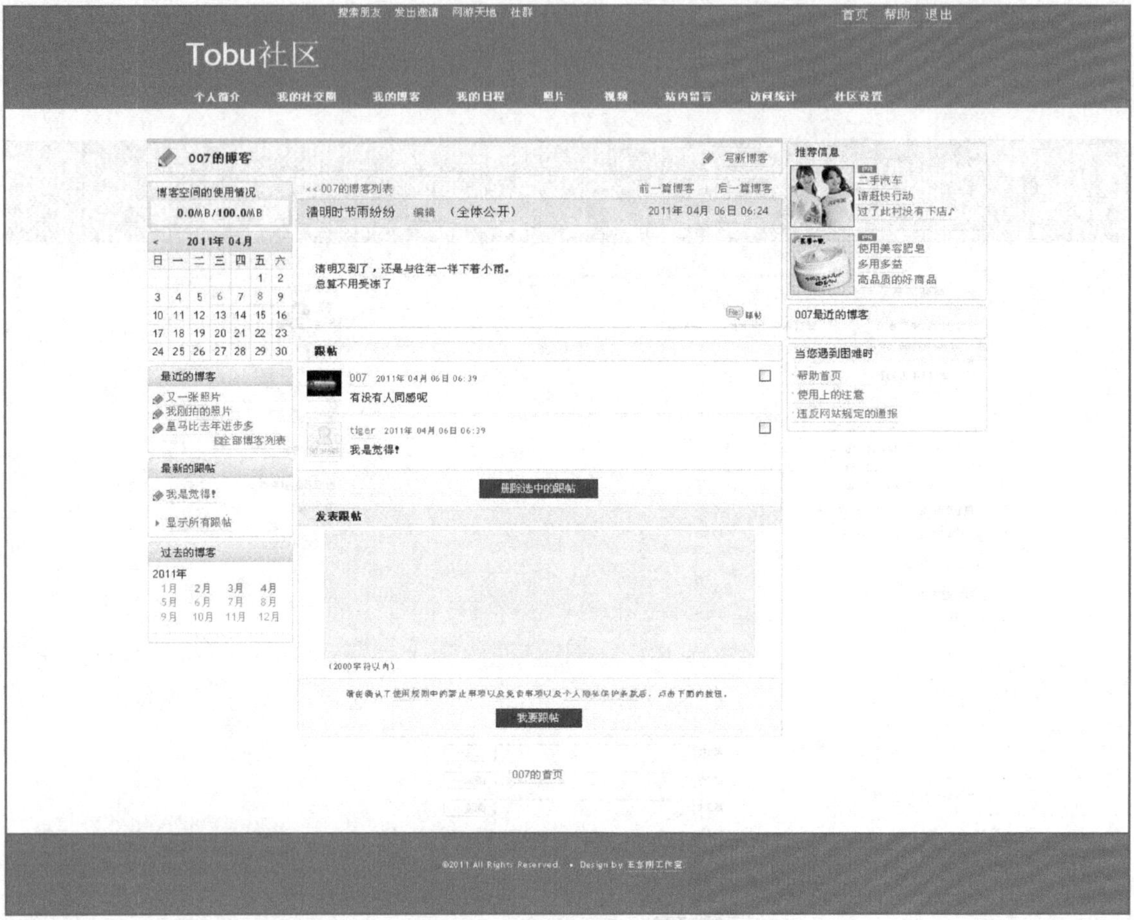

图 14-23　博客阅览（包括跟帖以及跟帖维护功能）

（1）表设计。

具体的表设计如表 14-12 至表 14-14 所示。

表 14-12　　　　　　博客信息管理（blog_master）

序号	列　名	类　型	制　约			备　注
			NOT NULL	默认值	主键	
1	bid	INT(11)			YES	博客 ID（主键）
2	title	VARCHAR(1000)	YES			博客标题
3	contents	text				博客内容
4	openlevel	int(1)	YES			公开权限
5	opengid	INT(11)				公开组 ID
6	uid	int(11)	YES			所有者用户 ID

续表

序号	列　名	类　型	制　约			备　注
			NOT NULL	默认值	主键	
7	year	int(4)	YES			年
8	month	int(2)	YES			月
9	day	int(2)	YES			日
10	bak	varchar(50)				备份
11	bak1	varchar(50)				备份 1
12	udat	DATETIME	YES			博客修改日期
13	cdat	DATETIME	YES			博客创建日期

表 14-13　博客跟帖管理（blog_comment）

序号	列　名	类　型	制　约			备　注
			NOT NULL	默认值	主键	
1	bcid	INT(11)			YES	ID（主键）
2	contents	text	YES			内容
3	uid	int(11)	YES			发表者用户 ID
4	bid	int(11)	YES			博客 ID
5	cdat	DATETIME	YES			主题创建日期
6	udat	DATETIME	YES			主题修改日期

表 14-14　照片管理（picture）

序号	列　名	类　型	制　约			备　注
			NOT NULL	默认值	主键	
1	no	INT(11)			YES	图片号码
2	title	VARCHAR(1000)	YES			标题
3	filename	VARCHAR(200)	YES			图片文件名
4	smallpath	VARCHAR(255)	YES			小图片路径
5	path	VARCHAR(255)	YES			标准图路径
6	largepath	VARCHAR(255)	YES			大图片路径
7	albumid	INT(11)	YES	0		相册 ID
8	sort	INT(1)				排序
9	bid	INT(11)				博客 ID
10	mid	INT(11)				微博 ID
11	uid	int(11)	YES			所有者 ID
12	goodsign	int(11)	YES	0		叫好声
13	udat	datetime	YES			修改日期
14	cdat	datetime	YES			上传日期

（2）索引设计。

针对界面上的博客列表显示，为了提高以日期为条件的检索语句的速度，需要创建针对所有者用户 ID（uid）、年（year）、月（month）、日（day）的索引。另外，公开阅览权限与公开组 ID 也会经常作为检索条件，需要创建索引以提高数据检索速度。与博客信息管理相关的 3 个索引的创建命令如下。

```
CREATE INDEX blog_master_idx1 ON blog_master(openlevel);
CREATE INDEX blog_master_idx2 ON blog_master(opengid);
CREATE INDEX blog_master_idx3 ON blog_master(uid,year,month,day);
```

基于同样的理由，为了博客跟帖管理的博客 ID 创建以下两个索引。

```
CREATE INDEX blog_comment_idx1 ON blog_comment(bid);
CREATE INDEX blog_comment_idx2 ON blog_comment(uid);
```

为照片管理（picture）创建的 4 个索引的命令语句依次如下，其中相册 ID（albumid）、微博 ID（mid）的索引超出了本章的介绍范围。

```
CREATE INDEX picture_idx1 ON picture(uid);
CREATE INDEX picture_idx2 ON picture(mid);
CREATE INDEX picture_idx3 ON picture(bid);
CREATE INDEX picture_idx4 ON picture(albumid);
```

10. 站内留言的需求分析

[站内留言] 子系统的设计目标是创建一种类似于 Web 邮件收发系统的站内留言系统，当用户送出留言同时，系统也会同时向用户的注册留言中发送提示信息，以提高 SNS 网站的使用频率。为了方面，讲解中也将留言列表界面称为“邮箱”。

我们知道一般 Web 留言系统都具有留言的收发功能，留言分别保存在收件箱、发件箱、草稿箱以及垃圾箱中。这 4 种邮箱存储的留言的区别只在于留言所处的状态不同而已，而且 Web 界面的外观也大同小异。因此这 4 种邮箱的显示可在同一个界面程序中实现，我们称为邮箱列表界面。界面上会根据邮箱的不同显示不同的标题，另外留言列表的表格标题也会有些差别。

仿照一般的 Web 留言系统，[站内留言] 子系统应该具有以下主要功能：

- 邮箱留言列表显示（在同一界面中实现不同邮箱的留言列表显示）;
- 创建新留言功能;
- 浏览留言功能;
- 回复朋友留言的功能;
- 留言管理维护功能（包括删除，邮箱间的移动等）。

以上 5 个主要功能在 3 个主要界面（或系列界面，包括确认界面等）实现。

（1）留言列表界面。

留言列表界面是［站内留言］子系统的首页，4 种邮箱在同一个界面中实现，默认显示收件箱。根据邮箱的不同，显示不同的标题，以及不同的表格标题（如草稿箱、发件箱显示收件人，收件箱、垃圾箱显示发件人）。同时提供对留言的维护按钮，收件箱、发件箱、草稿箱界面有“删除”按钮，垃圾箱有“彻底删除”按钮以及“恢复”按钮。另外，随着邮箱的不同，留言列表中的链接也会不同，收件箱、发件箱、垃圾箱中的链接指向留言浏览界面，而草稿箱中的链接则指向留言创建界面（或称为留言修改界面）。

（2）创建留言界面。

点击［站内留言］子系统首页中的创建留言按钮，进入创建留言界面。完成输入的留言内容，可以选择作为草稿保存或者发送给对方。本界面中可以以弹出子界面的形式选择要发送留言的对象。

（3）留言浏览界面。

显示留言的内容的同时，更加留言的状态的不同，显示不同的功能按钮。例如，如果是收件箱的留言，则显示回信以及删除按钮；而如果是垃圾箱的留言则显示彻底删除以及恢复按钮；如果是送件箱的留言情况下，只显示删除按钮。

11．站内留言的界面设计

图 14-24 至图 14-27 依次为收件箱、发件箱、草稿箱、垃圾箱的界面外观。图 14-28 为留言创建界面，图 14-29 为留言显示界面。

图 14-24　收件箱

图 14-25 发件箱

图 14-26 草稿箱

图 14-27　垃圾箱

图 14-28　创建留言

图 14-29 留言显示

12. 站内留言的数据库设计

为了实现上述站内留言的功能，我们采取两张表来管理留言的信息的形式。一张表称为发送留言管理，将要发送留言保存在此表中；另一张表称为接受留言管理，已经发送（对于已经发送的留言来说，站在接受方的角度，即为接受的留言）留言保存在此表中。

发送留言时，逻辑上是分成两个步骤的，首先创建发送留言，接着将这个发送留言转存到接受留言表中，就算留言发送完成了。当然发送留言时会同时向这两个表中追加数据。草稿箱中的留言数据只存在于发送留言管理表中，只有将草稿留言发出时，才将数据转存到接受留言管理表中。总之，应用程序开发时需要注意严格保证这两张表中数据的整合性。

（1）表设计。

表 14-15 和表 14-16 列出了发送留言管理和接受留言管理的设计内容。

表 14-15　　　　发送留言管理（sendmessage）

序号	列名	类型	制约			备注
			NOT NULL	默认值	主键	
1	mid	int(11)			YES	站内留言 ID
2	sendto	int(11)	YES			发送用户 ID
3	uid	int(11)	YES			所属用户 ID（创建用户 ID）
4	title	varchar(400)	YES			留言标题

续表

序号	列　名	类　型	制　约			备　注
			NOT NULL	默认值	主键	
5	delflg	int(1)		0		删除标志（0：未删除，1：删除）
6	contents	text				留言内容
7	sendedflg	int(1)		0		送出标志（0：未送，1：已送）
8	udat	datetime	YES			修改时间
9	cdat	datetime	YES			创建时间

表 14-16　　接受留言管理（recievemessage）

序号	列　名	类　型	制　约			备　注
			NOT NULL	默认值	主键	
1	mid	int(11)			YES	站内留言 ID
2	sendby	int(11)	YES			发送用户 ID
3	uid	int(11)	YES			所属用户 ID（接受用户 ID）
4	title	varchar(400)	YES			留言标题
5	delflg	int(1)		0		删除标志（0：未删除，1：删除）
6	contents	text				留言内容
7	readflg	int(1)		0		阅读标志（0：未阅读，1：已阅读）
8	udat	datetime	YES			修改时间
9	cdat	datetime	YES			创建时间

（2）索引设计。

各邮箱中显示留言列表时，需要经常对发送留言管理表（sendmessage）以及接受留言管理表（recievemessage）进行检索操作，我们这两张表设计的索引如下。

```
CREATE INDEX recievemessage_idx1 ON recievemessage(uid);
CREATE INDEX recievemessage_idx2 ON recievemessage(sendby);
CREATE INDEX sendmessage_idx1 ON sendmessage(uid);
CREATE INDEX sendmessage_idx2 ON sendmessage(sendto);
```

（3）视图设计。

当留言从收件箱、发件箱、草稿箱中删除时，只是将对应记录（有时是发送留言管理表中的记录，有时是接受留言管理表中的记录）的删除标志更新为 1（即删除状态）。因此检索垃圾留言信息时，必须既检索发送留言管理表，也必须检索接受留言管理表中的删除标志为 1 的记录。这时为了简化检索 SQL 语句以及提高效率，可以创建并使用视图。下面是垃圾留言视图（delMessage）的创建命令。

```
CREATE OR REPLACE  VIEW
  delMessage
AS
SELECT
   sendby ,cdat,title,uid,readflg,mid,'recieve' as mode
FROM recievemessage
WHERE delflg=1
union
SELECT
    uid as sendby ,cdat,title,uid,'0' as readflg,mid,'send' as mode
FROM sendmessage
WHERE delflg=1;
```

14.2.3 配置 Zend Framework&Smarty 的运行环境

本书所涉及的应用实例代码都可以从本书的支持网站（http://www.softechallenger.com）上下载，但是在运行本章程序之前，必须配置 Zend Framework&Smarty 的运行环境。

最新的 Zend Framework 库可以从 http://framework.zend.com/download 中下载。本书的支持网站（http://www.softechallenger.com）中也提供了 1.10.2 版的下载链接。Zend Framework 经常进行版本的升级，进行环境配置前建议下载其最新的版本（使用 Zend Framework 时，必须使用 PHP 5.1.4 以后的版本）。

将下载的源代码 ZendFramework-1.10.2.zip 解压缩后，会生成“ZendFramework-1.10.2”样的目录。将该目录下的“/library/Zend”复制到 include_path 中设置的目录中（本书中 Windows 环境为 C:\php5\includes，Linux 环境为/usr/local/lib/php）。然后就可以使用 Zend Framework 的各个组件了。

利用 Smarty 时，需要从 Smarty 官方网站（http://www.fpdf.org/）下载。解压缩下载的 Smarty-X.X.X.zip（X.X.X 为版本号）后，将目录下的“lib”文件夹改名为“Smarty”，并复制到 PHP 的 include_path 的目录下（Windows 环境默认在“C:\php\includes\”，Linux 环境默认在“/usr/local/lip/php/”目录中）。

为了使用 Smarty，需要生成放置模板文件的文件夹，可以在任意目录下生成。本节的例子中在执行 PHP 脚本相同的目录，如表 14-17 所示。

表 14-17　Smarty 运行需要的目录

目 录 名	说 明
templates	放置模板文件的目录
templates_c	放置编译后文件的目录

在 Linux 环境中，要使 PHP 能够操作文件，必须将“templates_c”目录的读写权限设置为“777”。

另外实例代码中可能会用到一些 PEAR 库，关于 Pear 库的安装方法，请参照本书的支持网站或其他参考资料。

14.2.4 系统共通功能设计

为了提高开放效率以及代码可维护性，除了要采用合适的框架（Framework）外，往往还必须尽量多采用共通的设计。例如，14.1.2 小节中介绍的菜单设计就是属于共通功能范畴，所有的界面都有相同的主菜单。除此之外本章的 SNS 网站实例还设计了其他共通的功能，本节将集中介绍几个与数据库表相关的几个共通功能。

1. 数据库连接

数据库的连接，特别是连接步骤，在很多的情况下几乎固定不变。在很多程序中都会用到数据库，当然在使用数据库前必须进行数据库的连接。如果在所有程序中，都追加这个数据库的连接过程，显示是效率不高的。本节将使用 Zend_Db/Zend_Config 程序库，创建负责数据库连接的共通类。

（1）基本要点。

本章将使用 Zend Framework 中包含的组件之一 Zend_Db 来实现数据库连接。

第 14 章中我们学习了使用 mysql_connect 函数进行操作数据库的必要功能，处理速度也挺快。但是在实际使用过程中，还是有些功能存在着不足，其中 mysql_connect 函数处理功能就比较单一。

为克服上述的不足，后来就出现了 PDO 方式，本节将要使用的 Zend_Db 组件比 PDO 方式更进一步。Zend_Db 基本上（还使用了 PDO 以外的扩展库）是以 PDO 为基础开发的数据连接抽象层。追加了几个独特的功能，比 PDO 更好使用。另外，作为 Zend Framework 的一部分，与 Zend Framework 其他组件的结合度非常好。

大家可能会以为又要学习一种新的程序库的使用方法，其实 Zend_Db 的基本使用方法与 PDO 没有什么本质的区别，很容易理解。

（2）代码文件的目录结构。

```
/samples
  /sns
    /application
      DbManager.class.php        统一管理数据库连接的类
      db.ini                     数据库连接的配置文件
```

此处为了方便将 db.ini 放在公开目录下，本来，这样的配置文件应该放在终端用户访问不到的目录下。因为 db.ini 文件中含有数据库链接字符串，链接用的用户名、密码。如果这些信息泄露的话，其他人就可以自由地操作数据库了。

实际运用时，请务必将 db.ini 放在用户访问不到的目录中。

（3）实现代码。

程序 14-1 DbManager.class.php

```
<?php
require_once 'Zend/Config/Ini.php';
require_once 'Zend/Db.php';

class DbManager {
```

DbManager 是只有一个静态方法的简单类。需要链接数据库的地方，在需要数据库操作的地方，进行如下调用：$db= DbManager:: getConnection();就可以建立数据库的连接。

```
        public static function getConnection() {
                $db =NULL;
                try {
```

Zend_Config_Ini 是 Zend_Config 组件中的提供读取.ini 文件，这里将读取数据块名为"database"部分的数据。

```
                        $config = new Zend_Config_Ini(APP.'/db.ini', 'database');
```

生成的 Zend_Config_Ini 对象，将作为 Zend_Db::factory 方法的参数传入。需要的参数就这样传给了 Zend_Db，Zend_Db 将根据传入的参数，进行与数据库连接的准备。

需要注意的是，在 factory 方法被执行时，并不意味着连接建立起来了。对 Zend_Db 来说，只有在 factory 方法执行后，检索执行时，数据库连接才建立起来。

```
                        $db = Zend_Db::factory($config);
```

将数据库操作的文字代码设为 utf8。

```
                        $db->query('SET CHARACTER SET utf8');
                } catch (Zend_Exception $e) {
```

连接发生意外时，显示例外信息，并中断处理。

```
                        die($e->getMessage());
                }
```

操作数据库的适配器类作为 factory 方法的返回值被返回。

```
                return $db;
        }
}
```

程序 14-2 db.ini

Database 数据块里设定了连接数据库所必需的信息。设置的数据从开头依次为适配器、主机名、数据库名、用户名、密码。

```
[database]
adapter = Pdo_Mysql
params.host = localhost
params.dbname = test
params.username = root
```

```
params.password = test
```

需要使用数据库操作的类中，只需要追加如下的代码即可。即追加一个实例变量，然后修改构造方法__construct 与解构方法__destruct。

```
private $_db;
public function __construct() {
        $this->_db = DbManager::getConnection();
}
public function __destruct(){
        $this->_db->closeConnection();
}
```

（4）关于适配器（adapter）类

适配器类就是，Zend_Db 在处理数据库连接时，提供直接功能的类。在 Zend_Db 中，当连接数据库发生改变时，只用修改对应的适配器类，而不用修改代码。Zend_Db 中提供了如表 14-18 所示的适配器类。

表 14-18　　Zend_Db 中提供的适配器类

数　据　库	适　配　器　类	依存的模块
DB2	Pdo_Ibm	pdo_ibm
	Db2	ibm_db2
MySQL	Pdo_Mysql	pdo_mysql
	Mysqli	mysqli
SQL Server	Pdo_Mssql	pdo_mssql
Oracle	Pdo_Oci	pdo_oci
	Oracle	oci8
PostgreSQL	Pdo_Pgsql	pdo_pgsql
SQLite	Pdo_Sqlite	pdo_sqlite

以“pdo_”开头的适配器类是使用在 PDO 函数中，其他适配器类与对应的数据库专用函数。使用 Zend_Db 时，必须将适配器类依赖的模块有效化。

另外，有时一种数据库有多个适配器类（如能用于 MySQL 的有 pdo_mysql 与 mysqli），没有特殊的理由时，优先使用名字以 pdo_开头的适配器类。

2. 网站界面主菜单

在 14.1.2 小节中我们已经介绍了本 SNS 网站菜单的基本情况，其中主菜单（图 14-1 中的 A）是随着界面所有者以及登录用户的变化而变化的，系统将主菜单部分创建了共通。

（1）基本要点。

为了实现这个共通主菜单，追加了以下两张表，即主菜单项目管理（表 14-19）与菜单控制（表 14-20）。

表 14-19　主菜单项目管理（sitemenu）

序号	列　名	类　型	制　约			备　注
			NOT NULL	默认值	主键	
1	menuid	Int(2)			YES	菜单 ID（主键）
2	name	vachar(20)	YES			菜单名
3	url	vachar(255)	YES			菜单 URL
4	cond	vachar(255)				追加条件（Query 字符串）
5	flg	Int(1)		1		有效标示
6	cdate	datetime				创建时间
7	udate	datetime				更新时间

表 14-20　菜单控制（topmenu）

序号	列　名	类　型	制　约			备　注
			NOT NULL	默认值	主键	
1	topid	int(3)			YES	ID（主键）
2	kbn	varchar(20)	YES			菜单种类
3	sid	int(2)	YES			子分类号码
4	menuid	int(2)	YES			菜单 ID

其中主菜单项目管理表中存储了所有可能的主菜单项目，本 SNS 网站有如下 4 种可能的主菜单情况（如图 14-33 所示），因此主菜单项目管理表存储的主菜单项目如表 14-21 所示。

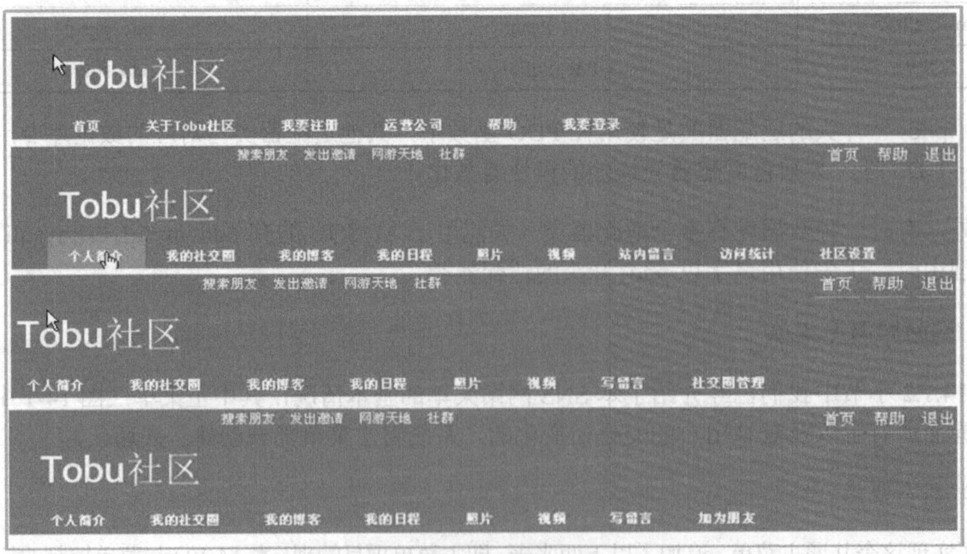

图 14-30　SNS 网站的主菜单

表 14-21　　　　　　　　　　全部主菜单项目

菜单 ID	菜　单　名	菜单 URL	追加条件（Query 字符串）	有 效 标 识
1	个人简介	/snsuser/profile		1
2	我的社交圈	/snsuser/listfriend		1
3	我的博客	/snsuser/blog		1
4	我的日程	/snsuser/schedule		1
5	照片	/snsuser/picture		1
6	视频	/snsuser/video		1
7	站内留言	/messagelist	?mode=recieve&fid=	1
8	访问统计	/snsuser/visitother		1
9	社区设置	/snsuser/config		1
10	写留言	/send	?fid=	1
11	社交圈管理	/snsuser/listfriend		1
12	加为朋友	/snsuser/addfriend	?fid=	1
13	首页	/home		1
14	关于 Tobu 社区	/about		1
15	我要注册	/register		1
16	运营公司	/company		1
17	帮助	/help		1
18	我要登录			1

图 14-30 显示了 4 种可能出现的主菜单情景，从上至下分别为如下情况时显示的菜单：

- 用户未登录前；
- 用户登录后访问自己的界面；
- 用户登录后访问他人的界面，且此人已加入自己的社交圈；
- 用户登录后访问他人的界面，且此人未加入自己的社交圈。

上述 4 种情况依次对应于 4 种子分类号码（sid 列），即 0、1、2、3。此时再根据图 14-30 中的主菜单项目，可以设计出菜单控制表中保存的数据内容，如表 14-22 所示。

表 14-22　　菜单控制数据

ID	菜单种类	子分类号码	菜单 ID
1	main	1	1
2	main	1	2
3	main	1	3
4	main	1	4
5	main	1	5
6	main	1	6
7	main	1	7
8	main	1	8
9	main	1	9
10	main	2	1
11	main	2	2
12	main	2	3
13	main	2	4
14	main	2	5
15	main	2	6
16	main	2	10
17	main	2	11
18	main	3	1
19	main	3	2
20	main	3	3
21	main	3	4
22	main	3	5
23	main	3	6
24	main	3	10
25	main	3	12
26	main	0	13
27	main	0	14
28	main	0	15
29	main	0	16
30	main	0	17
31	main	0	18

注：上述表中菜单种类全部为“main”，本 SNS 实例中只有主菜单为动态菜单，可以扩展到拥有其他动态菜单的情况。

（2）主菜单实现代码。

主菜单实现代码只有一个函数，任何界面只用调用此函数即可。

程序 14-3　getMenuInfo 函数（Index.class.php）

getMenuInfo 函数有两个参数，第一个参数为 HOST 的 URL，第二个参数为界面所有者用户 ID。

```
public function getMenuInfo($base,$ownerid) {
```

默认设置为 [用户未登录]的情况，即分类号码为 0。

```
    $flg=0;
    $sess = new Zend_Session_Namespace('myApp');
    $suserid=$sess->uid;
    if($suserid !=NULL && $suserid !='') {
```

当界面所有者用户 ID（ownerid）与登录者用户 ID（$sess->uid）相同时，即登录后且访问的是自己的界面。当界面所有者为登录用户的朋友（即判别函数 isFriend 返回 true 时），则将分类号码设为 2，即用户登录后访问他人的主页，且此人已加入自己的社交圈。除上述两种情况外，剩下的只能是[用户登录后访问他人的主页，且此人未加入自己的社交圈]的情况，即分类号码为 3。

```
        $flg=3;
        if($suserid == $ownerid) {
                $flg=1;

            }else if($this->isFriend($ownerid)){
                    $flg=2;
            }
        }

```

以分类号码值（flg）为条件，对菜单控制表（topmenu）以及主菜单项目管理表（sitemenu）进行检索，两个表简采取内连接（INNER JOIN）方式。

```
        $stt = $this->_db->prepare("SELECT name,url,m.menuid as menuid ,cond FROM sitemenu AS m INNER JOIN topmenu AS t ON m.menuid=t.menuid WHERE t.sid=:sid and t.kbn=:kbn order by t.topid ");
        $stt->bindValue(':sid', $flg);
        $stt->bindValue(':kbn', 'main');
        $stt->execute();
        $result = $stt->fetchAll();
```

对搜索结果进行循环，组合菜单链接的 URL。

```
        for($i = 0; $i < count($result); $i++) {
            $result[$i]['turl'] =$base.$result[$i]['url'];
```

当链接后带有参数时，必须附加参数。设计有如下约定，即参数字符串的最后一个参数一定是界面所有者 ID（ownerid）。

```
            if($result[$i]['cond']!='') $result[$i]['turl'] = $result[$i]['turl'].$result[$i]['cond'].$ownerid;
```

当 URL 中还有 snsuser 字符串时，将其替换为界面所有者 ID（ownerid）。

```
            $result[$i]['turl'] = mb_ereg_replace('snsuser',$ownerid,$result[$i]['turl'],'mix');
        }
        return $result;
    }
```

isFriend 函数是用于判断界面所有者是否是自己的朋友，或者称是否已经加入到自己的社交圈，即在朋友列表管理（friend）中存在朋友的记录。

```
    private function isFriend($ownerid){
            $sess = new Zend_Session_Namespace('myApp');
            $c  =  $this->_db->fetchOne('select  count(*)  from  friend  where  uid=?  and fuid=?',array($sess->uid,$ownerid));
            return $c;
    }
```

getMenuInfo 函数调用方式如下。

```
$s->assign('topmenu', $this->getMenuInfo($req->getBaseUrl(),$sess->owner));
```

3. 用户登录认证及用户登录处理

所谓登录认证就是当用户链接任意 URL 时，系统会自动判断用户是否处于登录状态。如果没有处于登录状态，则强制进入登录界面让用户完成登录动作。

用户登录认证共通功能是以插件（plugin）的形式实现的。插件有如下特点，首先是用于完成了网站的共通功能，其次是在每个界面显示前，会按照注册的顺序执行。关于插件的详细介绍，可以参考官方文档和其他资料。

本节首先介绍用户认证的插件以及登录（login）功能，用户登录后，将应用程序执行时所需的用户信息以 session 的形式保存起来。

（1）基本要点。

这里利用 Zend Framework 中的 Zend_Auth 组件来实现用户认证功能，Zend_Auth 组件是一个只拥有些基本的功能，检查输入的用户名与密码是否与数据库中的用户名与密码一致，即进行以下的处理：

- 检查用户是否已经认证;
- 登录成功时，显示对应网页。

详细的处理会在后面的代码中一一介绍。

用户登录界面是一个弹出（POPUP）型的界面，默认设置为已弹出状态，如果此界面被关闭，可点击主菜单中的［登录］按钮，重新显示，如图 14-31 所示。

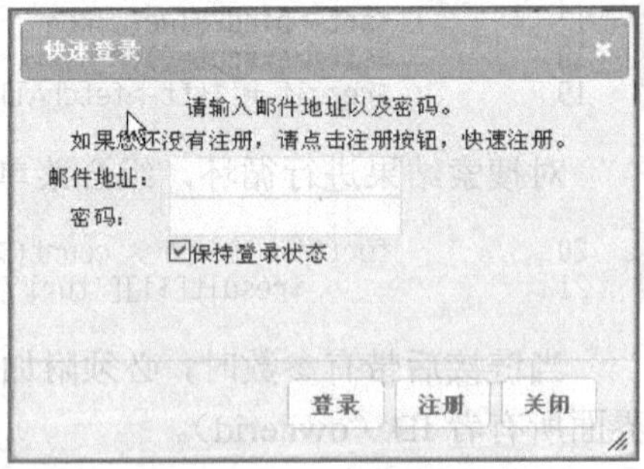

图 14-31　用户登录界面

（2）代码文件的目录结构。

```
/samples
  /sns
    /js
      home.js              用户登录弹出界面的 JavaScript 脚本
```

```
/application
  AuthPlugin.class.php      用户登录认证插件 PHP 脚本
  /default
    /models
      Index.class.php       用户管理相关的函数的 PHP 脚本
    /controllers
      IndexController.php   用户登录控制器（controller）的 PHP 脚本
    /views
      /smarty
      /templates
        main.tpl            用户登录界面
```

（3）使用的数据库表。

首先使用到了用户信息管理表（user，如表 14-2 所示），另外，还使用到自动登录管理表（autologin）如表 14-23 所示，此表用于实现保持用户登录状态的功能（下一次进入 SNS 网站时，不用重新登录）。

表 14-23　　　　自动登录管理（autologin）

序号	列　名	类　型	制　约			备　注
			NOT NULL	默认值	主键	
1	mail	varchar(255)			YES	用户邮件地址
2	loginkey	varchar(255)	YES			Cookie 识别键
3	expire	datetime	YES			Cookie 失效日期

（4）实现代码。

程序 14-4　main.tpl（与用户登录弹出界面相关的部分）

```
1    （省略）
2   <div id="menu">
3      <ul id="main">
4               {foreach from=$topmenu|smarty:nodefaults item="item"}
```

当菜单项目名为“我要登录”时，将其 id 设置为“login”。

```
5              <li><a {if $item.name == '我要登录'}id="login"{/if} {if $item.url !=''}href="{$item.turl|smarty:nodefaults}"{/if}>{$item.name}</a></li>
6              {/foreach}
7      </ul>
8   </div>
```

第 9 至第 32 行为用户登录弹出界面组成代码。此处使用了 jQuery UI 的对话框（dialog）技术，关于 jQuery 的相关知识已经超出了本书的范围，有兴趣的朋友可以参考相关的 jQuery 资料。

```
9   <div id="logindialog" title="快速登录">
10  <p>请输入邮件地址以及密码。<br/>如果您还没有注册，请点击注册按钮，快速注册。</p>
11  <form name="loginform" id="loginform" method="post" action="" >
```

```
<fieldset>
<table width="280" border="0" cellspacing="0" cellpadding="0">
  <tr>
    <td width="75"><label>邮件地址：</label></td>
    <td width="205" align="left"><input type="text" id="mail" name="mail" value="" maxlength="40" validate="loginform" require="<p>请输入邮件地址。</p>"/></td>
  </tr>
  <tr>
    <td>密码：</td>
    <td align="left"><input type="password" id="passwd" name="passwd" value="" maxlength="32" validate="loginform" require="<p>请输入密码。</p>" /></td>
  </tr>
  <tr>
    <td></td>
    <td align="left"><input type="checkbox" id="persistent" name="persistent" value="1" checked/>保持登录状态</td>
  </tr>
  <tr>
    <td colspan="2"><p id="loginerrors"></p></td>
  </tr>
</table>
</fieldset>
</form>
</div>
（省略）
```

程序 14-5　home.js

```
$(function () {
    $('#logindialog').dialog({
                bgiframe: true,
                autoOpen: true,
                modal: true,
                show:'slide',
                width:360,
                height:260,
                buttons: {
```

点击“登录”按钮后，会通过 Ajax 异步调用别名为 login 的控制类（对应为 default/index/login），完成登录动作。

```
                '登录': function() {
                            if(checkCookie()){
                                    $.ajax({
                                                url:'/sns/login',
 data:{mail:document.loginform.mail.value,passwd:document.loginform.passwd.value,persistent:document.loginform.persistent.checked==true?1:0},
                                        type:'POST',
                                        success:function(str){
                                                var flg = str.substr(str.length-1,1);
                                                if(flg=='0'){

                                                        $('p#loginerrors').html('登录失败。请确认邮件地址与密码。').css('color','#f00');
                                                }else{
                                                        location.href='/sns/';
                                                }
                                        }
                            });
```

```
                        }
                },
```

点击“注册”按钮时，关闭对话框，跳转到用户注册界面。

```
                '注册': function() {
                        $(this).dialog('close');
                        location.href='/sns/register';
                },
                '关闭': function() {
                        $('p#loginerrors').html('');
                        $(this).dialog('close');
                }
            },
            close: function(event) {
                    $(':text').val('');
            }
    });

    $('#login').click(function() {
            $('#logindialog').dialog('open');
    });
});
（略）
```

程序 14-6　IndexController.php（部分）

```
<?php
require_once 'Zend/Auth/Adapter/DbTable.php';
require_once APP.'/default/models/Index.class.php';

class IndexController extends Zend_Controller_Action {
（省略）
```

default/index/login 是在登录界面的“登录”按钮按下时被调用的动作，进行用户登录 ID 验证等登录处理。

```
    public function loginAction(){
                $req = $this->getRequest();
                $s = new MySmarty();
                $db = DbManager::getConnection();
                $reg = new MainIndex();
```

使用 Zend_Auth_Adapter_DbTable 类来利用数据库中保存的用户信息进行认证确认。Zend_Auth_Adapter_DbTable 类的构造函数的参数依次为，连接数据库时使用的连接类、保存用户信息的表名、保存用户登录 ID 的列名、保存密码的列名、加密方式（这里采用 md5 加密方式，将输入的密码用 MD5 函数处理后再进行认证）。

```
                $auth = new Zend_Auth_Adapter_DbTable($db, 'user', 'mail', 'passwd', 'md5(?)');
```

使用 setIdentity/ setCredential 方法将输入的用户登录 ID（邮件地址）与密码设置进去。authenticate 方法进行实际认证了，并将结果返回保存在名为$result 的 Zend_Auth_Result 对象中。调用 Zend_Auth_Result::isValid 方法确认认证是否成功。

```
                $auth->setIdentity($req->getPost('mail'))
```

```
                    ->setCredential($req->getPost('passwd'));
            $result = $auth->authenticate();
            if($result->isValid()) {
```

getResultRowObject 方法取得用户表的结果，getResultRowObject 方法带两个参数：第一参数是想取得值的列名，如果要取得所有的列值，将其设为 NULL；第二个参数是想排除的列名，此处设为“passwd”，即取出除了 passwd 外的所有列的值。

```
                    $info = $auth->getResultRowObject(NULL, 'passwd');
```

调用 setAutologin 方法设置自动登录的 Cookie 信息（详细请参照后面的 Index.class.php 的代码）。设置 session 变量 isLogined、uid。setExpirationSeconds 方法是用于设置 session 的有效时间的，1800 表示有效时间，单位秒（即 30 分钟）。

```
                    $reg->setAutologin($req->getPost());
                    $sess = new Zend_Session_Namespace('myApp');
                    $sess->isLogined = TRUE;
                    $sess->uid = $info->uid;
                    $sess->setExpirationSeconds(1800);
```

认证成功返回 1，失败返回 0。

```
                    $s->assign('result','1');
            } else {
                    $s->assign('result','0');
            }
            $s->simpleDisplay($req,'');
    }
```

退出登录状态的动作。

```
    public function logoutAction() {
            $req = $this->getRequest();
            $reg = new MainIndex();
```

delAutologin 方法删除用于自动登录的 Cookie 信息，更新 autologin 表，详细请参照后面的 Index.class.php。Zend_Session::destroy 方法删除所有有效的 session 信息。完成退出登录状态后，也将界面跳转到首页。

```
            $reg->delAutologin();
            Zend_Session::destroy();
            $this->_redirect('/');
    }
    （省略）
```

程序 14-7　Index.class.php（部分）

```
<?php
require_once 'Zend/Mail.php';
require_once 'Zend/Mail/Transport/Smtp.php';
require_once 'Zend/Log.php';
require_once 'Zend/Log/Writer/Stream.php';
class Register{
        private $_db;

        public function __construct() {
```

```
10                  $this->_db = DbManager::getConnection();
11          }
12
13          public function __destruct(){
14                  $this->_db->closeConnection();
15          }
16    （略）
```

本方法是设置自动登录相关的 Cookie 信息，以及在数据库中保存用户的登录状态。关于自动登录的详细说明请参照本节的补充资料。

```
17          public function setAutologin($data){
18                  $str=$data['persistent'];
19                  $sess = new Zend_Session_Namespace('myApp');
```

判断登录界面的自动登录选项是否选择，1 为选择。选中后，进行 21 行到 44 行的处理。

```
20                  if($str ==1 ){
21
```

设置 Cookie 的有效周期，此处设置为一年。

```
22                          session_set_cookie_params(365 * 24 * 3600);
23                          session_start();
```

为判断 autologin 表中是否已经有当前用户的自动登录设置，以登录用户 ID 为条件取得记录数目（不会超过 1）。

```
24                          $count = $this->_db->fetchOne('SELECT count(uid) AS COUNT FROM autologin WHERE trim(uid) = ?',array($data['uid']));
25
```

取得与当前时间相关的乱码，将设置到 Cookie 信息中。

```
26                          $key = sha1( uniqid() . mt_rand() . time());
```

$expire 为 Cookie 的有效时间，在当前时间的基础上往后推一年（3600 * 24 * 365 秒）。

```
27                          $expire = time() + 3600 * 24 * 365;
```

设置 Cookie 值，setcookie 方法中的参数依次为，Cookie 关键字（autoLoginKey）、Cookie 值、有效时间、路径（此处设为根“/”）、主机名（domain）。主机名非常关键，必须正确设为系统所在的主机，否则 Cookie 值将不能被设置。如你的 domain 为 www.examples.com，那么必须将此项修改为 www.examples.com。

```
28                  $domain = ($_SERVER['HTTP_HOST'] != 'localhost') ? $_SERVER['HTTP_HOST'] : false;
29                  setcookie('autoLoginKey', $key, $expire,'/',$domain);
30
```

表 autologin 中存在自动登录的信息时，更新有效时间与 Cookie 值，否则插入对应用户的 Cookie 值。

```
31                  if($count > 0){
32                          $stt   =   $this->_db->prepare('UPDATE  autologin  SET  loginkey=:key, expire=:expire WHERE uid=:uid');
33                          $stt->bindParam(':key' ,$key);
34                          $stt->bindParam(':expire' ,date('Y-m-d G:i:s', $expire));
```

```
                        $stt->bindParam(':uid' ,$data['uid']);
                        $stt->execute();
                }else{
                        $stt    =    $this->_db->prepare('INSERT   INTO   autologin   VALUES
(:uid,:key,:expire)');
                        $stt->bindParam(':uid' ,$data['uid']);
                        $stt->bindParam(':key' ,$key);
                        $stt->bindParam(':expire' ,date('Y-m-d G:i:s', $expire));

                        $stt->execute();
                }
            }else{

                    session_set_cookie_params(0);
            }
        }
```

退出登录状态的方法 delAutologin。

```
        public function delAutologin(){
```

如果存在 Cookie 值 autoLoginKey，先删除 autologin 表中的相关信息，再删除 Cookie 值 autoLoginKey。

```
            if (isset($_COOKIE["autoLoginKey"]) && $_COOKIE["autoLoginKey"]!='') {

                    $stt = $this->_db->prepare('DELETE FROM autologin  WHERE loginkey=:key');
                    $stt->bindParam(':key' ,$_COOKIE["autoLoginKey"]);
                    $stt->execute();
```

Cookie 值不能直接删除，有重新设置 Cookie（设为空）与修改有限时间两种方法，此处将有效时间改为过去的时间（即失效）。为了保证删除 Cookie 值，这里将两种删除方法都用上了。

```
                    setcookie('autoLoginKey');
                    setcookie('autoLoginKey','', time() - 60);
            }
        }
（略）
```

程序 14-8 AuthPlugin.class.php

```
<?php
```

在定义插件（plugin）时，必须继承 Zend_Controller_Plugin_Abstract 类。

```
class AuthPlugin extends Zend_Controller_Plugin_Abstract {
        private $_db;

        public function __construct() {
                $this->_db = DbManager::getConnection();
        }

        public function __destruct(){
                $this->_db->closeConnection();
        }
```

取得已经设置为自动登录的用户邮件地址（mail）。

```
12      private function getMail($key){
13
```

以 Cookie 键和当前的时间为条件检索用户邮件地址（mail）。

```
14              $mail = $this->_db->fetchOne('SELECT mail  FROM autologin WHERE loginkey = ? AND expire > ?
',array($key,date('Y-m-d G:i:s')));
15              if($mail == NULL){
16               $mail='';
17              }else{
```

随时更新用户信息管理表中的最新登录时间。

```
18                      $stt = $this->_db->prepare('UPDATE user SET lastlogin=:lastlogin WHERE mail=:mail');
19                      $stt->bindParam(':lastlogin' ,date('Y-m-d H:i:s'));
20                      $stt->bindParam(':mail' ,$mail);
21                      $stt->execute();
22              }
23              return $mail;
24      }
25
```

定义在 dispatch 循环开始时刻运行的处理。dispatchLoopStartup 方法的参数是请求（request）对象。

```
26      public function dispatchLoopStartup($req) {
```

在 Zend Framework 中管理 session 信息的任务是由 Zend_Session 组件来完成。Zend Framework 中由于安全性的考虑，不推荐使用标准的 session 处理函数。请务必使用 Zend_Session 组件。

而在 Zend_Session 组件中是通过 Zend_Session_Namespace 类来完成 session 信息管理的。在 Zend_Session_Namespace 构造函数的参数中指定 session 信息分组（group）的组名。本系统使用 myApp 这个名称。下面所有 session 信息都在 myApp 这个名称空间下管理着，因此就避免了 session 信息多了出现冲突的情况。

```
27              $sess = new Zend_Session_Namespace('myApp');
```

以“对象名->session 名”的形式取得 session 值。这里判断 session 信息 isLogined 值是否为真（即是否通过认证），未通过认证时，进行 29 至 72 行的处理。

```
28              if($sess->isLogined!=TRUE){
```

如果设置了 Cookie 信息 autoLoginKey，并且在其值非空时，首先取得用户邮件地址，然后 32 到 37 行进行设置 session 信息的处理。

```
29                      if (isset($_COOKIE["autoLoginKey"]) && $_COOKIE["autoLoginKey"]!='' ) {
30                              $mail=$this->getMail($_COOKIE["autoLoginKey"]);
31                              if($mail !=''){
32                                      $sess->isLogined = TRUE;
33                                      $info= $this->_db->fetchRow('SELECT uid,csstype  FROM user WHERE
mail = ? ',array($mail));
34                                      $sess->uid = $info['uid'];
35                                      $sess->css = $info['csstype'];
36                                      $domain = ($_SERVER['HTTP_HOST'] != 'localhost') ? $_SERVER['HTTP_HOST']:
'http://localhost/sns';
37                                      $sess->url=$domain;
```

如果当前界面为用户未登录前的默认主页（default/index/index），自动跳转到登录后的主页（default/index/home）。

```
                    if($req->getModuleName()=='default' && $req->getControllerName()=='index' && $req->getActionName()=='index'){
                        $req->setModuleName('default');
                        $req->setControllerName('index');
                        $req->setActionName('home');
                    }
```

如果不能取得邮件地址，则强制用户重新登录。前提是当前动作不是登录处理本身（default/index/login）,或者非用户注册的各个界面之一（注册界面是不需要登录的，反之用户登录后，限制其进行注册动作）。

```
                }else{
                    if(!(($req->getModuleName() == 'default' &&$req->getControllerName() == 'index' &&$req->getActionName() == 'login')||
                        （略）
                    )){
                        $req->setModuleName('default');
                        $req->setControllerName('index');
                        $req->setActionName('index');
                    }
                }
```

如果 Cookie 信息 autoLoginKey 不存在，也强制用户重新登录。

```
            }else{
                if(!(($req->getModuleName()  ==  'default'  &&$req->getControllerName()  ==  'index' &&$req->getActionName() == 'login')||
                    （略）
                )){
                    $req->setModuleName('default');
                    $req->setControllerName('index');
                    $req->setActionName('index');
                }
            }
```

如果用户已经处于登录状态，且当前界面为未登录时默认主页（default/index/index）时，自动跳转到登录状态的主页（default/index/home）中。

```
        }else{
            if($req->getModuleName()=='default'  &&  $req->getControllerName()=='index'  && $req->getActionName()=='index'){
                $req->setModuleName('default');
                $req->setControllerName('index');
                $req->setActionName('home');
            }
        }
    }
}
```

4. 统一管理各界面的标题与关键字（SEO 对策）

本节将介绍一种考虑到 SEO 对策的共通功能——统一管理各个界面的标题与关键字以及内容介绍。现在像 Google，Baidu 等搜索引擎，在进行网络遍历时，会查看网页的 title 以及 keyword 与

description 的 meta 对，因此如果能提供清晰、简明扼要的 title 以及 keyword 与 description 设置，将有利于网页在搜索引擎中的排名。另外，统一网站的外观，也方便网页管理。

（1）基本要点。

采用上一节的插件（plugin）的方式，将“统一管理网页的标题与关键字”的功能作为共通装进本系统。

另外，在本节的 MetaPlugin 类中，不仅有标题（title）/meta 信息的取得，还包含有网页单位的权限控制功能，即当网页要求的权限与用户所有的权限不一致时，限制用户的访问并显示错误信息。

（2）代码文件的目录结构。

```
/samples
  /sns
    /application
      MetaPlugin.class.php    提供统一管理网页的标题与关键字的 PHP 脚本
```

（3）使用的数据库表。

此功能只涉及 URI 与网页信息对照（metadata）一张表，如表 14-24 所示。

表 14-24　　URI 与网页信息对照表（metadata）

序号	列　名	类　型	制　约			备　注
			NOT NULL	默认值	主键	
1	id	int（11）			YES	界面 ID（关键字）
2	alias	varchar(20)				别名
3	module	varchar(20)				module 名
4	controller	varchar(20)				cotroller 名
5	action	varchar(20)				action 名
6	title	varchar(255)				界面标题
7	keywords	varchar(100)				界面包含的关键字
8	description	varchar(255)				界面内容简介
9	flag	char(1)				是否是与具体用户相关的功能（1：无关，其他：相关）
10	roles	varchar(100)				权限（角色，未使用）
11	parent	int（11）				父界面 ID

（4）实现代码。

程序 14-9　MetaPlugin.class.php

```
<?php
class MetaPlugin extends Zend_Controller_Plugin_Abstract {
        public function dispatchLoopStartup($req) {
                $s = new MySmarty();
                $db = DbManager::getConnection();
```

以 module、controller、action 为条件检索 metadata，取得标题 title、keywords、description 等的值。

```
                $stt = $db->prepare('SELECT * FROM metadata WHERE module=:module AND controller=:controller AND action=:action');
                $stt->bindValue(':module', $req->getModuleName());
                $stt->bindValue(':controller', $req->getControllerName());
                $stt->bindValue(':action', $req->getActionName());
                $stt->execute();
                $sess = new Zend_Session_Namespace('myApp');
```

将取得值设到对应的 session 变量中。

```
                if(($row = $stt->fetch()) !== FALSE) {
                        $sess->title = $row['title'];
                        $sess->keywords = $row['keywords'];
                        $sess->description = $row['description'];
```

当 metadata 的 roles 列的值为非空时，调用方法 checkRoles 进行权限检测。本实例中的界面没有设置任何权限，表 metadata 的 roles 列都设置成了 NULL，因此 checkRoles 方法实际上没有调用。不过关于这种界面级的权限控制方式，有兴趣的读者可以参考。

```
                        if($row['roles'] != ''){
                                $this->checkRoles($sess->roles, $row['roles']);
                        }
                } else {
                        $sess->title = '';
                        $sess->keywords = '';
                        $sess->description = '';
                }
        }

```

网页权限检查函数有两个参数，分别为登录用户的权限，当前网页需要的权限。

```
        private function checkRoles($my, $page) {
                $flag = FALSE;
```

表 metadata 中的权限设置为以逗号分隔的角色字符串，此处先将其分割为字符串数组。

```
                $roles = explode(',', $page);
```

数组中存在于用户权限一致的串时返回 TRUE。

```
                foreach($roles as $role) {
                        if(trim($my) == trim($role)) { $flag = TRUE; }
                }
```

用户不拥有操作网页的权限时，在界面显示“您没访问权限。”的错误信息，而不返回任何值。

```
            if(!$flag){
                $res = $this->getResponse();
                $res->setBody('您没访问权限。');
                $res->outputBody();
                exit(0);
            }
        }
    }
```

（5）关于访问权限。

当界面出现访问权限错误时，界面上会显示如下的信息：

```
您没有访问权限。
```

本系统因为没有控制界面单位的权限，因此将 metadata 的 roles 列全面置为 NULL，因此[$row['roles'] != '']的值为 False，系统忽略权限检查的处理。

5. 网页别名化处理

在 Zend Framework 中，请求 URI 有着特殊的形式，例如本系统默认的请求 URI 的形式如下。

- http://localhost/samples/sns/default/index/list
- http://localhost/samples/sns/bm/config

这样的请求 URI 不仅显得长，特别是在后面再带几个 Query 信息后，就显得烦琐。而且，当了解 Zend Framework 技术的人看到这个请求 URI 时，就可以猜出 module、controller、action 的名称，从而能了解应用程序的结构特征。这显然不利于系统的安全，以及网站技术的保密。本节将介绍本系统的共通功能之一——利用别名，隐藏网页真实路径，解决上述的问题。

（1）基本要点。

在本系统中可以将界面的请求 URI 分成两种类型：一种与具体用户无关的公共功能，另一种是与特定用户相关的界面（功能）。注意，后一种界面一部分也是可以被其他用户或客人访问的，只是信息为特定的用户所有，当然只有所有者才能维护这些信息。

在系统中，针对上述两种类型的请求 URI，有两种不同的形式。其中第一种情况的请求 URI 为：http://localhost/samples/sns/别名。

而第二种情况的请求 URI 为：http://localhost/samples/sns/用户 ID/别名。

别名与具体的 action 的一一对应信息保存在表 metadata 中，表 14-25 列出了其中的部分数据。

表 14-25 metadata 中的部分数据

编　号	别　名	module 名	controller 名	action 名	URI 类型标识
2	home	default	index	home	1
3	about	default	index	about	1
11	listfriend	friend	index	list	
13	blog	blog	index	index	

注：其中 URI 类型识示为 1 时，表示此网页的请求 URI 为第一种情况。

而上述两种类型的请求 URI 在表 sitemenu 中保存的形式是不同的，具体的类型如表 14-26 所示。

表 14-26 请求 URI 的不同形式

请求 URI 类型	保存的 URI
第一种（公共）	/别名
第二种（用户特有）	/snsuser/别名

（2）代码文件的目录结构。

```
/samples
  /sns
    /application
      DispatchPlugin.class.php    处理别名请求 URI 的共通功能 PHP 脚本
```

（3）使用的数据库表。

别名功能所使用的表也是 URI 与网页信息对照表（metadata），可以参照表 14-23。

（4）实现代码。

程序 14-10 DispatchPlugin.class.php

```
<?php
require_once 'Zend/Cache.php';

class DispatchPlugin extends Zend_Controller_Plugin_Abstract {
    public function dispatchLoopStartup($req) {
        $sess = new Zend_Session_Namespace('myApp');
```

取出 module 名，以及用户 ID。当请求 URI 为“/用户 ID/别名”时，当系统根 URI（http://localhost/samples/sns/）后紧接的 module 名没有在 index.php 中注册，则 getModuleName 方法取得的值为“default”，而 getControllerName 方法取得就是用户 ID 了。

```
        $module=$req->getModuleName();
        $userid=$req->getControllerName();

```

在用户 ID 为“auth”、“index”、“error”、“about”（这些都是 default 模块中的 controller 类名）以外时，调用 setTrueAction 方法进行别名到实际 action 的转换。

```
10              if($module == 'default' && $userid != 'auth' &&$userid != 'index'&& $userid != 'error'&&
$userid != 'about' ){
11                      $this->setTrueAction($req);
12              }else{ $sess->owner=$sess->uid; }
```

获取用户个性样式类型（csstype），用于界面显示。

```
13              $sess->css=$this->_db->fetchOne('SELECT csstype  FROM user WHERE uid = ?  ',array($sess->owner));
14          }
```

定义将别名转换到实际 action 的方法。带一个参数——请求对象 req。

```
15          private function setTrueAction($req){
```

取出用户 ID、别名。

```
16              $module=$req->getModuleName();
17              $userid=$req->getControllerName();
18              $alias=$req->getActionName();
```

进行别名的检查。当请求 URI 为“要点”中介绍的第一种情况时，变量 userid 中设置的显然是别名。因此在第 20 行进行再赋值处理。

```
19              if($this->checkAlias($userid)==TRUE) {
20                      $alias=$userid;
21                      $userid = '';
22              }
23
24              $sess = new Zend_Session_Namespace('myApp');
```

将别名保存在 session 变量 alias 中。

```
25              $sess->alias = $alias;
26
```

别名与网页的标题，介绍等一样不会经常发生修改的，为提高效率将其保存在缓冲中，此处初始化缓冲对象。

```
27              $cache = Zend_Cache::factory('Core', 'File',
28                      array('lifetime' => null, 'automatic_serialization' => TRUE),
29                      array('cache_dir' => './application/tmp/')
30              );
31              $db = DbManager::getConnection();
```

如果在缓冲中已经存在别名数组，使用 load 方法取出，否则在 33 行至 34 行进行从数据库取出所有别名，并利用 save 方法以“alias”的名称保存在缓冲中。

```
32              if(!$allalias = $cache->load('alias')) {
```

调用 setAlias 方法从数据库取出所有的别名。

```
33                      $allalias = $this->setAlias($db);
34                      $cache->save($allalias, 'alias');
35              }
36
```

定义默认 action，这样如果输入的 URL 不合法，将统一跳转到本系统的首页。

```
37              $req->setModuleName('default');
38              $req->setControllerName('index');
39              $req->setActionName('index');
```

第 43 行进行所有者（用户 ID）检查，显然如果是第一种请求 URI 时，不用进行这种检查。因此第 40 行又一次调用 checkAlias 方法进行判断。

```
40              if($this->checkAlias($alias)==TRUE){
41                      $c=1;
42              }else{
43                      $c = $db->fetchOne('select count(uid) as c from user where uid=?',array($userid));
44              }
```

取得包含当前 module/controller/action 的数组，放置在变量$dispatch 中。

```
45              $dispatch=$allalias[$alias];
46
```

如果用户 ID 有效，且变量$dispatc 为数组时，则进行重新设置 module/controller/action 的工作。

```
47              if($c > 0 && is_array($dispatch)){
48                      $req->setModuleName($dispatch['module']);
49              $req->setControllerName($dispatch['controller']);
50                      $req->setActionName($dispatch['action']);
```

将用户 ID 保存在 session 变量 owner（所有者 ID）中。

```
51                      $sess->owner = $userid;
52              }
53          }
54
```

定义从数据库中取出别名的方法。

```
55          private function setAlias($db){
```

从表 metadata 中检索所有别名列数值为非空（即条件为[alias <>'']）的记录。

```
56              $stt = $db->prepare('SELECT alias,module,controller,action FROM metadata WHERE alias
<> :alias order by id');
57              $stt->bindValue(':alias', '');
58              $stt->execute();
```

循环将检索出的 module/controller/action 放在联想数组 result 中，使用$result["别名"]后就可以取得对应的 module/controller/action。

```
59              while($row = $stt->fetch()){
60                      $tmp = array(
61                              'module' => $row['module'],
62                              'controller' => $row['controller'],
63                              'action' => $row['action']);
64                      $result[$row['alias']] = $tmp;
65              }
66              return $result;
67          }
```

定义别名检查方法。参数为检查对象，检查对象是否为“要点”中介绍的第一种请求 URI 的别名。

```
68          private  function checkAlias($alias) {
69                  $db = DbManager::getConnection();
```

检查方法很简单。首先在第 70 行至 72 行的处理中取出表 metadata 中所有第一种请求 URI 的别名（即分类标示 flag 为 1）。

```
70                  $stt = $db->prepare('SELECT alias FROM metadata WHERE flag=:flag');
71                  $stt->bindValue(':flag', '1');
72                  $stt->execute();
73                  $flag = FALSE;
74                  $str ='';
```

对所有取出的别名进行循环。与检查对象相等时，返回 TRUE（默认为 FALSE），并退出循环。

```
75                  while($row = $stt->fetch()){
76                          if($row['alias'] == $alias){
77                                  $flag = TRUE;
78                                  break;
79                          }
80                  }
81                  return $flag;
82          }
83  }
```

14.3 子系统详细代码及解说

本节首先介绍一下用户注册的详细代码，接着介绍［个人简介］、［我的社交圈］、［我的博客］、［站内留言］四个子系统主要界面的原代码及其详细讲解。

14.3.1 用户注册

1. 用户注册的处理概要

用户注册的处理流程图如图 14-32 所示。处理流程依次为输入邮件地址（将作为网站的登录 ID），发送确认邮件，根据邮件包含的 URL 进入个人基本信息输入界面，确认输入内容，登记个人信息，进入手机号码输入界面，完成手机号码登记结束注册。

2. 代码文件的目录结构

```
/samples
  /sns
    /application
      /default
        /models
          Index.class.php               含有用户注册相关的函数的 PHP 脚本
        /controllers
          IndexController.php           用户注册控制器（controller）的 PHP 脚本
        /views
```

```
/smarty
/templates
 /index
        register.tpl          邮件地址输入界面
        registercom.tpl       邮件发送及确认界面
        register1.tpl         用户基本信息输入界面
        register1com.tpl      用户基本信息确认界面
        register2.tpl         手机号码输入界面
        register2com.tpl      手机号码登录完成确认界面
```

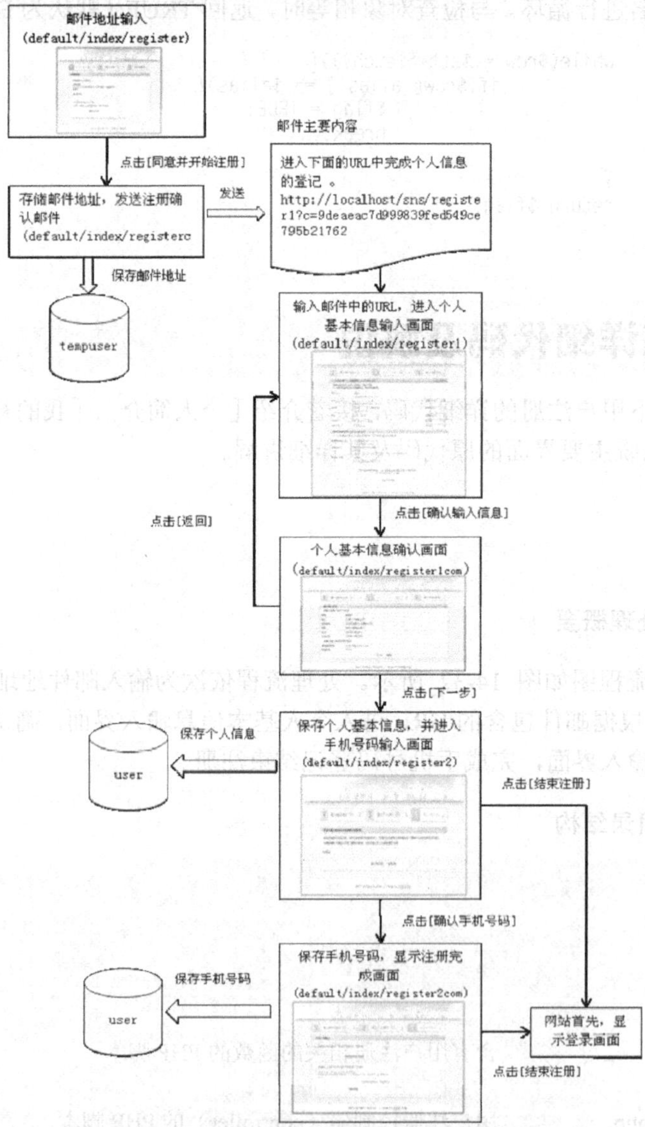

图 14-32　用户注册处理流程

3. 主要实现代码

因为用于生成用户界面的，后缀为 tpl 文件中的代码都是以 HTML 为基础，加入了一些 Smarty 模板语法的代码，比较容易理解。所以，除了一些特别复杂的代码之外，本章中将省略 tpl 代码的相关解说。

程序 14-11 IndexController.php

```
<?php
 （略）
```

导入 Index.class.php 文件，所有业务处理函数都包含在此文件中。

```
require_once APP.'/default/models/Index.class.php';
 （略）
class IndexController extends Zend_Controller_Action {
 （略）
```

邮件地址输入界面的 action 方法。

```
    public function registerAction(){
            $req = $this->getRequest();
            $s = new MySmarty();
            $s->simpleDisplay($req,'');
    }
```

邮件地址输入确认界面的 action 方法。

```
    public function registercomAction(){
            $req = $this->getRequest();
            $s = new MySmarty();
            $idx = new MainIndex();
```

调用 setInfo 函数完成保存用户邮件地址以及向用户发送确认邮件的处理。

```
            $idx->setInfo($req->getPost(),$s);
            $s->simpleDisplay($req,'');
    }
```

用户基本信息输入界面的 action 方法。

```
    public function register1Action(){
            $req = $this->getRequest();
            $s = new MySmarty();
            $idx = new MainIndex();
```

调用 checkURL 函数判断 URL 是否正确，如果邮件地址与预登录的一致，则进入个人基本信息界面，否则跳转到未登录前的默认首页。

```
        if($idx->checkURL($req->getQuery('c'),$s))
                $s->simpleDisplay($req,'');
        else
                $this->_redirect('/register');
    }
```

用户个人基本信息确认界面的 action 方法。

```
    public function register1comAction(){
            $req = $this->getRequest();
            $s = new MySmarty();
            $idx = new MainIndex();
            $idx->setConfirmInfo($req->getPost(),$s);
            $s->simpleDisplay($req,'');
    }
```

用户手机号码输入界面的 action 方法。

```
    public function register2Action(){
            $req = $this->getRequest();
            $s = new MySmarty();
            $idx = new MainIndex();
```

调用 setRealInfo 函数保存用户的个人基本信息。

```
            $idx->setRealInfo($req->getPost(),$s);
            $s->simpleDisplay($req,'');
    }
```

手机号码登录完成确认界面的 action 方法。

```
    public function register2comAction(){
            $req = $this->getRequest();
            $s = new MySmarty();
            $idx = new MainIndex();
```

调用 setUpdInfo 函数保存用户输入的手机号码。

```
            $idx->setUpdInfo($req->getPost(),$s);
            $s->simpleDisplay($req,'');
    }
  （略）
}
```

程序 14-12　Index.class.php

```
<?php
（略）
```

本节中将使用 Zend_Mail 组件来发送邮件，需要将以下两个类包含进来。

```
require_once 'Zend/Mail.php';
require_once 'Zend/Mail/Transport/Smtp.php';
class MainIndex {
（略）
```

定义由分类类型名与值获取分类名称的函数。

```
    public function getKbnName($kind,$id){
            return $this->_db->fetchOne('SELECT name FROM kbn_master WHERE kind=? and id=?',array($kind,$id));
    }
```

检查用户输入的邮件地址（由 MD5 加密）是否合法（即是否已经登录且在 24 小时之内）。合法返回 1，否则返回 0。

```
    public function checkURL($c,$s){

                $expire = time() - 3600 * 24 * 365;
                $cn = $this->_db->fetchOne('select count(*) from tempuser where md5_mail=? and cdate
> ?',array($c,date('Y-m-d G:i:s',$expire)));
                if($cn > 0){
```

如果邮件地址合法，则为显示个人基本信息输入界面做准备，即为了省直辖市下拉框以及市县下拉框准备数据。

```
                        $stt = $this->_db->prepare('SELECT id,name FROM kbn_master where kind=:kind  ORDER BY id  ');
            $stt->bindValue(':kind','province');
                        $stt->execute();
                        $result = $stt->fetchAll();
                        $s->assign('allprovinces',$result );

                        $stt = $this->_db->prepare('SELECT id,name FROM kbn_master where kind=:kind  ORDER BY id  ');
            $stt->bindValue(':kind','city');
                        $stt->execute();
                        $result = $stt->fetchAll();
                        $s->assign('allcitys',$result );

```

邮件地址合法时，更新预登录表（tempuser）中的有效标示。

```
            $s->assign('email',$this->_db->fetchOne('select mail from tempuser where md5_mail=? ',array($c)));
                        $this->_db->query('update tempuser set validflg=1 where md5_mail=?',$c);
            }else{
```

邮件地址不合法时删除预登录表中的数据，其他不合法数据可能通过编写批处理（batch）程序进行处理。

```
                        $this->_db->query('delete from tempuser where md5_mail=?',$c);
            }
            return $cn;

    }
```

setConfirmInfo 方法为用户个人信息输入确认界面准备数据，主要是将从输入界面取得的类型值转换为对应类型名称，这些通过调用上面定义的 getKbnName 函数实现。

```
    public function setConfirmInfo($info,$s){
                $info['name_level_name']=$this->getKbnName('level',$info['name_level']);
                $info['location_level_name']=$this->getKbnName('level',$info['location_level']);
                $info['sex_level_name']=$this->getKbnName('level',$info['sex_level']);
                $info['birthday_level_name']=$this->getKbnName('level',$info['birthday_level']);
                $info['age_level_name']=$this->getKbnName('level',$info['age_level']);
                $info['location_pref_name']=$this->getKbnName('province',$info['location_pref']);
                $info['location_area_name']=$this->getKbnName('city',$info['location_area']);
                $info['sex_name']=$this->getKbnName('sex',$info['sex']);
                $s->assign('info',$info );
    }
```

setInfo 方法将用户输入的邮件地址保存到预登录表（tempuser）中，并向用户邮件地址发送登录确认信息，邮件中包含用户实际登录用的 URL。

```
46     public function setInfo($data,$s) {
```

首先检查预登录表中是否含有输入的邮件地址。如果已经存在了，则进行 49 行到 60 行的处理。

```
47             $cn = $this->_db->fetchOne('select count(*) from tempuser where mail=? ',array($data['email']));
48     if($cn > 0){
49
```

如果预登录表中已经存在了有效的邮件地址（有效标志 validflg 值为 1），说明已经登录，强制其返回到登录界面（flg 置为 0，将自动返回到登录界面）。

```
50                 $cn1 = $this->_db->fetchOne('select count(*) from tempuser where mail=? and validflg=1
',array($data['email']));
51                 if($cn1 > 0){
52                         $s->assign('flg','0');
53                 }else{
```

如果有效标志为 0，说明用户上一次在 24 小时的有效时间内没有完成登录，需要重新给其发送登录邮件。并更新登录时间 cdate（第 55 行完成）。调用 sendMail 方法向用户登录邮件发送确认信息，此方法成功则 true，失败时返回 false。邮件发送失败时，将不会进行更新动作，而将强制返回到登录界面。

```
54                         if($this->sendMail($data['email'])==true){
55                                 $this->_db->query('update tempuser set cdate = ? where mail=?',array(date
('Y-m-d H:i:s'),$data['email']));
56                                 $s->assign('flg','1');
57                         }else{
58                                 $s->assign('flg','0');
59                         }
60                 }
61         }else{
```

如果预登录邮件中不存在记录，进行 62 到 73 行的处理。首先发送确认信息的邮件，发送成功时，向预登录表（tempuser）中插入数据。否则将会返回到登录界面，让用户重新进行注册。

```
62                 if($this->sendMail($data['email'])==true){
63                         $this->_db->insert('tempuser',
64                                 array(
65                                         'mail'          => $data['email'],
66                                         'md5_mail'      => md5($data['email']),
67                                         'cdate'         => date('Y-m-d H:i:s')
68                                 )
69                         );
70                         $s->assign('flg','1');
71                 }else{
72                         $s->assign('flg','0');
73                 }
74         }
75         $s->assign('mail',$data['email']);
76     }
```

setRealInfo 方法用于保存用户输入的个人基本信息。

```
77     public function setRealInfo($data,$s) {
78         $this->_db->insert('user',
79                         array(
80                                 'mail'     => $data['email'],
```

```
                    'nick_name'    => $data['nickname'],
                    'first_name'    => $data['first_name'],
                    'last_name'    => $data['last_name'],
                    'name_level'    => $data['name_level'],
                    'province'    => $data['location_pref'],
                    'city'    => $data['location_area'],
                    'location_level'    => $data['location_level'],
                    'passwd'     => md5($data['password1']),
                    'sex'    => $data['sex'],
                    'sex_level'    => $data['sex_level'],
                    'year'=> $data['year'],
                    'age_level' => $data['age_level'],
                    'month'  => $data['month'],
                    'day' => $data['day'],
                    'birthday_level' => $data['birthday_level'],
                    'validflg'=>1,
                    'roles'     => 'user',
                    'udate'     => date('Y-m-d H:i:s'),
                    'cdate'     => date('Y-m-d H:i:s')
                )
        );
```

用户的兴趣可选择多种，都保存在表 interest 中。

```
        $uid =  $this->_db->fetchOne('SELECT LAST_INSERT_ID() AS uid');
        $this->_db->insert('interest',
                array(
                    'uid'    => $uid,
                    'udat'     => date('Y-m-d H:i:s'),
                    'cdat'     => date('Y-m-d H:i:s')
                )
        );
        $s->assign('email',$data['email']);
    }
```

方法 setUpdInfo 保存用户输入手机号码，此处需要完成向用户手机发送短信的处理。此超出了本章的范围所以略去，有兴趣的读者可以自行补充。

```
    public function setUpdInfo($data,$s){
        $this->_db->query('UPDATE user set mobile = ? ,udate=? where mail=?',array($data['mobile'],
date('Y-m-d H:i:s'),$data['email']));
        $s->assign('mobile',$data['mobile']);
        //给手机发送短信程序，此处略去
    }
```

方法 sendMail 完成确认邮件的发送工作，邮件的模板保存在文件 templete.txt 中。

```
    private function sendMail($email) {
        $info=file_get_contents(APP.'/templete.txt');
        $info=mb_convert_encoding($info,'UTF-8','auto');
        $domain = ($_SERVER['HTTP_HOST'] != 'localhost') ? $_SERVER['HTTP_HOST'] : 'http://localhost/sns';
```

函数 str_replace 用于将模板中的 mydomain 以及 md5_name 字符串替换为自己的东西。

```
        $info=str_replace('mydomain',$domain,$info);
        $info=str_replace('md5_name',md5($email),$info);
        $subject="Tobu 社区注册导航";
        try{
```

依次设置您所用的 smtp 服务器、邮件服务端口、用户名、密码来初始化 Zend_Mail_

Transport_Smtp 类。此处必须将邮件发送的处理包含在[try{}catch(){}]块中，这样当邮件发送成功时返回 true，抛出异常、发送失败时返回 false。邮件发送函数 send 是不返回任何数值的。

```
                    $smtp = new Zend_Mail_Transport_Smtp('您的 smtp 服务器' ,array('port' =>'邮件服务端口','auth'=>'login','username'=>'用户名','password'=>'密码'));
                    Zend_Mail::setDefaultTransport($smtp);
```

初始化 Zend_Mail 类将邮件的字符代码设置为 UTF-8，需要注意的是保存邮件模板的 templete.txt 文件也必须以 UTF-8 方式保存。方法 addTo 中设置对方的邮件地址，setFrom 方法用于设置在用户邮件中发送方名称及发送方邮件地址，setSubject 方法用于设置邮件的主题，setBodyText 方法中设置邮件的内容。其中 setBodyText 方法是以普通的文本形式发送邮件内容的，其他的还有 setBodyHtml 方法，以 HTML 形式发送邮件。

```
                    $mail = new Zend_Mail('UTF-8');
                    $mail->addTo($email);
                    $mail->setFrom('admin@tobu.com', $this->encode('Tobu 社区注册导航'));
                    $mail->setSubject($this->encode($subject));
                    $mail->setBodyText($this->encode($info));
                    $mail->send();
                    return true;
            }catch(Zend_Exception $e){
                    return false;
            }
    }
    private function encode($str){return mb_convert_encoding($str, 'UTF-8', 'auto');}
（略）
}
```

14.3.2 个人简介

1. 个人简介的处理概要

个人简历子系统的处理流程图如图 14-33 所示。访问个人简历界面的用户中有 3 种类型，分别为本人、朋友、非朋友。在本人的情况下，可以使用系统提供的对个人简介的修改、个人形象照片的修改、定制个性化用户界面（此方面的功能本章没有介绍）等功能。在朋友的情况下，除了可以浏览面向朋友公开的个人简介信息外，还可以为朋友撰写介绍信息，向他人推介您的朋友。在非朋友的情况下，只能浏览一般公开的个人简介信息。

2. 代码文件的目录结构

```
/samples
  /sns
    /application
      /default
        /models
          Index.class.php                定义个人简介相关业务函数的 PHP 脚本
        /controllers
```

```
        IndexController.php          个人简介控制器（controller）的 PHP 脚本
      /views
        /smarty
        /templates
          /index
               profile.tpl           个人简介界面
               edit.tpl              个人简介更新界面
               editcom.tpl           个人简介更新确认界面
               imgchange.tpl         个人形象照片上传相关界面
```

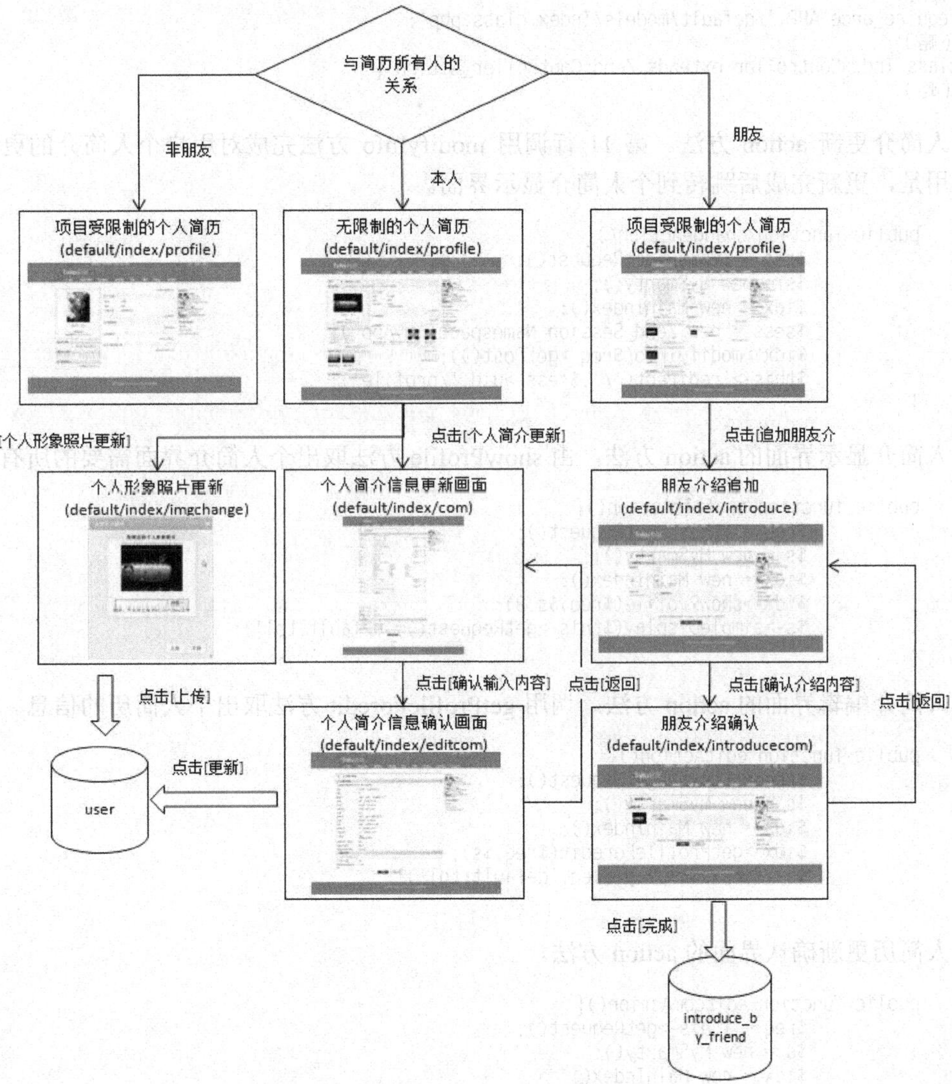

图 14-33　个人简介的处理流程

3. 主要实现代码

本节同样省略了对用户界面代码（tpl 文件）的解说。另外，因为本节主要介绍个人简介的显示，以及个人简介更新等与数据库关系紧密的实现代码，其他的如个人形象照片更新，朋友介绍追加等请参照本章 SNS 网站的源代码，所有源代码都可从本书的支持网站（http://www.softechallenger.com）上下载。

程序 14-13　IndexController.php

```
1  <?php
2  require_once APP.'/default/models/Index.class.php';
3  （略）
4  class IndexController extends Zend_Controller_Action {
5  （略）
```

个人简介更新 action 方法。第 11 行调用 modifyInfo 方法完成对用户个人简介的更新。第 12 行的作用是，更新完成后跳转到个人简介显示界面。

```
6      public function changeAction(){
7              $req = $this->getRequest();
8              $s = new MySmarty();
9              $idx = new MainIndex();
10             $sess = new Zend_Session_Namespace('myApp');
11             $idx->modifyInfo($req->getPost());
12             $this->_redirect('/'.$sess->uid.'/profile');
13     }
```

个人简介显示界面的 action 方法，由 showProfile 方法取出个人简介界面需要的所有信息。

```
14     public function profileAction(){
15             $req = $this->getRequest();
16             $s = new MySmarty();
17             $idx = new MainIndex();
18             $idx->showProfile($req,$s,3);
19             $s->simpleDisplay($this->getRequest(),'default.tpl');
20     }
```

个人简介编辑界面的 action 方法。调用 getProfileForedit 方法取出个人简历的信息。

```
21     public function editAction(){
22             $req = $this->getRequest();
23             $s = new MySmarty();
24             $idx = new MainIndex();
25             $idx->getProfileForedit($req,$s);
26             $s->simpleDisplay($req,'default.tpl');
27     }
```

个人简历更新确认界面的 action 方法。

```
28     public function editcomAction(){
29             $req = $this->getRequest();
30             $s = new MySmarty();
31             $idx = new MainIndex();
32             $idx->comProfile($req,$s);
33             $s->simpleDisplay($req,'default.tpl');
```

```
    }
 （略）
}
```

程序 14-14　Index.class.php

```
<?php
    （略）
class MainIndex {
    （略）
```

定义 getProfileForedit 方法从数据库中取出个人简历信息。

```
    public function getProfileForedit($req,$s){
        $sess = new Zend_Session_Namespace('myApp');
```

调用共通函数 getMenuInfo 生成界面的主菜单。

```
        $s->assign('topmenu', $this->getMenuInfo($req->getBaseUrl(),$sess->owner));
```

“from”项目非空时，则可以判断前一界面为个人简历确认界面。调用不带参数的 getPost 方法将来自确认界面的保存到变量 profile 中。

```
        if($req->getPost('from')!=NULL && $req->getPost('from')!=''){
                $profile = $req->getPost();
        }else{
```

检索用户信息管理表（user），条件是界面的用户所有者 ID（$sess->owner）。同时检索用户嗜好管理表（hobby），取出用户嗜好信息。

```
            $profile = $this->_db->fetchRow("SELECT nick_name, lastlogin,mail,first_name,last_name,name_level,mobile,province,city,location_level,bornprovince,borncity,bornlocation_level,appeal,sex,sex_level,blandtype,occupy,occupy_level,company,company_level,school,school_level,year,age_level,month,day,birthday_level,profile_search_flg,mail_search_flg,cdate FROM user WHERE uid = ?",array($sess->owner));
            $stt = $this->_db->prepare('SELECT * FROM hobby where uid=:uid  ORDER BY hid  ');
            $stt->bindValue(':uid', $sess->owner);
            $stt->execute();
            $result = $stt->fetchAll();
            for($i = 0;$i < count($result);$i++){
                    $profile['fav'.($i+1)]=$result[$i]['type'];
                    $profile['fav'.($i+1).'_value']=$result[$i]['contents'];
            }
        }
        $s->assign('profile', $profile);
```

检索用户兴趣种类管理表（interest_master）用于界面显示以及检索用户兴趣表（interest）中的用户兴趣信息。

```
        $stt = $this->_db->prepare('SELECT ename,cname FROM interest_master ORDER BY no ');
        $stt->execute();
        $result = $stt->fetchAll();
        for($i =0;$i < count($result);$i++){
                $sql='SELECT  '.$result[$i]['ename'].' FROM interest WHERE uid = ?';
                $result[$i]['val']=$this->_db->fetchOne($sql,array($sess->owner));
        }
        $s->assign('interestthings', $result);
```

第 30 行至 48 行取得个人简介更新界面的各项下拉框的数据。createPullDownByMaster 方法用于检索分类管理表（kbn_master）用于下拉框的创建。

```
30          $s->assign('allprovinces',$this->createPullDownByMaster('province'));
31          $s->assign('allcitys',$this->createPullDownByMaster('city'));
32          for($i = 0;$i < 12;$i++){
33                  $result1[$i]['val']=$i+1;
34          }
35          $s->assign('months',$result1 );
36          for($i = 0;$i < 31;$i++){
37                  $result2[$i]['val']=$i+1;
38          }
39          $s->assign('days',$result2 );
40          $k=0;
41          for($i = 1996;$i>1914;$i--){
42                  $result3[$k]['val']=$i;
43                  $k+=1;
44          }
45          $s->assign('years',$result3 );
46          $s->assign('blands',$this->createPullDownByMaster('bland'));
47          $s->assign('occupies',$this->createPullDownByMaster('occupy'));
48          $s->assign('interests',$this->createPullDownByMaster('hobby'));
49      }
```

createPullDownByMaster 方法用于检索分类管理表（kbn_master）用于下拉框的创建。

```
50      private function createPullDownByMaster($kind){
51              $stt = $this->_db->prepare('SELECT id,name FROM kbn_master where kind=:kind  ORDER BY id  ');
52              $stt->bindValue(':kind',$kind);
53              $stt->execute();
54              $result = $stt->fetchAll();
55              return $result;
56      }
```

定义 showProfile 方法取得个人简介界面所有显示数据。

```
57      public function showProfile($req,$s,$colnum){
58              $sess = new Zend_Session_Namespace('myApp');
59              $s->assign('topmenu', $this->getMenuInfo($req->getBaseUrl(),$sess->owner));
```

第 60 行至 64 行取得用户上传的最新图片。

```
60              $stt = $this->_db->prepare("SELECT * FROM picture WHERE uid =:uid ORDER BY no desc limit 4");
61              $stt->bindValue(':uid', $sess->owner);
62              $stt->execute();
63              $result = $stt->fetchAll();
64              $s->assign('pictures', $result);
```

第 65 行至 72 行的处理中，首先检索用户信息管理表（user），然后通过检索分类管理表（kbn_master）取得各分类的名称。

```
65              $profile = $this->_db->fetchRow("SELECT nick_name, if(largeimg is null,'images/noimage_
member180.gif',largeimg)  as  largeimg,lastlogin,mail,first_name,last_name,name_level,mobile,province,
city,location_level,bornprovince,borncity,bornlocation_level,appeal,sex,sex_level,blandtype,occupy,occ
upy_level,company,company_level,school,school_level,year,age_level,month,day,birthday_level,csstype,pr
ofile_search_flg,mail_search_flg,cdate FROM user WHERE uid = ?",array($sess->owner));
66              $profile['sex_name']=$this->getKbnName('sex',$profile['sex']);
67              $profile['province_name']=$this->getKbnName('province',$profile['province']);
```

```
68              $profile['city_name']=$this->getKbnName('city',$profile['city']);
69              $profile['bornprovince_name']=$this->getKbnName('province',$profile['bornprovince']);
70              $profile['borncity_name']=$this->getKbnName('city',$profile['borncity']);
71              $profile['bland_name']=$this->getKbnName('bland',$profile['blandtype']);
72              $profile['occupy_name']=$this->getKbnName('occupy',$profile['occupy']);
```

取得社交圈中全部朋友的数量。

```
73              $profile['friendcnt']=$this->_db->fetchOne('SELECT count(*) FROM friend WHERE uid
= ?',array($sess->owner));
```

判断访问者是否为朋友，并保存在数组的'friendflg'项中。

```
74              $profile['friendflg']=$this->_db->fetchOne('SELECT count(*) FROM friend WHERE uid = ? and
fuid=?',array($sess->uid,$sess->owner));
```

取得[是否可以显示用户最新博客标志]，是否显示博客标志保存在朋友管理表（friend）中，只有是朋友的情况下（即$profile['friendflg']为 1 时），才需要检索此标志。

```
75              $profile['newblogflg']=0;
76              if($profile['friendflg']>0){
77                      $profile['newblogflg']=$this->_db->fetchOne('SELECT new_friend_blog FROM
friend WHERE uid = ? and fuid=?',array($sess->uid,$sess->owner));
78              }else{
79                      if($sess->uid==$sess->owner) $profile['newblogflg']=1;
80              }
```

第 81 至 90 行取得用户所有兴趣项目。最后以字符串的形式保存在'interest'项目中。

```
81              $info = $this->_db->fetchRow('SELECT * FROM interest WHERE uid =?',array($sess->owner));
82              $str='';
83              foreach($info as $key=>$val){
84                      if($key !='uid' && $key !='udat' && $key !='cdat' && $val==1){
85                              $interest_name=$this->_db->fetchOne('SELECT cname FROM
interest_master WHERE ename =?',array($key));
86                              $str = $str.$interest_name.', ';
87                      }
88              }
89              $str=substr($str,0,strlen($str)-1);
90              $profile['interest']=$str;
91              $s->assign('profile', $profile);
92          （略）
93      }
```

modifyInfo 方法中完成对个人简介信息（包括用户信息与用户嗜好信息、用户兴趣信息）的保存。

```
94      public function modifyInfo($data) {
95              $sess = new Zend_Session_Namespace('myApp');
```

保存用户个人信息，更新用户信息表（user）。

```
96              $this->_db->query('update user set first_name = ? ,last_name = ? ,name_level = ? ,nick_name
= ? ,province = ? ,city = ? ,location_level = ? ,bornprovince = ? ,borncity = ? ,bornlocation_level = ? ,sex
= ? ,sex_level = ? ,blandtype = ? ,year = ? ,month = ? ,day = ? ,birthday_level = ? ,age_level = ? ,occupy
= ? ,occupy_level = ? ,company = ? ,company_level = ? ,school = ? ,school_level = ? ,appeal
= ? ,profile_search_flg = ? ,mail_search_flg = ? ,udate = ?
97              where uid=?',array($data['first_name'],$data['last_name'],$data['name_level'],$data['nick_
name'],$data['province'],$data['city'],$data['location_level'],$data['bornprovince']==''?NULL:$data['b
ornprovince'],$data['borncity']==''?NULL:$data['borncity'],$data['bornlocation_level'],$data['sex'],$d
```

```
ata['sex_level'],$data['blandtype']==''?NULL:$data['blandtype'],$data['year'],$data['month'],$data['da
y'],$data['birthday_level'],$data['age_level'],$data['occupy']==''?NULL:$data['occupy'],$data['occupy_
level'],$data['company'],$data['company_level'],$data['school'],$data['school_level'],$data['appeal'],
$data['profile_search_flg'],$data['mail_search_flg'],date('Y-m-d H:i:s'),$sess->uid));
```

第 98 至 114 行更新用户兴趣管理表，其中 98 至 113 行，通过检索兴趣种类管理表（interest_master）来构建更新 SQL 及更新数据组合。因为已将界面（见 edit.tpl 文件）中的兴趣项目（checkbox）命名为与兴趣种类管理表中的列名（英文名称）相一致，所以此处才可以循环进行合成 SQL 语句的处理。

```
98              $stt = $this->_db->prepare('SELECT ename,cname FROM interest_master ORDER BY no  ');
99              $stt->execute();
100             $result = $stt->fetchAll();
101             $sql = 'UPDATE interest SET ';
102             $str='';
103             $setdata=array();
104             for($i = 0;$i < count($result);$i++){
105                     $strsub = $result[$i]['ename'].'=?,';
106                     $str=$str.$strsub;
107                     $flg=$data[$result[$i]['ename']]==''? 0 : $data[$result[$i]['ename']];
108                     $setdata[$i]=$flg;
109             }
110             $sql = $sql.$str;
111             $setdata[count($result)]=date('Y-m-d H:i:s');
112             $setdata[count($result)+1]=$sess->uid;
113             $sql = $sql.'udat=? WHERE uid = ? ';
114             $this->_db->query($sql,$setdata);
```

在更新用户嗜好信息前，先删除以前的信息。

```
115         $this->_db->query('DELETE FROM hobby WHERE uid = ?',array($sess->uid));
116         for($i = 1;$i < 4;$i++){
117                 if($data['fav'.$i] !=NULL && $data['fav'.$i] !=''){
118                         $this->_db->insert('hobby',
119                                 array(
120                                         'uid'     => $sess->uid,
121                                         'type'     => $data['fav'.$i],
122                                         'contents'     => $data['fav'.$i.'_value'],
123                                         'udat'    => date('Y-m-d H:i:s'),
124                                         'cdat'    => date('Y-m-d H:i:s')
125                                 )
126                         );
127                 }
128         }
129     }
130     （略）
131 }
```

14.3.3　我的社交圈

1. 我的社交圈的处理概要

我的社交圈子系统的处理流程图如图 14-34 所示。[我的社交圈]主要功能是显示用户的全部朋友列表（即所谓网络虚拟社交圈），能自由的进入朋友的个人界面。针对 3 种不同用户类型（本人、朋友、非朋友的一般网友)，我的社交圈子系统会呈现不同的外观。本人的情况下，除了显示朋友列表外，还提供了以分组的形式管理社交圈的功能，同时可以管理针对具体朋友的设置，例如控制分组，是否在主页上显示朋友的最新博客等。朋友、非朋友的界面区别很小，非朋友的情况下可以显示彼此之间有多少个共同朋友的功能，让用户判断是否需要将其追加到自己的社交圈中。

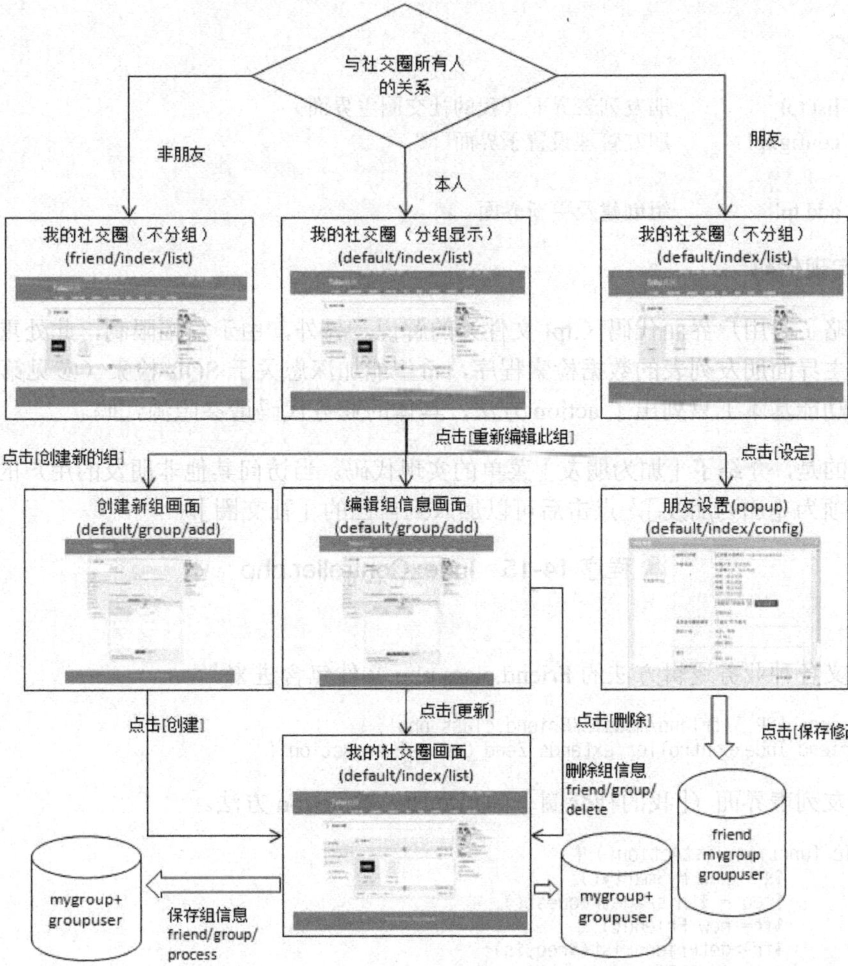

图 14-34 [我的社交圈]处理流程

2. 代码文件的目录结构

```
/samples
  /sns
    /application
      /friend
        /models
```

Friend.class.php	定义与[我的社交圈]相关函数的 PHP 脚本
/controllers	
IndexController.php	我的社交圈管理控制器（controller）的 PHP 脚本
GroupController.php	分组功能控制器（controller）的 PHP 脚本
/views	
/smarty	
/templates	
/index	
list.tpl	朋友列表界面（我的社交圈主界面）
config.tpl	朋友管理设置子界面
/group	
add.tpl	组创建及更新界面

3. 主要实现代码

本节也省略了对用户界面代码（.tpl 文件）的解说。另外，由于篇幅限制，此处重点介绍［我的社交圈］的主界面朋友列表的数据检索程序，希望能加深您关于 SQL 检索（参见第 5 章）知识的理解。其他功能基本上只列出了 action 方法，具体的业务代码请参照源代码。

唯一例外的是，介绍了［加为朋友］菜单的实现代码。当访问其他非朋友的用户的界面时，主菜单的最后一项为［加为朋友］，点击后可以加入到自己的［社交圈］。

程序 14-15　IndexController.php

```
<?php
```

需要将定义各种业务逻辑方法的 Friend.class.php 文件包含进来。

```
require_once APP.'/friend/models/Friend.class.php';
class Friend_IndexController extends Zend_Controller_Action {
```

社交圈朋友列表界面（［我的社交圈］的主界面）的 action 方法。

```
    public function listAction() {
                $s = new MySmarty();
                $req = $this->getRequest();
                $fr= new Friend();
                $fr->getFriendList($req,$s);
                $s->simpleDisplay($req);
    }
```

朋友设置界面的 action 方法。显示朋友设置界面时使用到了 jQuery（包括 AJAX）的技术，有兴趣的朋友请参考源代码（default.js 以及 config.tpl）。

```
    public function configAction() {
                $s = new MySmarty();
                $req = $this->getRequest();
                $fr= new Friend();
                $fr->getFriendConfigInfo($req,$s);
                $s->simpleDisplay($req,'');
    }
```

追加朋友（主菜单的［加为朋友］项目）的 action 方法，只有动作没有界面。

```
    public function addAction() {
            $s = new MySmarty();
            $req = $this->getRequest();
            $sess = new Zend_Session_Namespace('myApp');
            $fr= new Friend();
            $fr->addFriend($req);
            $this->_redirect('/'.$sess->uid.'/listfriend');
    }
```

删除朋友的 action 方法。只有动作没有界面。

```
    public function deleteAction() {
            $s = new MySmarty();
            $req = $this->getRequest();
            $fr= new Friend();
            $fr->deleteFriend($req,$s);
            $s->simpleDisplay($req,'');
    }
```

创建空组（在朋友设置界面中创建没有任何朋友的组）的 action 方法。

```
    public function addgroupAction() {
            $s = new MySmarty();
            $req = $this->getRequest();
            $fr= new Friend();
            $fr->createNewGroupBySetting($req,$s);
            $s->simpleDisplay($req,'');
    }
```

保存朋友设置的 action 方法，完成保存后刷新朋友列表界面。

```
    public function savesettingAction() {
            $s = new MySmarty();
            $req = $this->getRequest();
            $sess = new Zend_Session_Namespace('myApp');
            $fr= new Friend();
            $fr->saveSetting($req);
            $this->_redirect('/'.$sess->uid.'/listfriend');
    }
}
```

程序 14-16　GroupController.php

```
<?php
require_once APP.'/default/models/Index.class.php';
require_once APP.'/friend/models/Friend.class.php';
class Friend_GroupController extends Zend_Controller_Action {
```

创建新组/编辑组界面的 action 方法。

```
    public function addAction() {
            $s = new MySmarty();
            $req = $this->getRequest();
            $idx = new MainIndex();
            $idx->setHeaderInfo($s,$req);
            $fr= new Friend();
            $fr->makeGroupList($req,$s);
```

```
            $mode = $req->getQuery('mode');
```

编辑（edit）模式时，才调用 getGroupInfo 方法取得组信息。

```
            if($mode =='edit')  $fr->getGroupInfo($req,$s);
            $fr->getMemberList($req,$s);
            $s->simpleDisplay($req);
    }
```

保存组设置的 action 方法。成功保存后，显示对应组的朋友列表。

```
    public function processAction() {
            $s = new MySmarty();
            $req = $this->getRequest();
            $fr= new Friend();
            $gid = $fr->createNewGroup($req);
            $sess = new Zend_Session_Namespace('myApp');
            $this->_redirect('/'.$sess->uid.'/listfriend?gid='.$gid);
    }
```

删除组的 action 方法，删除完成后返回［我的社交圈］的默认主界面。

```
    public function deleteAction() {
            $s = new MySmarty();
            $req = $this->getRequest();
            $fr= new Friend();
            $gid = $fr->deleteGroup($req);
            $sess = new Zend_Session_Namespace('myApp');
            $this->_redirect('/'.$sess->uid.'/listfriend');
    }
}
```

程序 14-17　Friend.class.php

```
<?php
require_once APP.'/default/models/Index.class.php';
class Friend {
 （略）
```

makeGroupList 方法用于取得［我的社交圈］主界面右侧组列表的相关信息。

```
    public function makeGroupList($req,$s){
            $sess = new Zend_Session_Namespace('myApp');
```

变量 cnt1 中保存铁哥们朋友的数目，cnt2 中保存全部朋友的数目，cnt3 保存着无组朋友的数目。请注意，当朋友不属于任何组时 grpflg 项目为 0，一旦追加到组中则将此标志置为 1。另外，删除组时做上述的逆向处理。

```
            $cnt1 = $this->_db->fetchOne('SELECT count(*) FROM friend WHERE uid = ? and fflg = 1',array( $sess->uid));
            $s->assign('fcnt', $cnt1);
            $cnt2 = $this->_db->fetchOne('SELECT count(*) FROM friend WHERE uid = ? ',array( $sess->uid));
            $s->assign('allcnt', $cnt2);
            $cnt3 = $this->_db->fetchOne('SELECT count(*) FROM friend WHERE uid = ? and grpflg=0',array( $sess->uid));
            $s->assign('nocnt', $cnt3);
```

检索所有创建的组，并取得组中拥有的朋友数目。系统中一个用户可以属于多个组的。实际应用时需要限制用户创建组的数目，本系统定为最多可创建 5 个组。达到 5 个组后界面上的“创建新的组”按钮变为非活性。

```
        $stt = $this->_db->prepare('SELECT gname ,gid FROM mygroup WHERE uid =:uid ORDER BY sort');
        $stt->bindValue(':uid', $sess->uid);
        $stt->execute();
        $result = $stt->fetchAll();
        for($i=0;$i< count($result);$i++){
                $result[$i]['cnt'] = $this->_db->fetchOne('SELECT count(f.uid) FROM groupuser AS f INNER JOIN mygroup AS g ON f.gid = g.gid WHERE g.uid = ? and f.gid = ? ',array( $sess->uid,$result[$i]['gid']));
        }
        $s->assign('allmygroups', $result); $s->assign('groupamount', count($result));
```

取得朋友列表上部的标题（组名与组含有的用户数目）。

```
        $gid = $req->getQuery('gid');
        $fflg = $req->getQuery('fflg');
        if($fflg==null||$fflg=='') $fflg=0;
        if($gid=='') $gid ='all';
        $s->assign('gid', $gid);
        $s->assign('fflg', $fflg);
        if($gid > 0){
                $listtitle = $this->_db->fetchOne('SELECT gname FROM mygroup WHERE gid =?',array($gid));
                $cnt = $this->_db->fetchOne('SELECT count(f.uid) FROM groupuser AS f INNER JOIN mygroup AS g ON f.gid = g.gid WHERE g.uid = ? and f.gid = ? ',array( $sess->uid,$gid));
                $s->assign('listtitle', $listtitle."(".$cnt.")");
        }
    }
```

datediff 方法用于计算两个日期之间的间隔，根据参数$interval 的值，可以计算出间隔的月数、天数、小时数、分钟数、秒数。

```
    private function datediff ($interval, $date1, $date2)
    {
       $timedifference = $date2 - $date1;
       switch ($interval) {
              case "w": $retval = bcdiv($timedifference ,604800); break;
              case "d": $retval = bcdiv($timedifference,86400); break;
              case "h": $retval = bcdiv($timedifference,3600); break;
              case "n": $retval = bcdiv($timedifference,60); break;
              case "s": $retval = $timedifference; break;
       }
       return $retval;
    }
```

getFriendList 方法是获取社交圈朋友列表信息的入口，它根据是否为本人来判别分别执行不同的方法。

```
    public function getFriendList($req,$s){
            $sess = new Zend_Session_Namespace('myApp');
            $idx = new MainIndex();
            $s->assign('topmenu', $idx->getMenuInfo($req->getBaseUrl(),$sess->owner));
```

为本人时，执行 getFriendListMine 方法，否则执行 getFriendListOther 方法。

```
            if($sess->owner==$sess->uid) $this->getFriendListMine($req,$s);
```

```
50            else $this->getFriendListOther($req,$s);
51      }
```

用户为本人时，取得朋友列表界面显示所需要的全部信息。

```
52      public function getFriendListMine($req,$s){
53              $sess = new Zend_Session_Namespace('myApp');
54
```

调用 makeGroupList 方法取得所有分组信息。

```
55              $this->makeGroupList($req,$s);
```

第 56 至 92 行进行朋友列表数据检索。其中 56 至 62 行取得检索条件，$gid 为分组 ID，$fflg 为铁哥们标志，$page 为当前页码，默认为 1，每一页最多显示 12 个朋友，即 4 行。

```
56              $gid = $req->getQuery('gid');
57              $fflg = $req->getQuery('fflg');
58              if($gid=='') $gid ='all';
59              if($fflg=='') $fflg ='0';
60              $page = $req->getQuery('pageno');
61              if($page==null||$page=='') $page=1;
62              $start = ($page - 1) * 12;
63              if($fflg=='1'){
```

合成检索铁哥们朋友的检索语句。

```
64              $cond='f.uid = :uid and f.fflg = 1 ';
65              $sql="SELECT f.fuid as uid,if(u.img is null,'images/noimage_member76.gif',u.img) as
img,u.nick_name as nick_name,u.lastlogin FROM friend AS f INNER JOIN user AS u ON u.uid=f.fuid WHERE ".$cond."
ORDER BY u.cdate LIMIT ".$start.", 12";
66          }else{
67              if($gid == 'all'){
```

合成检索全部社交圈的检索语句。

```
68                  $cond='f.uid = :uid';
69                  $sql="SELECT f.fuid as uid,if(u.img is null,'images/noimage_member76.gif',u.img) as
img,u.nick_name as nick_name,u.lastlogin FROM friend AS f INNER JOIN user AS u ON u.uid=f.fuid WHERE ".$cond."
ORDER BY u.cdate  LIMIT ".$start.", 12";
70              }else if($gid =='unclassified' ){
```

合成检索无组成员的检索语句。

```
71                  $cond='f.uid = :uid and f.grpflg=0 ';
72                  $sql="SELECT f.fuid as uid,if(u.img is null,'images/noimage_member76.gif',u.img) as
img,u.nick_name as nick_name,u.lastlogin FROM friend AS f INNER JOIN user AS u ON u.uid=f.fuid WHERE ".$cond."
ORDER BY u.cdate  LIMIT ".$start.", 12";
73              }else{
```

合成检索组成员的检索语句。

```
74                  $cond='g.uid = :uid and f.gid = :gid';
75                  $sql="SELECT f.uid as uid,if(u.img is null,'images/noimage_member76.gif',u.img) as
img,u.nick_name as nick_name,u.lastlogin FROM (groupuser AS f INNER JOIN mygroup AS g ON f.gid = g.gid )
INNER JOIN user AS u ON u.uid=f.uid WHERE ".$cond."  ORDER BY u.cdate  LIMIT ".$start.", 12";
76              }
77          }
78          $stt = $this->_db->prepare($sql);
```

```
79          if($fflg=='1'){
80                  $stt->bindValue(':uid', $sess->owner);
81          }else{
82                  if($gid == 'all'){
83                          $stt->bindValue(':uid', $sess->owner);
84                  }else if($gid =='unclassified' ){
85                          $stt->bindValue(':uid', $sess->owner);
86                  }else{
87                          $stt->bindValue(':uid', $sess->owner);
88                          $stt->bindValue(':gid', $gid);
89                  }
90          }
91          $stt->execute();
92          $result = $stt->fetchAll();
93          $truecnt=count($result);
```

94 至 99 行的循环中分别取得各组拥有的朋友数目，以及判断该朋友是否 1 天内或者 1 小时内登录过，通过 class 给其设置不同的背景色。此时调用了 datediff 方法来计算登录时间间隔。

```
94          for($i=0;$i< $truecnt;$i++){
95                  $result[$i]['class']='iconState01';
96                  if($this->datediff ("s",strtotime($result[$i]['lastlogin']),time())<3600) $result[$i]
['class']='iconState03';
97                  if($this->datediff  ("s",strtotime($result[$i]['lastlogin']),time())<1440*60)  $result[$i]
['class']='iconState02';
98                  $result[$i]['cnt'] = $this->_db->fetchOne('SELECT count(*) FROM friend WHERE uid = ?
',array($result[$i]['uid']));
99          }
```

为了界面的正常显示需要对检索结果进行整形，请结合 tpl 文件理解 100 至 105 行的代码，由于此部分内容已超出了本书的谈论范围，在此没有做具体介绍。如果您有任何问题可以在本书支持网站论坛中提出，笔者将予以解答。

```
100         $roop = floor($truecnt/4);
101         $resi = $truecnt%4;
102         if($resi > 0) $roop +=1;
103         if($resi < 4) $result[$truecnt]['uid']='';
104         if($resi < 3) $result[$truecnt+1]['uid']='';
105         if($resi < 2) $result[$truecnt+2]['uid']='';
106         $s->assign('friendlist', $result);
```

构建分页信息。

```
107         for($i = 0; $i < $roop; $i++) {
108              $pages[$i]['index']=$i+1;
109              if($page==$pages[$i]['index'])
110                      $pages[$i]['url']='';
111              else
112
 $pages[$i]['url']='/'.$sess->owner.'/listfriend?gid='.$gid.'&fflg='.$fflg.'&pageno='.$pages[$i]['inde
x'];
113
114         }
115         $vstart=$start+1;
116         if($truecnt==0) $vstart=0;
117         $s->assign('pages', $pages);
118         $s->assign('currentpage', $page);
119         $s->assign('start', $vstart);
```

```
120         $s->assign('end', $start+$truecnt);
121     }
```

getFriendListOther 方法用于非本人访问时检索朋友列表信息。

```
122     public function getFriendListOther($req,$s){
123             $page = $req->getQuery('pageno');
124             if($page==null||$page=='') $page=1;
125             $start = ($page - 1) * 50;
```

取得共同朋友检索标志，$mode 为空时默认检索全部朋友列表，非空时将检索与登录者共同的朋友。只有在界面所有者为非朋友时才有此种检索。

```
126         $mode = $req->getQuery('mode');
127         $sess = new Zend_Session_Namespace('myApp');
128         if($mode ==null||$mode==''){
```

构建检索全部朋友列表信息的检索语句。

```
129                 $cond='f.uid = :uid';
130                 $sql="SELECT f.fuid as uid,if(u.img is null,'images/noimage_member76.gif',u.img) as
img,u.nick_name as nick_name,u.lastlogin FROM friend AS f INNER JOIN user AS u ON u.uid=f.fuid WHERE ".$cond."
ORDER BY u.cdate   LIMIT ".$start.", 50";
131         }else{
```

构建检索共同朋友的检索语句。此检索语句中使用了子查询的技巧，请参考本书第 4 章中关于子查询的内容。

```
132                 $sql="SELECT f1.fuid as uid,if(u.img is null,'images/noimage_member76.gif',u.img) as
img,u.nick_name as nick_name,u.lastlogin FROM ((SELECT fuid FROM friend WHERE uid = :uid1 ) as f1 INNER
JOIN (SELECT fuid FROM friend WHERE uid=:uid2) as f2 ON f1.fuid = f2.fuid) INNER JOIN user as u ON u.uid=f1.fuid
ORDER BY u.cdate   LIMIT ".$start.", 50";
133         }
```

第 134 行以后的代码与 getFriendListMine 方法中对应的代码相似，请参考 getFriendListMine 方法中的介绍。

```
134         $stt = $this->_db->prepare($sql);
135         if($mode ==null||$mode==''){
136                 $stt->bindValue(':uid', $sess->owner);
137         }else{
138                 $stt->bindValue(':uid1', $sess->owner);
139                 $stt->bindValue(':uid2', $sess->uid);
140         }
141         $stt->execute();
142         $result = $stt->fetchAll();
143         $truecnt=count($result);
144         $roop = floor($truecnt/5);
145         $resi = $truecnt%5;
146         if($resi > 0) $roop +=1;
147         for($i=0;$i< $truecnt;$i++){
148                 $result[$i]['bottomflg']=0;
149                 $line = floor(($i+1)/5);
150                 $curresi = ($i+1)%5;
151                 if($curresi > 0) $line +=1;
152                 if($line==$roop) $result[$i]['bottomflg']=1;
153                 $result[$i]['class']='iconState01';
154                 if($this->datediff  ("s",strtotime($result[$i]['lastlogin']),time())<3600)  $result[$i]
```

```
['class']='iconState03';
                    if($this->datediff ("s",strtotime($result[$i]['lastlogin']),time())<1440*60) $result[$i]
['class']='iconState02';
            $result[$i]['cnt'] = $this->_db->fetchOne('SELECT count(*) FROM friend WHERE uid = ?
',array($result[$i]['uid']));
        }
        $s->assign('friendlist', $result);
        for($i = 0; $i < $roop; $i++) {
                $pages[$i]['index']=$i+1;
                if($page==$pages[$i]['index'])
                        $pages[$i]['url']='';
            else
 $pages[$i]['url']='/'.$sess->owner.'/listfriend?pageno='.$pages[$i]['index'].'&mode='.$mode;
        }
        $vstart=$start+1;
        if($truecnt==0) $vstart=0;
        $s->assign('pages', $pages);
        $s->assign('currentpage', $page);
        $s->assign('start', $vstart);
        $s->assign('end', $start+$truecnt);
        $idx = new MainIndex();
        $s->assign('friendflg', $idx->isFriend($sess->owner));
        $s->assign('mode', $mode);
    }
```

定义追加朋友的方法。处理内容很简单，单纯完成对朋友列表（friend）的数据插入（insert）动作。

```
    public function addFriend($req){
            $fuid = $req->getQuery('fid');
            $sess = new Zend_Session_Namespace('myApp');
            $this->_db->insert('friend',
                    array(
                            'uid'=>$sess->uid,
                            'fuid'=>$fuid,
                            'cdat'=>date('Y-m-d H:i:s'),
                            'udat'=>date('Y-m-d H:i:s')
            )
        );
    }
}
```

14.3.4　我的博客

1. 我的博客的处理概要

我的博客子系统的处理流程图如图 14-35 所示。

［我的博客］子系统只有两种类型的界面，用户本人访问时的界面，其他人（朋友或非朋友）访问时的界面。本人访问时，系统提供了追加新博客、修改博客、删除博客、追加跟帖、删除跟帖（只有到达一定的级别的用户才可以使用此功能）。而其他人的情况下，只能浏览博客主人公开的博客了。

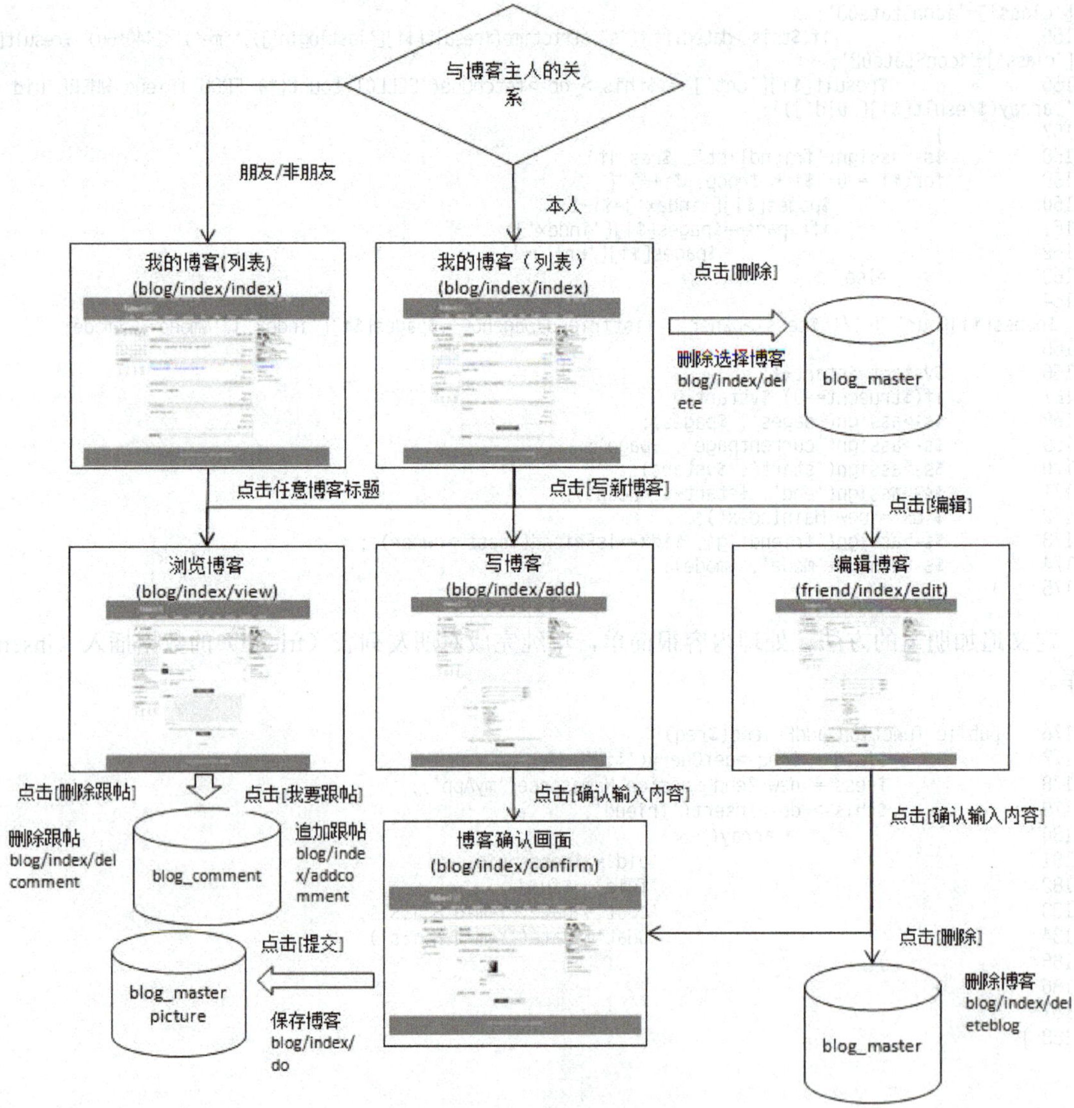

图 14-35　[我的博客]处理流程图

2. 代码文件的目录结构

```
/samples
  /sns
    /application
      /blog
        /models
          Blog.class.php          所有与博客相关的函数的 PHP 脚本
        /controllers
```

```
        IndexController.php        用户注册控制器（controller）的 PHP 脚本
    /views
        /smarty
        /templates
            /index
                index.tpl          博客列表界面（我的博客主界面）
                add.tpl            写新博客界面
                confirm.tpl        博客确认界面
                edit.tpl           博客修改界面
                view.tpl           博客浏览（包含追加跟帖）界面
```

3. 主要实现代码

本节省略了对用户界面代码（tpl 文件）的解说。另外，由于篇幅限制，此处重点介绍[我的博客]的主界面博客列表的数据检索代码，以及博客显示界面的数据检索代码。其他的关于写博客、编辑博客等功能请参照本 SNS 网站的具体源代码。

程序 14-18　IndexController.php

```php
<?php
require_once APP.'/blog/models/Blog.class.php';

class Blog_IndexController extends Zend_Controller_Action {
```

博客列表（[我的博客] 主界面）的 action 方法。

```php
    public function indexAction() {
                $s = new MySmarty();
                $req = $this->getRequest();
                $bl= new Blog();
                $bl->showBlogs($req,$s);
                $s->simpleDisplay($req);
    }
```

博客内容显示界面的 action 方法。

```php
    public function viewAction() {
                $s = new MySmarty();
                $req = $this->getRequest();
                $bl= new Blog();
                $bl->showBlogInfo($req,$s);
                $s->simpleDisplay($req);
    }
```

追加跟帖的 action 方法。成功追加后刷新博客显示界面。

```php
    public function addcommentAction() {
                $s = new MySmarty();
                $req = $this->getRequest();
                $bl= new Blog();
                $bl->addCommentInfo($req->getPost());
                $sess = new Zend_Session_Namespace('myApp');
                $this->_redirect("/".$sess->owner."/viewblog?bid=".$req->getPost('bid'));
    }
 （略）
}
```

程序 14-19 Blog.class.php

```
<?php
```

［我的博客］子系统各个界面都需要显示日历，本章适用 PEAR 的 Calendar 库来实现日历的生成，运行程序前需要安装 PEAR 的 Calendar 库（安装方法请见后面的补充资料）。

```
require_once 'Calendar/Month/Weekdays.php';
require_once APP.'/default/models/Index.class.php';
class Blog {
 （略）
```

showBlogs 方法中取得博客列表界面（［我的博客］的主界面）显示用的全部信息。

```
    public function showBlogs($req,$s){
            $idx = new MainIndex();
            $sess = new Zend_Session_Namespace('myApp');
```

调用共通方法 getMenuInfo，创建界面主菜单。

```
            $s->assign('topmenu', $idx->getMenuInfo($req->getBaseUrl(),$sess->owner));
            $s->assign('nick_name', $this->_db->fetchOne('SELECT nick_name FROM user WHERE uid = ?',array( $sess->uid)));
```

调用 setCalendar 方法用于显示界面左上部的日历。

```
            $this->setCalendar($s,$req);
```

调用 showOldBlog 方法用于显示界面左下部的过去博客的月历（不管有没有博客，所有过去月份都显示链接），当然从注册成为网站会员的那一月份开始。

```
        $this->showOldBlog($req,$s);
```

调用 showNewComments 方法取得其他网友的最新跟帖。

```
        $this->showNewComments($req,$s);
```

调用 searchBlog 方法检索当前条件下的博客列表。

```
        $this->searchBlog($req,$s);
    }
```

showNewComments 方法中检索其他网友的最新跟帖。

```
    public function showNewComments($req,$s){
            $sess = new Zend_Session_Namespace('myApp');
```

博客跟帖管理表（blog_comment）与博客管理表（blog_master）进行内结合后，抽出不属于博客作者的跟帖。

```
        $stt = $this->_db->prepare("SELECT c.contents as contents ,b.bid as bid FROM blog_comment AS c INNER JOIN blog_master AS b ON b.bid=c.bid  WHERE b.uid =:uid and c.uid <> :uid ORDER by bcid DESC Limit 6");
        $stt->bindValue(':uid', $sess->uid);
        $stt->execute();
```

```
            $result = $stt->fetchAll();
            for($i=1;$i<count($result);$i++){
```

跟帖字符串长度限制在 10 个字符以内。

```
                if(mb_strlen($result[$i]['contents'],'UTF-8')                    >                    10)
$result[$i]['contents']=mb_substr($result[$i]['contents'],0,10,'UTF-8').'...';
            }
            $s->assign('newcomments', $result);
    }
```

在 searchBlog 方法中进行博客的检索，条件有日期（年月日）以及月份两种情况。

```
        private function searchBlog($req,$s){
            $num=$req->getQuery('num');
            if($num == NULL){ $num = 0; }
            $dat=$req->getQuery('dat');
            $sess = new Zend_Session_Namespace('myApp');
            if($dat != NULL && $dat != ''){
```

当日期非空时，以日期作为检索条件。当访问者非本人的情况下追加上必须是"非公开以外（openlevel!=0）"这个条件（本 SNS 网站设计了 6 种博客公开权限，此处没有全部实现，有兴趣的朋友可以试着完成它）。

```
                $sql = "SELECT * FROM blog_master WHERE uid =:uid and DATE_FORMAT(cdat ,'%Y-%m-%d')
=:cdat";
                if($sess->owner!=$sess->uid) $sql = "SELECT * FROM blog_master WHERE uid =:uid and
DATE_FORMAT(cdat ,'%Y-%m-%d') =:cdat and openlevel!=0";
                $stt = $this->_db->prepare($sql);
                $stt->bindValue(':uid', $sess->owner);
                $stt->bindValue(':cdat', date('Y-m-d', $dat));
                $stt->execute();
                $result = $stt->fetchAll();
            }else{
```

日期为空时，将以月份作为检索条件，系统将所有的月份都转化为相对当前月份的数值（例如如果当前为 4 月份，num 值为 0；3 月份的 num 值即为–1，依次类推）。默认检索当前月份下的博客信息。

```
                $sql ="SELECT * FROM blog_master WHERE uid =:uid and DATE_FORMAT(cdat,'%Y-%m')=DATE_
FORMAT(date_add(sysdate(),interval :num month),'%Y-%m')";
                if($sess->owner!=$sess->uid) $sql ="SELECT * FROM blog_master WHERE uid =:uid and
DATE_FORMAT(cdat ,'%Y-%m')=DATE_FORMAT(date_add(sysdate(),interval :num month),'%Y-%m') and openlevel!=0";
                $stt = $this->_db->prepare($sql);
                $stt->bindValue(':uid', $sess->owner);
                $stt->bindValue(':num', $num);
                $stt->execute();
                $result = $stt->fetchAll();
            }
            $idx = new MainIndex();
            for($i = 0; $i < count($result); $i++) {
```

为界面显示进行数据格式调整（有的称为数据整形）。

```
                $str=preg_replace('@([\r\n])[\s]+@', '\1', $result[$i]['contents']);
                 $result[$i]['shortcontents']=mb_substr($str,0,500,'UTF-8');
                 $result[$i]['lastflg']=0;
```

```
54                  if($i==count($result)-1) $result[$i]['lastflg']=1;
55                  $result[$i]['comment_cnt']=$this->_db->fetchOne('SELECT  count(*)  FROM  blog_comment
WHERE bid = ?',array($result[$i]['bid']));
56                  $result[$i]['openlevel_name']=$idx->getKbnName('level',$result[$i]['openlevel']);
57              }
58              $s->assign('allblogs', $result);
59              $s->assign('blogcnt', count($result));
60      }
```

showOldBlog 方法中取得用户从注册月至当前月的月份数据，方便用户查阅过去博客。

```
61      public function showOldBlog($req,$s){
62              $sess = new Zend_Session_Namespace('myApp');
```

取得当前年、月以及注册年月的数值，用于 69 至 79 行的循环。

```
63              $curyear = date('Y');
64              $curmonth=date('m');
```

使用 MySQL 的 YEAR 及 MONTH 函数从日期型数据中取得年与月份的数值。

```
65              $elderYear = $this->_db->fetchOne('SELECT YEAR(cdate) FROM user where uid = ?',array($sess->uid));
66              $elderMonth = $this->_db->fetchOne('SELECT MONTH(cdate) FROM user where uid = ?',array($sess->uid));
67              $regdate = date('Y-m-d',$this->_db->fetchOne('SELECT cdate FROM user where uid = ?',array($sess->uid)));
68              $k=0;
69              for($i=$curyear;$i>=$elderYear;$i--){
70                      $result[$k]['year']=$i.'年';
71                      for($j=1;$j<=12;$j++){
```

在注册年月之前以及未来年月的情况下，连接为空，否则合成其连接。74 行调用 callInterval 方法计算过去年月相对于当前年月的数值（肯定为负值）。

```
72                      if(($i==$curyear&&$j>$curmonth)||($i==$elderYear&&$j< $elderMonth)) $info[$j]['url']='';
73                      else
74      $info[$j]['url']=$req->getBaseUrl().'/'.$sess->owner.'/blog?num='.$this->callInterval($i,$j);
75                      $info[$j]['fullmonth']=$i.'年'.$j.'月';
76                      $info[$j]['month']=$j.'月';
77                  }
78                  $result[$k]['info']=$info;$k+=1;$info=null;
79              }
80              $s->assign('oldblogs', $result);
81      }
```

计算过去年月相对于当前年月的数值的方法 callInterval。

```
82      private function callInterval($year,$month){
83                  $curyear = date('Y');
84                  $curmonth=date('m');
85                  return ($year-$curyear)*12 + ($month-$curmonth);
86      }
```

getCalendar 方法中使用 PEAR 的 Calendar 库生成日历数据。参数$num 为相对当前月份的日期数值（如-1 表示前月）。Calendar 库有非常强大的关于日历的处理功能。

```
87      public function getCalendar($num,$req) {
88                  $sess = new Zend_Session_Namespace('myApp');
```

```
89              $userid = $sess->owner;
90              $suserid=$sess->uid;
91              if($userid == NULL || $userid == '') $userid=$suserid;
92              $result = array();
```

生成传入月份的数值生成 Calendar_Month_Weekdays 类的实例。

```
93              $cal = new Calendar_Month_Weekdays(date('Y'), date('m') + $num, 0);
94              $cal->build();
```

日历类 Calendar_Month_Weekdays 中会自动判断月份的大月小月等，然后您只需要利用这些数据生成自己需要的数据即可。95 至 106 行对生成的日期数据进行循环。

```
95          while($d = $cal->fetch()){
96                  if($d->isEmpty()){
97                          $result[] = '';
98                  } else {
```

检索任意日期中的博客数量。此数量值将用于判断是否为日期创建链接（见 tpl 文件）。

首先使用 MySQL 的 DATE_FORMAT 将博客创建时间（cdat）转化为年月日形式，与日期（$d->getTimestamp()）进行比较，日期也需要使用 date 函数转为同样的年月日形式。

```
99                      $count = $this->_db->fetchOne("SELECT COUNT(*) AS c FROM blog_master WHERE
DATE_FORMAT(cdat ,'%Y-%m-%d')=? and uid = ?", array(date('Y-m-d', $d->getTimestamp()),$userid));
100                     $result[] = array(
101                             'day' => $d->thisDay(),
102                             'timestamp' => $d->getTimestamp(),
103                             'count' => $count
104                     );
105             }
106         }
107         return $result;
108     }
```

setCalendar 方法中设置当前日期以及日历数据。

```
109     public function setCalendar($s,$req){
110         $num=$req->getQuery('num');
111         if($num == NULL){ $num = 0; }
```

调用上面的 getCalendar 方法取得日历数据并传送到界面（第 115 行）中。第 113 行设置对象月份的相对值，用于构建界面中前一月、后一月的链接。第 114 行设置对象月份（timestamp 形式）。

```
112         $result = $this->getCalendar($num,$req);
113         $s->assign('current_num', $num);
114         $s->assign('current_month',mktime(0, 0, 0, date('m') + $num, 1, date('Y')));
115         $s->assign('calendar', $result);
116     }
```

showBlogInfo 方法首先取得具体博客信息，同时因为界面左侧有日历及相关博客列表，也需要这些信息。

```
117     public function showBlogInfo($req,$s){
```

```
118         $idx = new MainIndex();
119         $sess = new Zend_Session_Namespace('myApp');
120         $s->assign('topmenu', $idx->getMenuInfo($req->getBaseUrl(),$sess->owner));
121         $s->assign('nick_name',  $this->_db->fetchOne('SELECT nick_name FROM user WHERE uid = ?
',array( $sess->owner)));
```

取得用户级别，用于判断用户是否具有删除他人跟帖的权限，系统规定只有 5 级以上的用户才拥有这种权限。

```
122         $s->assign('userlevel',  $this->_db->fetchOne('SELECT level FROM user WHERE uid = ?
',array( $sess->uid)));
```

分别调用 setCalendar、showOldBlog、showNewComments 方法取得界面左侧的显示，关于这些方法的解说请参照前面的介绍。

```
123         $this->setCalendar($s,$req);
124         $this->showOldBlog($req,$s);
125         $this->showNewComments($req,$s);
```

检索对象博客信息。'nextbid'以及'beforebid'项目是按照创建日期顺序（与博客 ID 的顺序是绝对一致的）取得的当前博客的［后一个］及［前一个］博客 ID。

```
126         $bloginfo=$this->_db->fetchRow('SELECT * FROM blog_master WHERE bid
= ?',array($req->getQuery('bid')));
127         $bloginfo['openlevel_name']=$idx->getKbnName('level',$bloginfo['openlevel']);
128         $bloginfo['nextbid']=$this->_db->fetchOne('SELECT bid FROM blog_master WHERE uid = ? and bid
> ? ORDER BY bid limit 1',array($sess->owner,$req->getQuery('bid')));
129         $bloginfo['beforebid']=$this->_db->fetchOne('SELECT bid FROM blog_master WHERE uid = ? and bid
< ? ORDER BY bid DESC limit 1',array($sess->owner,$req->getQuery('bid')));
130         $k=0;
```

取得博客附加的图片，一个博客最多可附加 3 张图片。

```
131         for($i=1;$i<4;$i++){
132                 $info = $this->_db->fetchRow('SELECT * FROM picture WHERE bid=? and sort
= ?',array($req->getQuery('bid'),$i));
133                 if($info == NULL) $result[$k]['no']='';
134                 foreach($info as $key=>$val){
135                         $result[$k][$key]=$val;
136                 }
137                 $k+=1;
138         }
139         $s->assign('bloginfo', $bloginfo);
140         $s->assign('pictures', $result);
```

第 141 至 150 行是取得博客全部跟帖的检索处理过程。

```
141         $stt = $this->_db->prepare("SELECT * FROM blog_comment WHERE bid =:bid ");
142         $stt->bindValue(':bid', $req->getQuery('bid'));
143         $stt->execute();
144         $result = $stt->fetchAll();
145         for($i = 0; $i<count($result);$i++){
```

取得跟帖发布人的相关信息，包括形象图片、别名等。

```
            $info = $this->_db->fetchRow("SELECT if(smallimg is null,'images/noimage_member40.gif', smallimg) as smallimg,nick_name FROM user WHERE uid = ?",array($result[$i]['uid']));
            $result[$i]['smallimg']=$info['smallimg'];
            $result[$i]['nick_name']=$info['nick_name'];
        }
        $s->assign('allcomments', $result);
        $s->assign('commentcnt', count($result));
```

以下是取得博客主人最新博客列表的检索处理，用于界面左侧的显示。

```
        $stt = $this->_db->prepare("SELECT bid ,title FROM blog_master WHERE uid =:uid ORDER BY bid DESC limit 3");
        $stt->bindValue(':uid', $sess->owner);
        $stt->execute();
        $result = $stt->fetchAll();
        $s->assign('newblogs', $result);
    }
```

addCommentInfo 方法进行追加跟帖处理。每追加一条跟帖系统会给用户追加 2 点积分（追加一条博客 10 分），到达一定的分数后会给用户升级，系统共有 7 级（参照源代码）。

```
    public function addCommentInfo($data){
        $sess = new Zend_Session_Namespace('myApp');
        $this->_db->insert('blog_comment',
                array(
                        'contents'=>$data['contents'],
                        'uid'=>$sess->uid,
                        'bid'=>$data['bid'],
                        'cdat'=>date('Y-m-d H:i:s'),
                        'udat'=>date('Y-m-d H:i:s')
                )
        );
        $this->addMark(2,$sess->uid);
    }
（略）
}
```

4. 关于 Calendar 库的安装

本节功能中使用了 PEAR 的 Calendar 库，在进行实际运行前，必须安装 Calendar 库，具体的安装命令如下。

```
> pear install -a -f Calendar
```

关于在控制台终端（console）按照 PEAR 系列库的方法可以参考相关的其他资料。

14.3.5　站内留言

1. 站内留言的处理概要

站内留言子系统的处理流程图如图 14-36 所示。收件箱、发件箱、草稿箱、垃圾箱界面由同一个 action 方法（tpl 文件必然是同一个）实现，只是具体的检索对象表不同而已（垃圾箱的情况下，检索视图 delmessage）。每个邮箱留言列表的链接 URL 都各不相同，其中草稿箱中链接指向留言编辑界面（外观与创建留言界面相似），其他 3 个邮箱的链接界面外观虽然有所差别，但都由同一个 tpl 文件（同一个 action 方法）来实现。

另外，各邮箱的留言列表后还有其他功能按钮，如“删除”，垃圾箱列表中除了“删除”按钮外，还有恢复按钮。因为流程图太过拥挤，这些功能按钮都没有反映在图上。

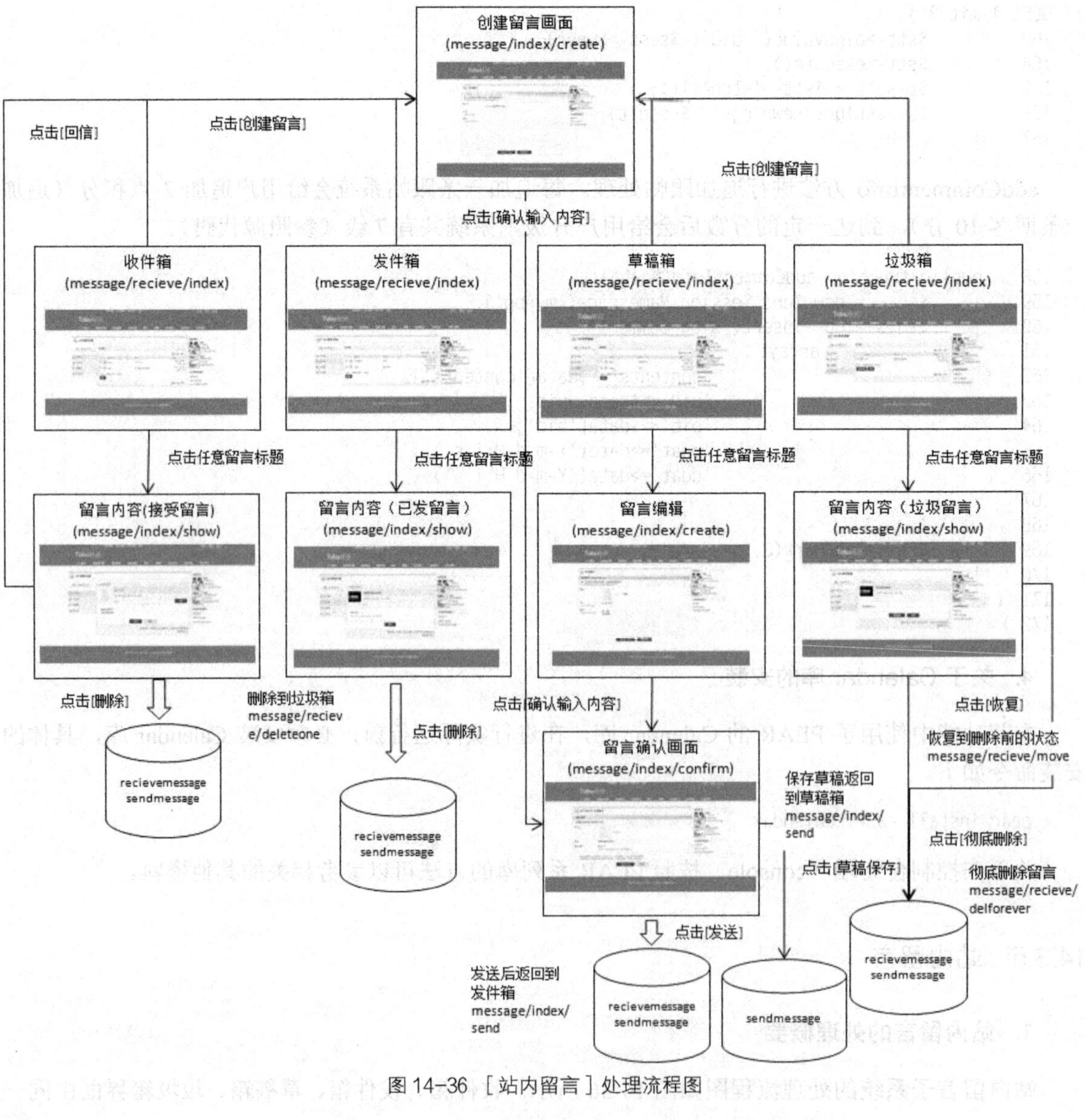

图 14-36 ［站内留言］处理流程图

2. 代码文件的目录结构

```
/samples
  /sns
    /application
      /default
        /models
          Message.class.php         包含留言相关业务函数的 PHP 脚本
        /controllers
          RecieveController.php     留言创建/显示相关的控制器（controller）PHP 脚本
          IndexController.php       留言列表相关的控制器（controller）PHP 脚本
        /views
          /smarty
          /templates
            /index
                create.tpl          留言创建界面
                confirm.tpl         留言确认界面
                show.tpl            留言显示界面
            /recieve
                index.tpl           留言列表界面
```

3. 主要实现代码

本节省略了对用户界面代码（tpl 文件）的解说。另外由于篇幅限制，此处重点介绍［站内留言］的主界面留言列表的数据检索代码，以及留言创建的实现代码。其他的关于留言显示、留言删除、留言恢复、留言永久删除等功能请参照本 SNS 网站的具体源代码。

程序 14-20　IndexController.php

```php
<?php
require_once APP.'/default/models/Index.class.php';
require_once APP.'/message/models/Message.class.php';
class Message_IndexController extends Zend_Controller_Action {
```

创建留言/编辑留言界面的 action 方法。

```php
    public function createAction() {
            $s = new MySmarty();
            $req = $this->getRequest();
            $idx = new MainIndex();
            $idx->setHeaderInfo($s,$req);
            $mes= new Message();
            $mes->getInfoForCreate($req,$s);
            $s->simpleDisplay($req);
    }
```

留言发送前确认界面的 action 方法。

```
public function confirmAction() {
        $s = new MySmarty();
        $req = $this->getRequest();
        $idx = new MainIndex();
        $idx->setHeaderInfo($s,$req);
        $mes= new Message();
        $mes->confirmMessage($req,$s);
        $s->simpleDisplay($req);
}
```

留言发送 action 方法。

```
public function sendAction() {
        $s = new MySmarty();
        $req = $this->getRequest();
        $mes= new Message();
        $mes->saveMessage($req->getPost());
```

发送成功后，mode 为 1 时返回到发件箱，否则返回到草稿箱。

```
    if($req->getPost('mode')==1){
        $this->_redirect('/messagelist?mode=sended');
    }else{
        $this->_redirect('/messagelist?mode=draft');
    }
}
```

留言显示界面的 action 方法。

```
public function showAction() {
        $s = new MySmarty();
        $req = $this->getRequest();
        $idx = new MainIndex();
        $idx->setHeaderInfo($s,$req);
        $mes= new Message();
        $mes->setMessageInfo($req,$s);
        $s->simpleDisplay($this->getRequest());
}
```

留言发送界面收件人选择对象列表的 action 方法。收件人选择对象列表的显示是用 jQuery/AJAX 技术实现的，本章省略了相关介绍，关于 jQuery/AJAX 技术有兴趣的读者可以参考其他相关的 jQuery 资料。

```
public function listAction() {
        $s = new MySmarty();
        $req = $this->getRequest();
```

```
            $mes= new Message();
            $mes->getFriendlist($req,$s);
            $s->simpleDisplay($req,'');
    }
```

当用户点击收件人对象列表窗口的选择按钮时的 action 方法。

```
    public function selectAction() {
            $s = new MySmarty();
            $req = $this->getRequest();
            $mes= new Message();
            $mes->getFriendinfo($req,$s);
            $s->simpleDisplay($req,'');
    }
}
```

程序 14-21　RecieveController.php

```
<?php
require_once APP.'/default/models/Index.class.php';
require_once APP.'/message/models/Message.class.php';
class Message_RecieveController extends Zend_Controller_Action {
```

留言列表界面的 action 方法。

```
    public function indexAction() {
        $s = new MySmarty();
        $req = $this->getRequest();
        $idx = new MainIndex();
        $idx->setHeaderInfo($s,$req);
        $mes= new Message();
        $mes->getMessagelist($s,$req);
        $s->simpleDisplay($req);
    }
```

留言删除的 action 方法（删除多件）。

```
    public function deleteAction() {
        $s = new MySmarty();
        $req = $this->getRequest();
        $mes= new Message();
        $mes->delMessage($req->getPost());
        $this->_redirect('/messagelist?mode='.$req->getPost('mode'));
    }
```

留言删除 action 方法（删除当前留言）。

```
    public function deleteoneAction() {
        $s = new MySmarty();
```

```
        $req = $this->getRequest();
        $mes= new Message();
        $mes->delMessageOne($req->getPost('mid'),$req->getPost('mode'),$req->getPost('modeflg'));
        $this->_redirect('/messagelist?mode='.$req->getPost('mode'));
    }
```

留言恢复 action（恢复多条留言）。留言恢复是指将垃圾箱中的留言恢复到原来的邮箱中。

```
    public function recoverallAction() {
        $s = new MySmarty();
        $req = $this->getRequest();
        $mes= new Message();
        $mes->recoverAll($req->getPost());
        $this->_redirect('/messagelist?mode='.$req->getPost('mode'));
    }
```

留言恢复 action（恢复当前留言）。

```
    public function recoverAction() {
        $s = new MySmarty();
        $req = $this->getRequest();
        $mes= new Message();
        $mes->recoverMessage($req->getPost('mid'),$req->getPost('modeflg'));
        $this->_redirect('/messagelist?mode='.$req->getPost('mode'));
    }
}
```

程序 14-22　Message.class.php

```
<?php
class Message {
```

定义取得留言列表的方法 getMessagelist。4 种不同的邮箱分别对应不同 mode 值，分别为 receive（收件箱）、sended（发件箱）、draft（草稿箱）、delitem（垃圾箱）。

```
    public function getMessagelist($s,$req){
        $sess = new Zend_Session_Namespace('myApp');
        $userid=$sess->uid;
        $mode=$req->getQuery('mode');
```

构建收件箱的检索语句（默认），检索对象表为 recievemessage。

```
        $sql="SELECT sendby as userid,cdat,title,readflg,mid ,'recieve' as mode FROM recievemessage
WHERE uid= :uid and  delflg=0 ORDER BY cdat DESC ";
        if($mode=='draft'){
```

构建草稿箱的检索语句，检索对象表为 sendmessage。

```
            $sql="SELECT sendto as userid,cdat,title,mid,'send' as mode  FROM sendmessage WHERE
```

```
uid= :uid and delflg=0 and sendedflg=0  ORDER BY cdat DESC  ";
            $csql='SELECT COUNT(*) AS C FROM sendmessage WHERE uid= :uid and  delflg=0 and sendedflg=0';
        }else if($mode=='sended'){
```

构建发件箱的检索语句，检索对象表为 sendmessage。

```
            $sql="SELECT sendto as userid,cdat,title,mid ,'send' as mode FROM sendmessage WHERE uid= :uid and delflg=0 and sendedflg=1  ORDER BY cdat DESC  ";
            $csql='SELECT COUNT(*) AS C FROM sendmessage WHERE uid= :uid and delflg=0 and sendedflg=1';
        }else if($mode=='delitem'){
```

构建垃圾箱的检索语句，检索对象为视图 delMessage。

```
            $sql="SELECT  sendby  as  userid,cdat,title,readflg,mid,mode  FROM   delMessage  WHERE uid= :uid ORDER BY cdat DESC  ";
            $csql="SELECT COUNT(*) AS C FROM elMessage WHERE uid= :uid ";
        }
        $stt = $this->_db->prepare($sql) ;
        $stt->bindValue(':uid', $userid);
        $stt->execute();
        $result=$stt->fetchAll();
        for($i = 0; $i < count($result); $i++) {
            if($mode=='draft')
```

草稿箱留言链接向留言编辑界面（/send）。

```
 $result[$i]['url']='/send?mid='.$result[$i]['mid'].'&flg='.$result[$i]['mode'].'&mode='.$mode;
            else
 $result[$i]['url']='/show?mid='.$result[$i]['mid'].'&flg='.$result[$i]['mode'].'&mode='.$mode;
            $result[$i]['index']=$i;
            $result[$i]['nick_name'] = $this->_db->fetchOne('SELECT nick_name FROM user WHERE uid = ?',array($result[$i]['userid']));
        }
        $s->assign('messagelist', $result);
        $s->assign('max',count($result));
        $s->assign('mode', $mode);
    }
```

getInfoForCreate 方法中取得创建留言/编辑留言界面中显示需要的信息，包括留言信息以及收件人对象列表信息。

```
    public function getInfoForCreate($req,$s){
        $mid = $req->getQuery('mid');
        if($mid != null && $mid !=''){
```

留言 ID 非空时，检索留言信息。

```
            $info = $this->_db->fetchRow("SELECT * FROM sendmessage WHERE mid = ?",array($mid));
            $info1 = $this->_db->fetchRow("SELECT if(smallimg is null,'images/noimage_member76.gif',img) as img,nick_name FROM user WHERE uid = ?",array($info['sendto']));
            $info['img']=$info1['img'];
            $info['nick_name']=$info1['nick_name'];
            $info['mode']=1;
        }
```

对象留言 ID（回信时的对象留言）非空时，构建默认留言标题（在原标题前加上“RE:”）以及留言内容（每一行前加入“>”）。

```
        $rmid = $req->getPost('mid');
        if($rmid != null && $rmid !=''){
            $info = $this->_db->fetchRow("SELECT * FROM recievemessage WHERE mid = ?",array($rmid));
           $info1 = $this->_db->fetchRow("SELECT if(smallimg is null,'images/noimage_member76.gif',img) as img,nick_name,uid FROM user WHERE uid = ?",array($info['sendby']));
            $info['img']=$info1['img'];
            $info['mid']='';
            $info['replyflg']='reply';
            $info['sendto']=$info['sendby'];
            $info['nick_name']=$info1['nick_name'];
            $info['uid']=$info1['uid'];
            $info['title']='RE:'.$info['title'];
            $info['contents']='&gt;'.ereg_replace("\n","\n&gt;", htmlspecialchars($info['contents']));
            $info['mode']=1;
        }
```

留言确认界面中［返回］按钮被点击后的处理，将确认界面中的留言信息取出，放置到数组 info 中。

```
        $uid = $req->getPost('sendto');
        if($uid != null && $uid !=''){
            $info = $this->_db->fetchRow("SELECT if(smallimg is null,'images/noimage_member76.gif',img) as img,nick_name,uid FROM user WHERE uid = ?",array($uid));
            $info['sendto']=$uid;
            $info['title']=$req->getPost('title');
            $info['contents']=$req->getPost('contents');
            $info['mode']=$req->getPost('mode');
            $info['mid']=$req->getPost('mid');

        }else{
            $info['mode']=1;
        }
        $s->assign('info', $info);
```

调用 getFriendlist 函数用于取得收件人对象列表信息（社交圈中的所有朋友）。留言创建界面中通过弹出窗口来选择发送对象，窗口中以列表的形式显示社交圈中的用户。此弹出窗口实现代码中使用了 jQuery/AJAX 的技术，因其超出了本书的知识范围，本节中没有进一步讲解，包括 getFriendlist 函数在内，可以参考源代码。

```
            $this->getFriendlist($req,$s);
    }
```

confirmMessage 方法中取得上一界面（创建留言/编辑留言）中的留言信息，用于留言确认界面的显示。

```
    public function confirmMessage($req,$s){
            $uid = $req->getPost('sendto');
            $info = $this->_db->fetchRow("SELECT if(smallimg is null,'images/noimage_member76.gif',img)
as img,nick_name,uid FROM user WHERE uid = ?",array($uid));
            $info['sendto']=$uid;
            $info['title']=$req->getPost('title');
            $info['contents']=$req->getPost('contents');
            $info['mode']=$req->getPost('mode');
            $info['mid']=$req->getPost('mid');
            $s->assign('info', $info);
    }
```

保存留言的方法 saveMessage。

```
    public function saveMessage($data) {
            $sess = new Zend_Session_Namespace('myApp');
            if($data['mid']==null || $data['mid']==''){
```

创建新留言的情况下，首先向 sendmessage 表中插入数据（前面的章节中已经介绍过了，发送或者保存草稿时都会向表 sendmessage 中插入数据）。

```
                    $ins = $this->_db->prepare('INSERT INTO sendmessage(sendto,uid,title,sendedflg,contents,udat,
cdat) VALUES( :sendto,:uid,:title,:sendedflg,:contents,:udat, :cdat)');
                    $ins->bindValue(':sendto', $data['sendto']);
                    $ins->bindValue(':uid', $sess->uid);
                    $ins->bindValue(':title', $data['title']);
                    $ins->bindValue(':sendedflg', $data['mode']=='1'?1:0);
                    $ins->bindValue(':contents', $data['contents']);
                    $ins->bindValue(':udat', date('Y-m-d H:i:s'));
                    $ins->bindValue(':cdat', date('Y-m-d H:i:s'));
                    $ins->execute();
            }else{
```

编辑留言草稿的情况下，更新表 sendmessage 中的相应数据。

```
                    $this->_db->query("UPDATE  sendmessage  SET  sendto=?,title=?,contents=?,sendedflg=?,udat=?
```

```
WHERE  mid=?",array($data['sendto'],$data['title'],$data['contents'],$data['mode']=='1'?1:0,date('Y-m-d H:i:s'),$data['mid']));
        }
        if($data['mode']=='1'){
```

如果发送标志为 1，则向 recievemessage 表中插入数据，收件方即可从 recievemessage 表中检索到数据，留言发送成功。

```
                $ins = $this->_db->prepare('INSERT INTO recievemessage(sendby,uid,title,contents,udat,cdat) VALUES( :sendby,:uid,:title,:contents,:udat, :cdat)');
                $ins->bindValue(':sendby',$sess->uid );
                $ins->bindValue(':uid', $data['sendto']);
                $ins->bindValue(':title', $data['title']);
                $ins->bindValue(':contents', $data['contents']);
                $ins->bindValue(':udat', date('Y-m-d H:i:s'));
                $ins->bindValue(':cdat', date('Y-m-d H:i:s'));
                $ins->execute();
        }
    }
（略）
}
```

附录 A　将默认存储引擎设置为 InnoDB

MySQL 的默认存储引擎是 MyISAM（参见第 7 章的 7.1 节），同样在第 7 章中我们已经介绍过如果要使用事务处理，比较将表的存储引擎设置为 InnoDB。

我们可以在安装 MySQL 服务器后进行如下的设置变更，来将 MySQL 的默认存储引擎设置为 InnoDB。

A.1 修改 my.ini 配置文件

如果您是按照本书第 2 章介绍的安装步骤来安装 MySQL 数据库服务器的话，那么在配置[C:\MySQL\MySQL Server 5.0\my.ini]中的第 84 行左右会有如下的设置。

```
…
# The default storage engine that will be used when create new tables when
default-storage-engine= MyISAM
…
```

即此时 MySQL 的默认存贮引擎是[MyISAM]，将 84 行改为如下的设置后，MySQL 的默认存储引擎会变为[InnoDB]。

```
default-storage-engine= INNODB
```

进行以上的修改后，已经可以使用 InnoDB 引擎了，如果想进一步有效的使用 InnoDB 引擎，可以选择配置 my.cnf。

A.2 配置 my.cnf 文件

可以配置 my.cnf 文件来更有效率的定制使用 InnoDB 引擎。

在[C:\MySQL\MySQL Server 5.0]目录下有一个名为[my-innodb-heavy-4G.ini]的配置文件，可以将此文件复制到数据库数据的存储目录[C:\MySQL\MySQL Server 5.0\data]下，并将其改名为[my.cnf]，此配置文件[my.cnf]整个数据库服务器的关于 InnoDB 引擎的设置了。

配置文件[my.cnf]其中的以下部分正是所谓的激活设置。

```
skip-bdb
…
# Use this option if you have a MySQL server with InnoDB support enabled
# but you do not plan to use it. This will save memory and disk space
# and speed up some things.
#skip-innodb

# Additional memory pool that is used by InnoDB to store metadata
…
innodb_additional_mem_pool_size = 16M
…
innodb_buffer_pool_size = 2G
…
innodb_data_file_path = ibdata1:10M:autoextend
…
innodb_file_io_threads = 4
…
innodb_thread_concurrency = 16
…
innodb_flush_log_at_trx_commit = 1
…
innodb_log_buffer_size = 8M
…
innodb_log_file_size = 256M
…
innodb_log_files_in_group = 3
…
innodb_max_dirty_pages_pct = 90
…
innodb_lock_wait_timeout = 120
…
```

注意[skip-innodb]前的注释符[#]一定不能漏掉，如果出现了不能激活 InnoDB 引擎的情况，请检查文件中的配置是否与上述的配置相符（设置值除外）。

从原始文件名[my-innodb-heavy-4G.ini]就可以看出，上述的配置是针对内存空间为 4GB 的 MySQL 数据库服务器的相关推荐设置，如果您的配置不同于此，则需要修改相关的设置值。

附录 B　MySQL 数据库的图形化管理工具

本书所有的 SQL 命令都是在 MySQL 监视器（或称为 MySQL 客户端）上执行的，MySQL 监视器是 MySQL 的标准的客户端应用程序，它具有轻量化的特点，习惯了使用方法后，是一个非常好的管理工具。

但是，MySQL 监视器有其致命的缺点。MySQL 监视器作为基于 CUI（Character User Interface）的工具，如果想大致确认一下表中的数据，必须老老实实的在命令行窗口键入 SQL 命令。这对于精通 SQL 的有经验的用户来说当然不算什么，如果入门级的用户，恐怕就会觉得有些吃力了。

本章将介绍两个使用非常方便的 MySQL 数据库图形化管理工具，对于不习惯使用 MySQL 监视器的用户来说是个福音。其中 MySQL Front 是桌面应用程序的管理工具，phpMyAdmin 是基于 Web 的数据库管理工具，phpMyAdmin 通常用于管理远程的数据库。

B.1 MySQL Front

MySQL Front 是一个功能强大的 MySQL 数据库图形化管理工具，支持多言语版本，我们可以从其官方网站（http://www.mysqlfront.de/wp/）下载最新的试用版（试用期过后还可以继续使用的，只是部分功能的使用受到限制，如 Export 功能等）。

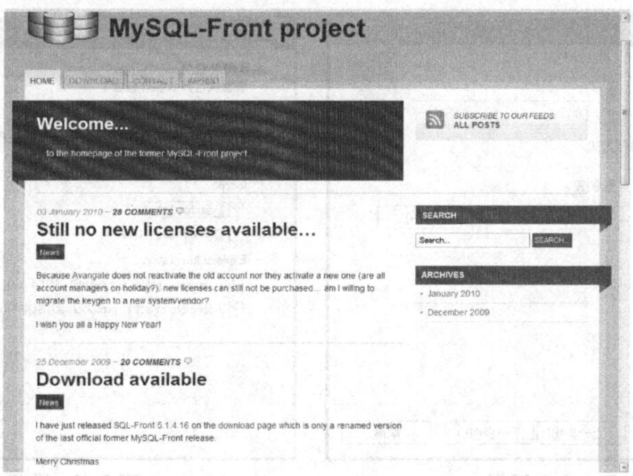

图 B-1　MySQL-Front 官方网站的下载页面

本书成稿时的最新版本为 5.1.4.16，相应下载下来的安装文件名为[SQL-Front_5.1.4.16_Setup.exe]。点击安装文件[SQL-Front_5.1.4.16_Setup.exe]后，就可以安照步骤进行安装了。安装 MySQL Front 的欢迎界面如图 B-2 所示。

在安装 MySQL Front 的欢迎界面中，点击[下一步]按钮后，进入选择安装路径界面，如图 B-3 所示。

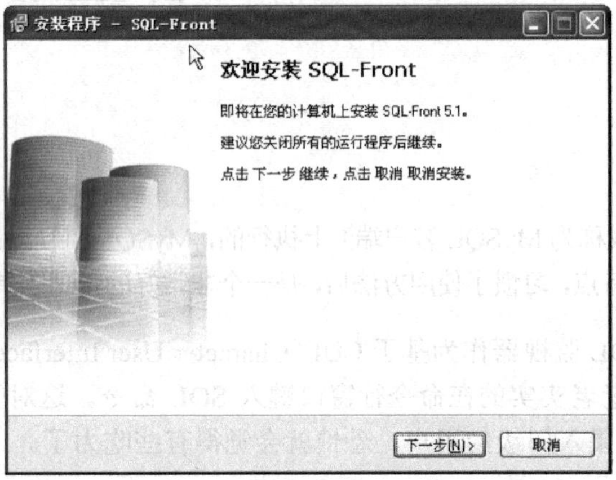

图 B-2　MySQL Front 开始界面

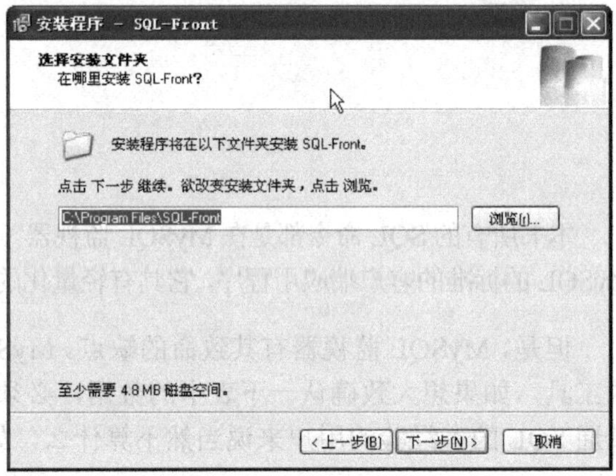

图 B-3　选择安装路径

在选择安装路径界面中，点击[下一步]按钮后，进入如图 B-4 所示的快捷方式命名界面，可输入自定义的快捷方式名称，默认为[SQL-Front]。

在快捷方式命名界面中，点击[下一步]按钮后，进入如图 B-5 所示的选择额外任务界面。其中上面两项分别为创建桌面图标（默认为创建）以及快速启动图标（默认为不创建）；下面两项分别为[让 MySQL Front 关联 SQL 文件]和[让 MySQL Front 关联 mysql://协议]。选择关联[让 MySQL Front 关联 SQL 文件]选项后，将能在 MySQL Front 中直接执行 SQL 文件，选择[让 MySQL Front 关联 mysql://协议]后，将可以在 MySQL Front 中以 mysql://协议的方式执行 SQL 命令。

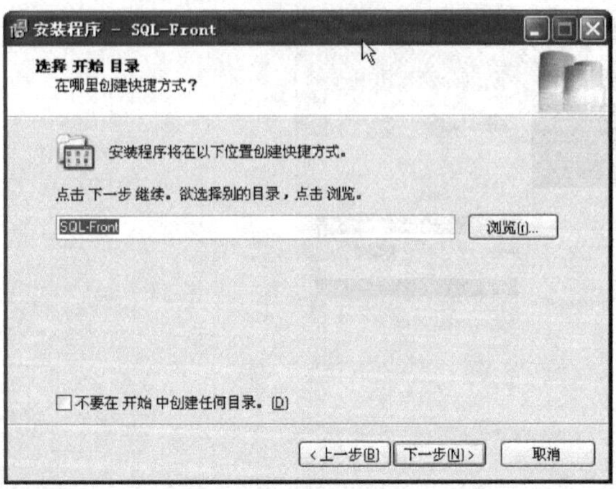

图 B-4　快捷方式命名界面

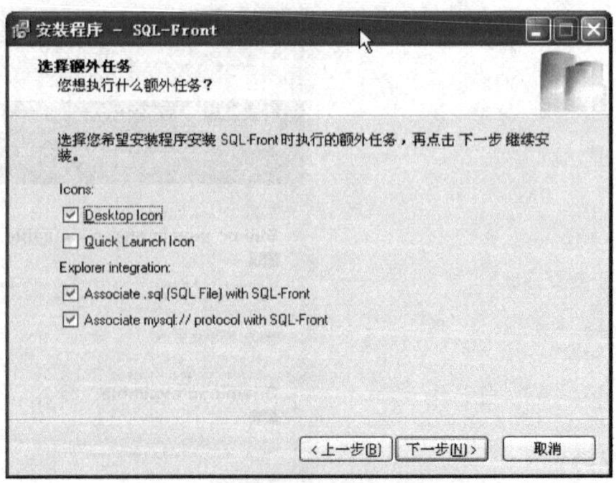

图 B-5　选择额外任务界面

在选择额外任务界面中点击[下一步]按钮后，进入如图 B-6 所示的安装选项确认界面，确认上述各界面中选择的安装选项，如果需要修改的话，则点击[上一步]按钮，返回到前面的安装界面进行修改。

在安装选项确认界面中点击[安装]按钮后，开始安装，安装完成后显示如图 B-7 所示的安装完成界面。

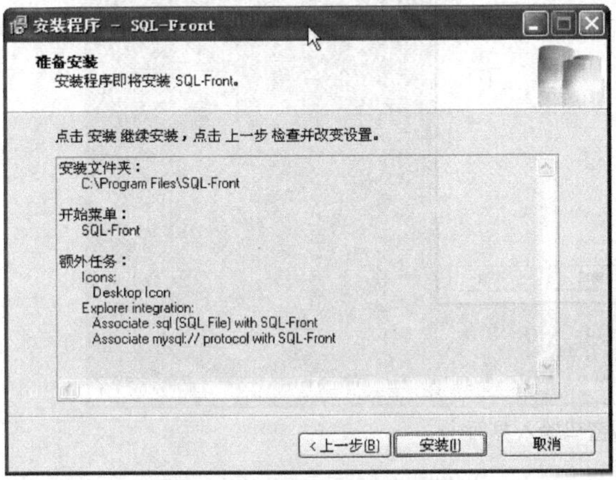

图 B-6　安装选项确认界面

图 B-7　安装完成界面

在安装完成界面中选中[Launch SQL-Front]复选框后，点击[完成]按钮会启动 MySQL Front，第一次启动 MySQL Front 需要进行配置，会首先显示如图 B-8 所示的登录认证界面。

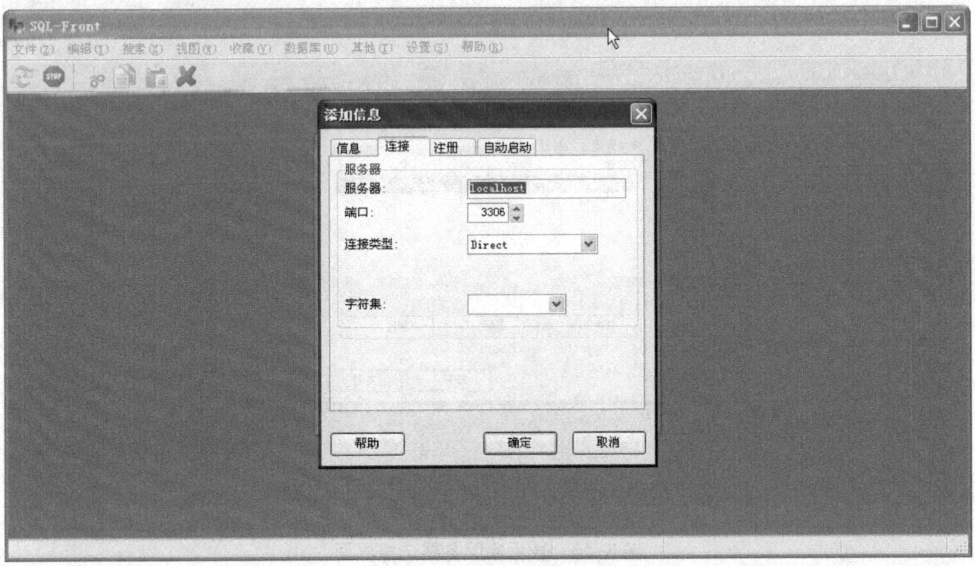

图 B-8　登录认证界面

在服务器栏中输入“localhost”，然后选择注册标签，如图 B-9 所示，并输入用户名和密码。

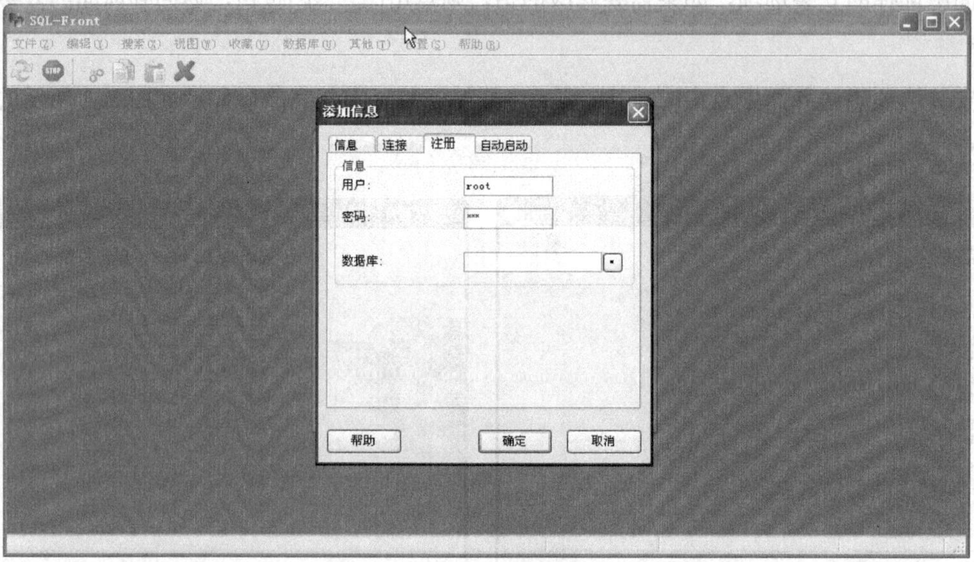

图 B-9　用户名/密码输入界面

在用户与密码栏中依次输入数据库的用户名与密码后，点击[确定]按钮。本地数据库服务器将注册成功，会显示如图 B-10 所示的数据库服务器选择界面。MySQL Front 中可注册除本地服务器外的多个数据库服务器，并分别进行管理。

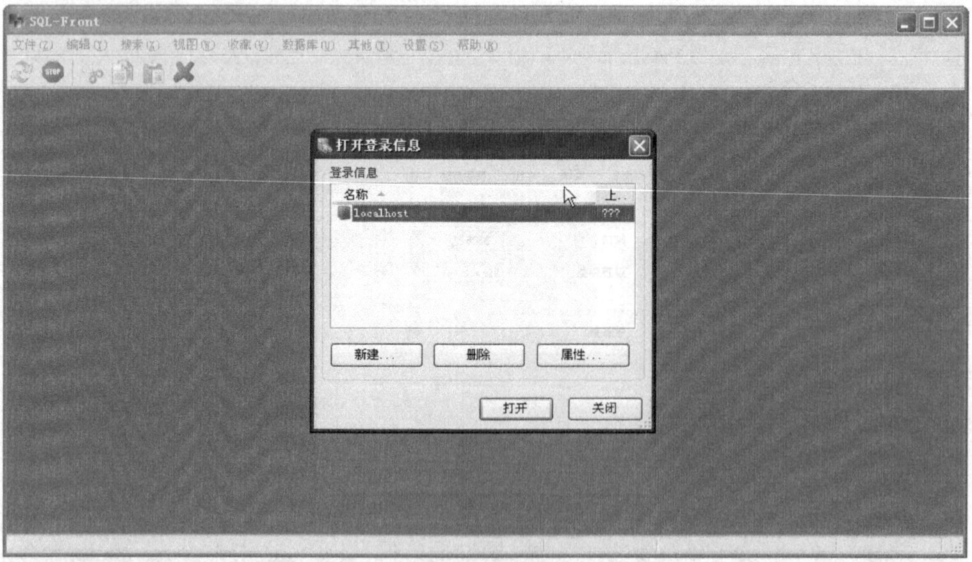

图 B-10　数据库服务器选择界面

这时，在登录信息的框中会显示刚才设置的数据库服务器的连接信息，点击“打开”按钮后就可以进入 MySQL Front 的操作界面，默认显示如图 B-11 所示的“对象浏览器”窗口，“对象浏览器”窗口中显示了所属对象的信息。

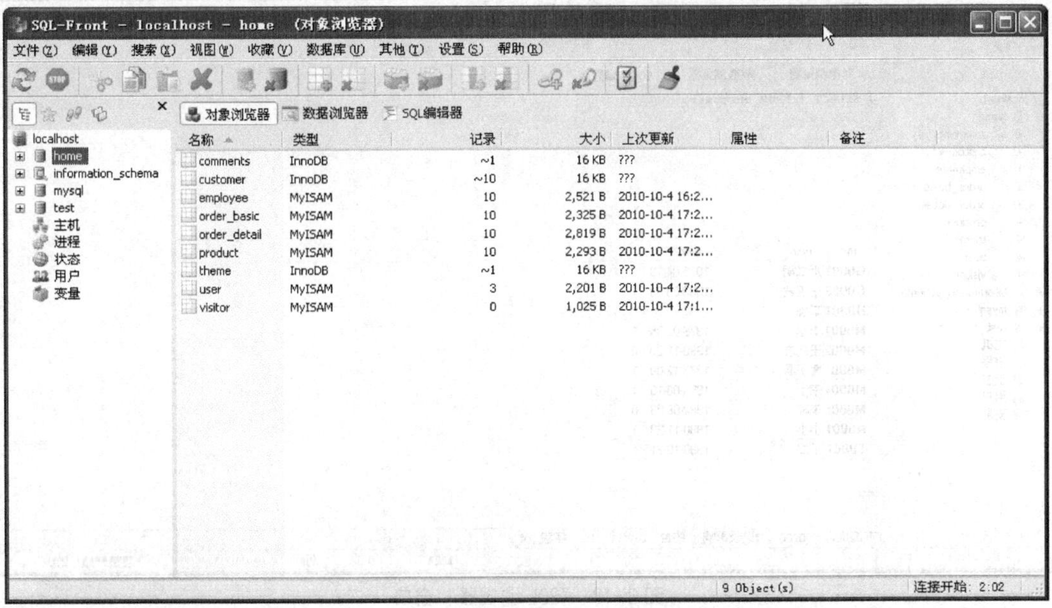

图 B-11　“对象浏览器”窗口

“数据浏览器”窗口可以显示表中的数据，如图 B-12 所示。

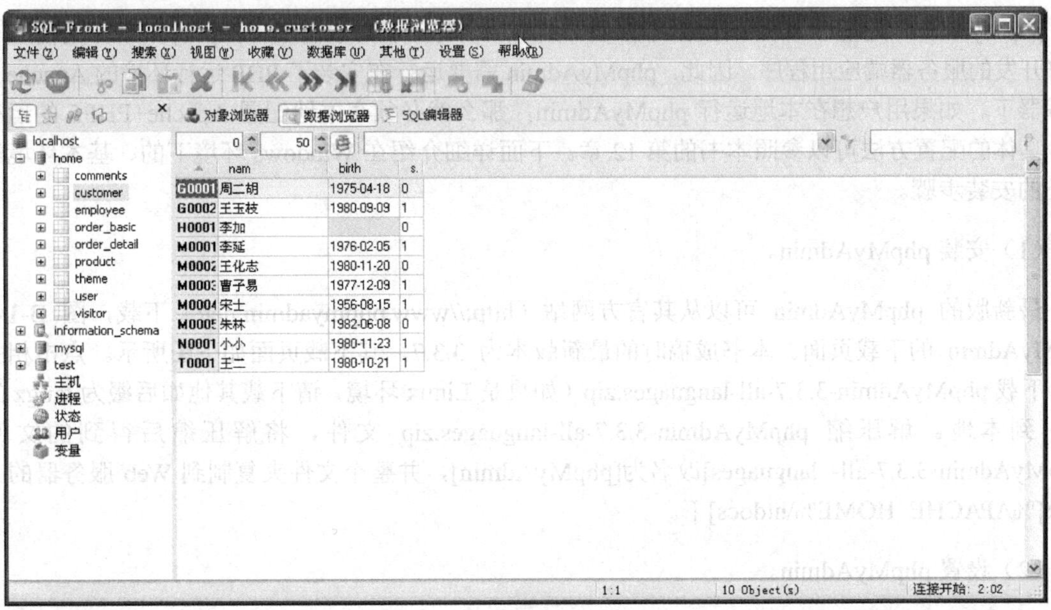

图 B-12　“数据浏览器”窗口

在“SQL 编辑器”窗口中，可自由执行各种 SQL 语句，如图 B-13 所示。

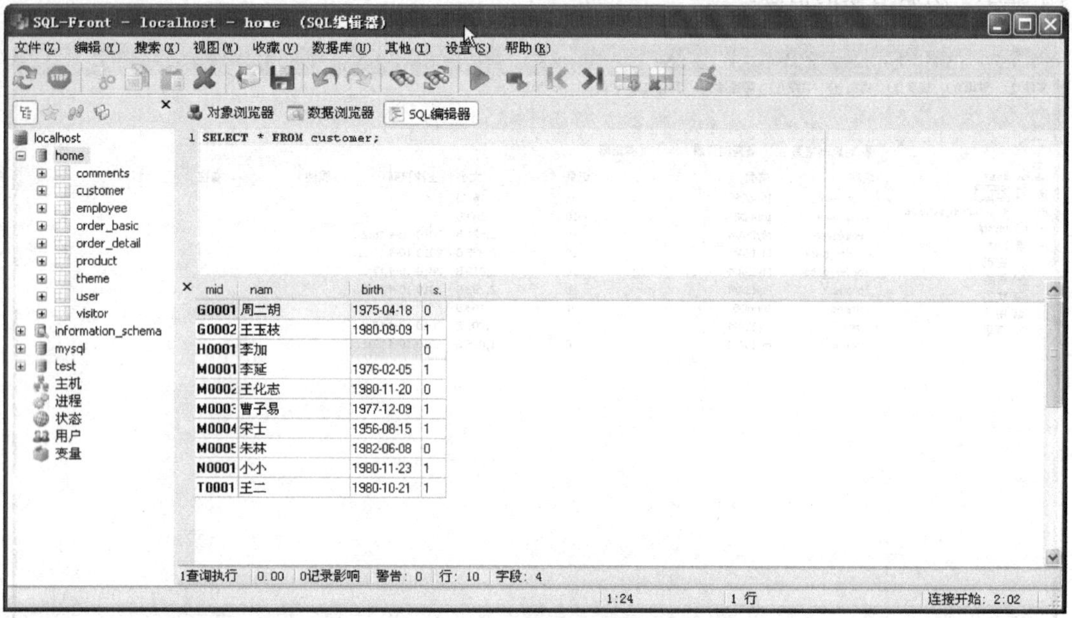

图 B-13 “SQL 编辑器”窗口

B.2 phpMyAdmin

phpMyAdmin 是基于 Web 的数据库管理工具，从名称上就可以看出，phpMyAdmin 是使用 PHP 语言开发的服务器端应用程序。因此，phpMyAdmin 需要运行在安装了 PHP 运行环境的 Apache Web 服务器下。如果用户想在本地运行 phpMyAdmin，那么就必须在本地配置 Apache+PHP5 的运行环境，具体的配置方法可以参照本书的第 12 章。下面详细介绍在 Windows 环境下的、基本环境配置以外的安装步骤。

（1）安装 phpMyAdmin。

最新版的 phpMyAdmin 可以从其官方网站（http://www.phpmyadmin.net/）下载，图 B-14 为 phpMyAdmin 的下载页面。本书成稿时的最新版本为 3.3.7，其下载页面如下图所示。点击相关连接，下载 phpMyAdmin-3.3.7-all-languages.zip（如果是 Linux 环境，请下载其他如后缀为 tar.gz 的文件）到本地。解压缩 phpMyAdmin-3.3.7-all-languages.zip 文件，将解压缩后得到的文件夹[phpMyAdmin-3.3.7-all- languages]改名为[phpMyAdmin]，并整个文件夹复制到 Web 服务器的工作目录[%APACHE_HOME%\htdocs]下。

（2）设置 phpMyAdmin。

将[phpMyAdmin]目录下的[config.sample.inc.php]文件重新复制一份，并命名为[config.inc.php]。

编辑[config.inc.php]文件的以下两行（根据所使用的版本的不同，行号会有所差别，此处仅供参考）。

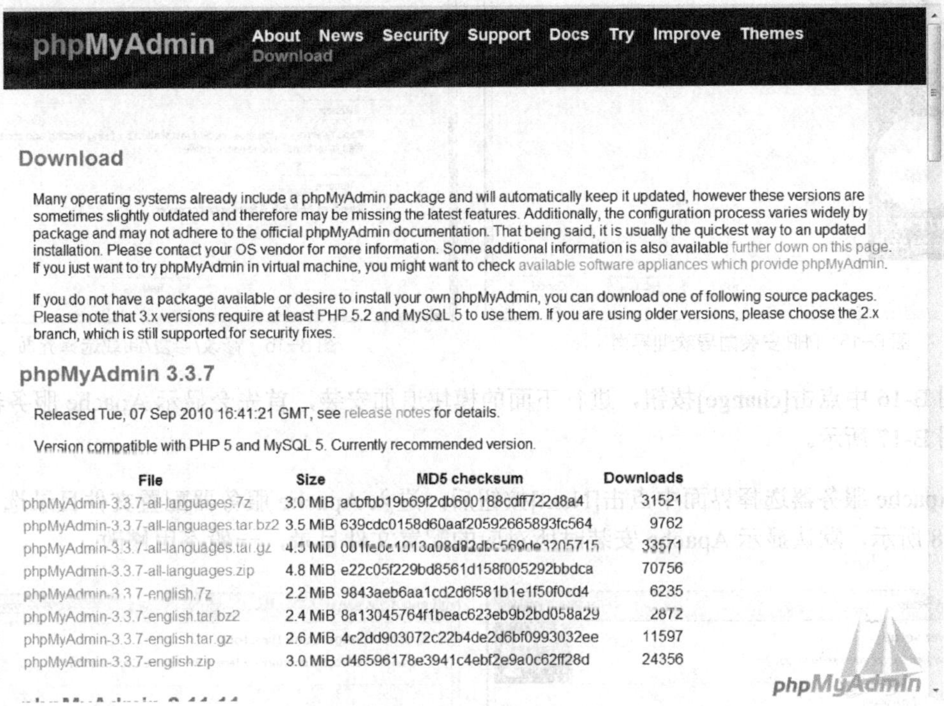

图 B-14　phpMyAdmin 下载页面

```
18 行 $cfg['blowfish_secret'] = 'home';
…略…
35 行 $cfg['Servers'][$i]['extension'] = 'mysqli';
```

blowfish_secret 变量是密码暗号化处使用的短语，可以使用任何字符。

（3）编辑 php.ini。

php.ini 是决定 PHP 动作的设置文件。使用 phpMyAdmin 时，应该使以下的模块有效，请检查 php.ini 文件的最后是否存在以下字符串。

```
[PHP_MYSQLI]
extension=php_mysqli.dll
[PHP_MCRYPT]
extension=php_mcrypt.dll
```

如果不存在，则必须启动 PHP 安装程序（php-5.x.x-win32-installer.exe），追加这两个模块。图 B-15 为点击 PHP 安装程序后的安装向导欢迎界面。

在 PHP 安装向导欢迎界面中点击[Next]按钮，进入修改/修复/卸载选择界面，如图 B-16 所示。

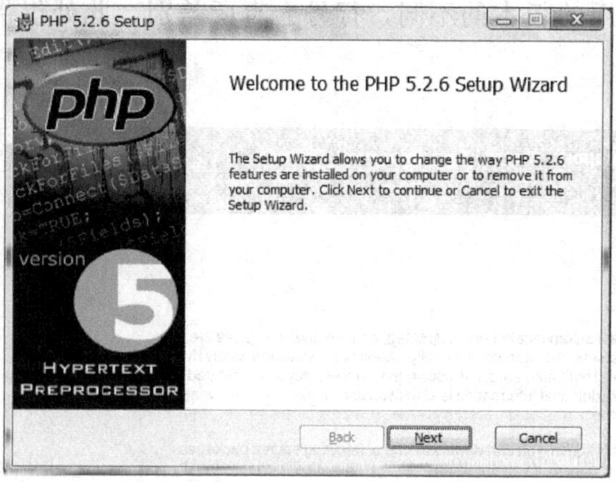

图 B-15 PHP 安装向导欢迎界面

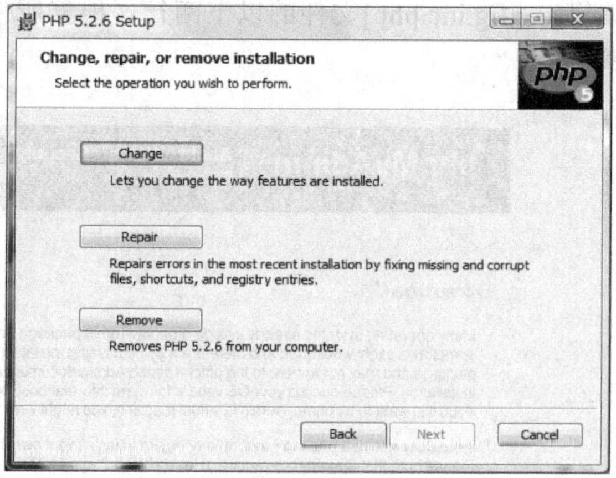

图 B-16 修改/修复/卸载选择界面

在图 B-16 中点击[change]按钮，进行下面的模块追加安装，首先会显示 Apache 服务器选择界面，如图 B-17 所示。

在 Apache 服务器选择界面中点击[Next]按钮后，进入 Apache 服务器配置文件目录选择界面，如图 B-18 所示，默认显示 Apache 安装时所对应的配置文件目录，一般不用修改。

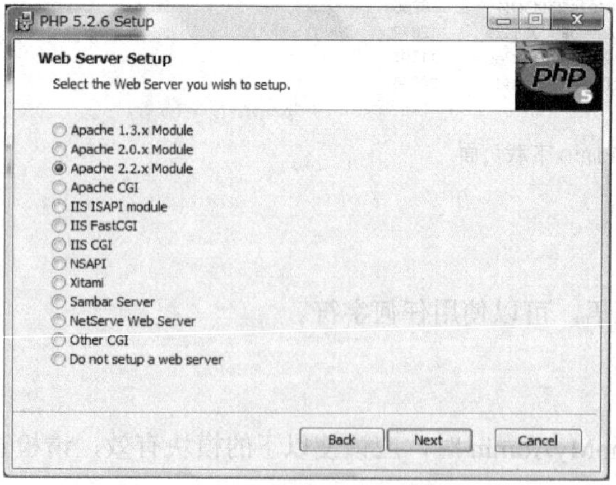

图 B-17 Apache 服务器选择界面

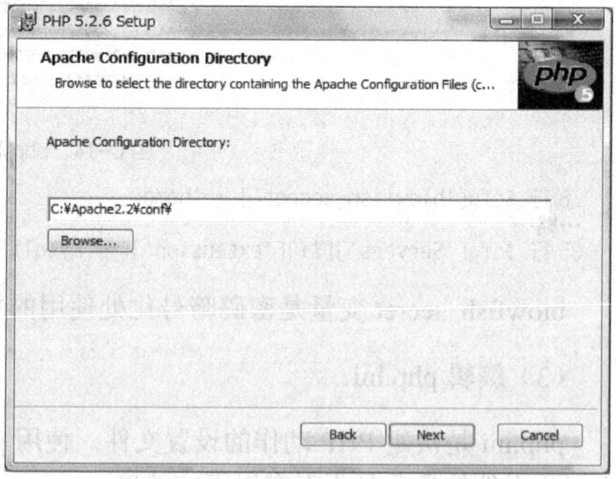

图 B-18 Apache 配置文件目录选择界面

在 Apache 配置文件目录选择界面中点击[Next]按钮后，进行 PHP 模块选择界面，分别选择完全安装[Mcrypt]（如图 B-19 所示）以及[MySQLi]（如图 B-20 所示）。

完成了模块选择后，点击[Next]开始安装，然后按照默认步骤完成整个变更安装。

（4）连接 phpMyAdmin。

在浏览器地址栏键入[http://localhost/phpMyAdmin/index.php]，就可以进入 phpMyAdmin 的登录界面，如图 B-21 所示，在语言下拉框中选择[中文- Chinese Simplified]，输入登录信息（MySQL 的

用户名/密码）后就可以进入数据库管理页面。

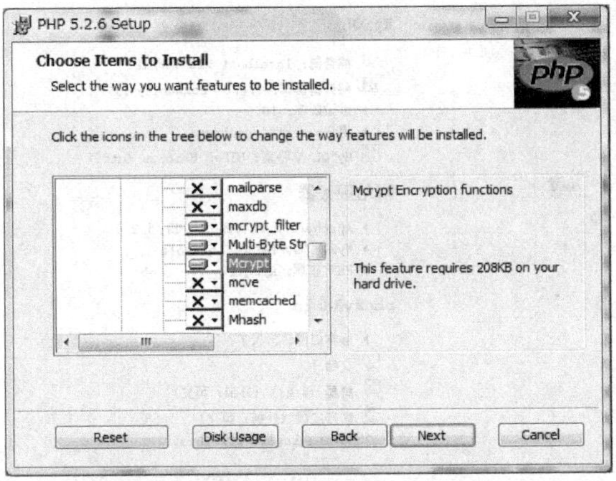

图 B-19　PHP 模块选择界面- Mcrypt

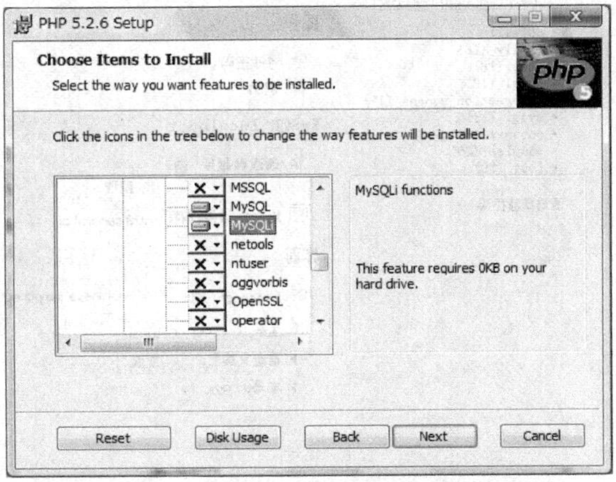

图 B-20　PHP 模块选择界面- MySQLi

图 B-21　phpMyAdmin 登录界面

以下为 phpMyAdmin 的数据库管理页面（如图 B-22 所示），如果在左侧显示了数据库列表，则表示连接成功了。

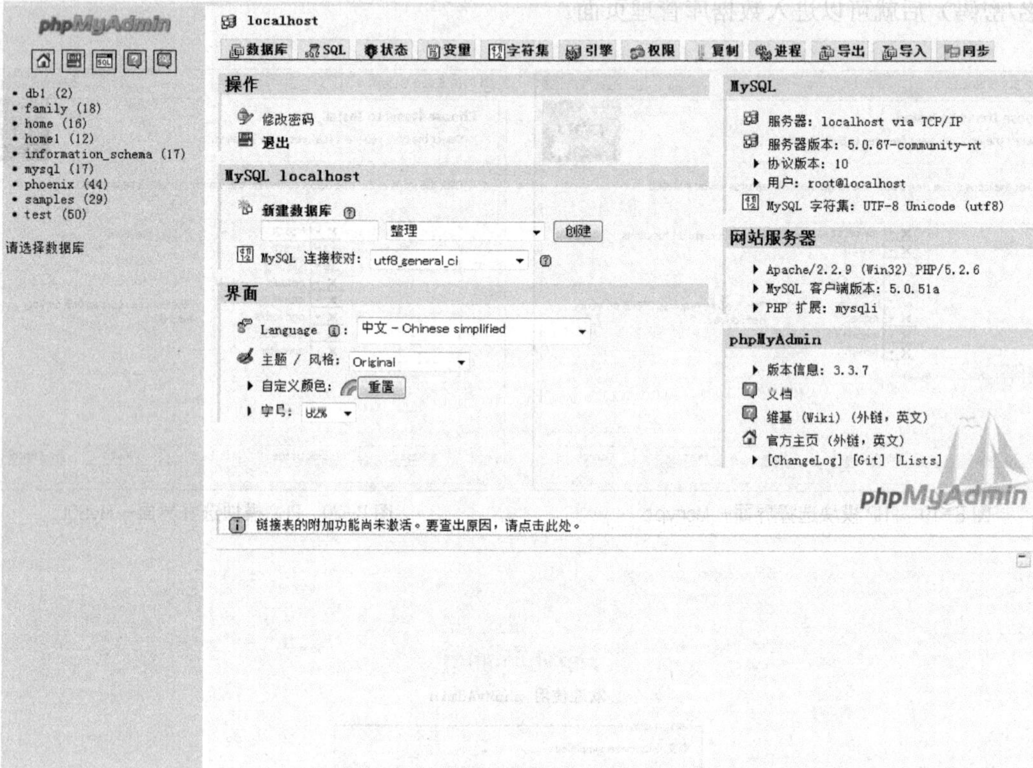

图 B-22 phpMyAdmin 的数据库管理页面